变电站运行与检修技术丛书

110kV 变压器及有载分接开关检修技术

丛书主编 杜晓平

本书主编 吕朝晖 朱建增

内 容 提 要

本书是《变电站运行与检修技术丛书》之一。本书结合多年来现场工作的宝贵经验，主要介绍了110kV变压器及有载分接开关检修技术。全书共分2大部分15章，第1部分变压器检修介绍了变压器基础知识、变压器本体及各附件基本结构和作用、变压器安装及验收标准规范、变压器本体及各附件的检修与维护、变压器状态检修、变压器C级检修作业流程及相关要求、反事故技术措施要求、变压器及各附件常见缺陷和故障的分析与处理等内容，第2部分有载分接开关检修介绍了有载分接开关基础知识、有载分接开关结构、有载分接开关电动机构、有载分接开关安装及投运、有载分接开关检修、有载分接开关状态检修导则、有载分接开关常见故障原因分析、判断及处理等内容。

本书既可作为从事变电站运行管理、检修调试、设计施工和教学等相关人员的专业参考书和培训教材，也可作为高等院校相关专业师生的教学参考用书。

图书在版编目（CIP）数据

110kV变压器及有载分接开关检修技术 / 吕朝晖，朱建增主编. -- 北京 : 中国水利水电出版社，2016.1(2023.2重印)
（变电站运行与检修技术丛书 / 杜晓平主编）
ISBN 978-7-5170-3974-7

Ⅰ. ①1… Ⅱ. ①吕… ②朱… Ⅲ. ①变压器－有载分接开关－检修 Ⅳ. ①TM403.4

中国版本图书馆CIP数据核字(2016)第003742号

书　名	变电站运行与检修技术丛书 **110kV 变压器及有载分接开关检修技术**
作　者	丛书主编　杜晓平 本书主编　吕朝晖　朱建增
出版发行	中国水利水电出版社 （北京市海淀区玉渊潭南路1号D座　100038） 网址：www.waterpub.com.cn E-mail：sales@mwr.gov.cn 电话：(010) 68545888（营销中心）
经　售	北京科水图书销售有限公司 电话：(010) 68545874、63202643 全国各地新华书店和相关出版物销售网点
排　版	中国水利水电出版社微机排版中心
印　刷	天津嘉恒印务有限公司
规　格	184mm×260mm　16开本　15.75印张　373千字
版　次	2016年1月第1版　2023年2月第2次印刷
印　数	4001—5500册
定　价	**88.00**元

凡购买我社图书，如有缺页、倒页、脱页的，本社营销中心负责调换

《变电站运行与检修技术丛书》

编　委　会

本书编委会

主　　编　吕朝晖　朱建增

副 主 编　赵寿生　王翊之　吴杰清

参编人员（按姓氏笔画排序）

王瑞平　方旭光　方　凯　李少白　汪卫国

陈文通　陈敢峰　周程昱　周　彪　施首健

徐耀辉

前　　言

全球能源互联网战略不仅将加快世界各国能源互联互通的步伐，也势必强有力地促进国内智能电网快速发展，许多电力新设备、新技术应运而生，电网安全稳定运行面临着新形势、新任务、新挑战。这对如何加强专业技术培训，打造一支高素质的电网运行、检修专业队伍提出了新要求。因此我们编写了《变电站运行与检修技术丛书》，以期指导提升变电运行、检修专业人员的理论知识水平和操作技能水平。

本丛书共有六个分册，分别是《110kV 变电站保护自动化设备检修运维技术》《110kV 变电站电气设备检修技术》《110kV 变电站电气试验技术》《110kV 变电站开关设备检修技术》《110kV 变压器及有载分接开关检修技术》以及《110kV 变电站变电运维技术》。作为从事变电站运维检修工作的员工培训用书，本丛书将基本原理与现场操作相结合、理论讲解与实际案例相结合，立足运维检修，兼顾安装维护，全面阐述了安装、运行维护和检修相关内容，旨在帮助员工快速准确判断、查找、消除故障，提升员工的现场作业、分析问题和解决问题能力，规范现场作业标准化流程。

本丛书编写人员均为从事一线生产技术管理的专家，教材编写力求贴近现场工作实际，具有内容丰富、实用性和针对性强等特点。通过对本丛书的学习，读者可以快速掌握变电站运行与检修技术，提高自己的业务水平和工作能力。

本书是《变电站运行与检修技术丛书》的一本，主要内容包括：全书共分 2 大部分 15 章，第 1 部分变压器检修介绍了变压器基础知识，变压器本体及各附件基本结构和作用，变压器安装及验收标准规范，变压器本体及各附件的检修与维护，变压器状态检修，变压器C级检修作业流程及相关要求，反事故技术措施要求，变压器及各附件常见缺陷和故障的分析与处理等内容；第2部分有载分接开关检修介绍了有载分接开关基础知识，有载分接开关结构，有载分接开关电动机构，有载分接开关安装及投运，有载分接开关检修，有载分接开关状态检修导则，有载分接开关常见故障原因分析、判断及处理等内容。

在本丛书的编写过程中得到过许多领导和同事的支持和帮助，使内容有了较大改进，在此向他们表示衷心的感谢。本丛书的编写参阅了大量的参考文献，在此对其作者一并表示感谢。

由于编者水平有限，书中疏漏和不足之处在所难免，敬请广大读者批评指正。

编者

2015年11月

目　　录

第2部分　有载分接开关检修

第1部分　变压器检修

第1章 变压器基础知识

1.1 变压器作用

变压器广泛应用于城乡电力系统以及各种电子设备中，通常可分为电力变压器和特殊变压器两大类。

电力变压器是电力系统中的关键设备之一。电网将许多发电厂和用户连在一起，由于发电厂大都集中在煤炭和水力资源丰富的地区，要将电能输送至各地的用户，必须通过输电线路进行远距离输电，在输电过程中的电能损失不可避免。因为电压与电流成反比，而电能损耗正比于电流的平方，在传输的功率恒定情况下，传输电压越高，传输电流越小，所以用较高的输电电压可以大幅降低线路的电能损耗。要制造机端电压很高的发电机，目前技术上还很困难，所以需要用升压变压器将发电机机端电压升高后再进行输送。随着输送距离的增加，输电功率的增大，对电力变压器的容量和电压等级的要求也越来越高。而电网内部存在多种电压等级，这就需要用各种规格电压等级和容量的电力变压器来连接；同时，当电能输送到受电端时，又必须用降压变压器将输电线路上的高压电降低到配电系统的电压等级，然后再经过配电变压器将电压降低到符合用户要求的电压。总之，电力变压器在电网中起到电压变换的重要作用，其实物图见图1-1。

图1-1 电力变压器实物图

特殊变压器是指除电力系统应用的变压器以外的各种变压器的统称。其品种繁多，如自耦变压器、电压互感器、电流互感器；工程技术中专用的焊接、整流、电炉等变压器；

电子线路中变换阻抗用的输入、输出变压器等。

目前船舶上大多数为500V以下的低压电力系统，许多电力负载由发电机直接供电，所以船上一般只有照明变压器和一些小容量电源变压器以及控制用变压器，较大容量的变压器应用的较少。这些船用变压器容量虽小但却很重要，它们为船舶的照明系统、航行信号系统、通信导航系统、控制系统和安全报警系统供电，是保证船舶正常工作、安全航行和船员、旅客生活的重要设备。

变压器的结构和性能虽然各有特点，但是其基本工作原理是相同的，即都是借助于电磁感应，以相同的频率在两个或更多的绕组之间，变换交流电压和电流而传输交流电能的一种静止电器。

由此可见，变压器在电力系统中的作用十分重要，是变电设备中的核心部件。

1.2 变压器的基本结构及工作原理

1.2.1 变压器的基本结构

变压器的基本结构部件是铁芯和绕组，由它们组成变压器的器身。为了改善散热条件，大、中容量变压器的器身浸入盛满变压器油的封闭油箱中，各绕组与外电路的连接则经绝缘套管引出。为了使变压器安全可靠地运行，还设有储油柜、气体继电器和安全气道等附件。变压器外形图见图1-2。

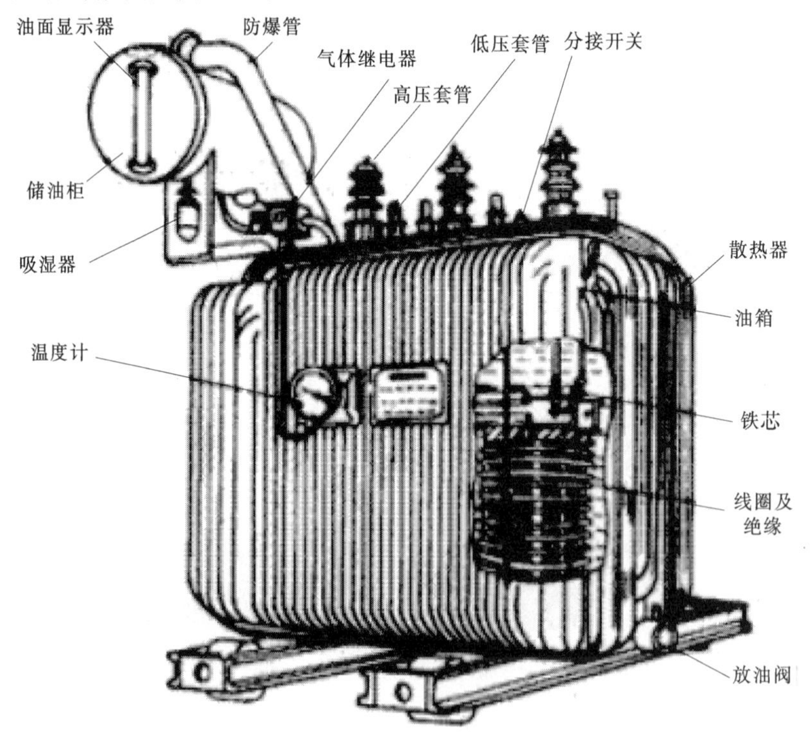

图1-2　变压器外形图

变压器因使用场合和工作要求不同，其结构形式是多种多样的，但是，最基本的结构都是由铁芯与绕在铁芯上相互绝缘的线圈（绕组）构成，图 1－3 是变压器的示意图及符号。

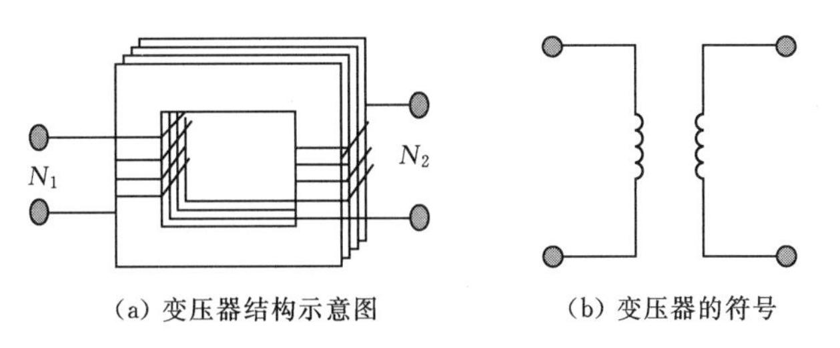

图 1－3　变压器示意图及其符号

铁芯是变压器的磁路部分，一般采用表面涂有漆膜、厚度为 0.35mm 或 0.5mm 的硅钢片交错叠成，使磁路具有较高的磁导率和较小的磁滞涡流损耗。

绕组是变压器的电路部分，通常用涂有绝缘漆的铜线或铝线绕制而成。与电源连接的绕组称为原绕组，又称一次绕组或初级绕组；与负载连接的绕组称为副绕组，简称二次绕组或次级绕组。绕组的形状有筒式和盘式两种，筒式绕组又称同心式绕组，一次、二次绕组相套在一起，低压绕组套在靠铁芯的里层，高压绕组套在低压铁芯的外层；盘式绕组又称交叠式绕组，分层交叠在一起，低压绕组通常是套在铁芯柱靠上、下铁轭的外端，高压绕组则夹在两低压绕组的中间。根据实际需要，一个变压器可以只有一个绕组，如自耦变压器；也可以有多个二次绕组以输出不同的电压。

变压器工作时铁芯和绕组都要发热，为了防止变压器过热而损坏绝缘材料，必须采用适当的冷却方式。对于小容量变压器，通常采用空气自冷，依靠空气的自然对流把铁芯和绕组的热量散发到周围的空气中（船用变压器全部采用风冷）；对容量较大的变压器，通常采用油浸自冷、油浸风冷或强迫油循环冷却等方式。

1.2.2　变压器的工作原理

变压器的工作原理是电磁感应原理，是电生磁、磁生电现象的一个具体应用。以相同的频率，在两个或更多的绕组之间，变换交流电压和电流而传输交流电能。变压器的基本组成部分是由绕在共同磁路上的两个或两个以上的绕组所构成，下面将对变压器电压、电流、阻抗变换和外特性进行阐述。

1. 变压器的空载运行和电压变换

变压器的空载运行见图 1－4。变压器的一次侧接上交流电压 u_1，二次侧开路，这种运行状态称为空载运行，见图 1－4。这时二次电流 $i_2=0$，电压为开路电压 u_{20}，一次绕组中通过的电流为空载电流 i_{10}，设一次绕组的匝数为 N_1，二次绕组的匝数为 N_2。

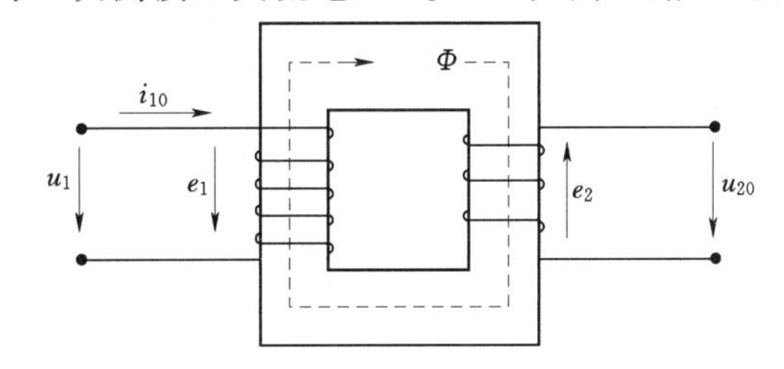

图 1－4　变压器的空载运行

由于二次侧开路，这时变压器的一次

电路相当于一个交流铁芯线圈电路，空载电流 i_{10} 就是励磁电流。因为 i_{10} 是交变电流，所以在磁动势 $i_{10}N_1$ 作用下，铁芯中的主磁通 Φ 也是交变的，并在一次、二次绕组中分别感应出电动势 e_1、e_2。当 e_1、e_2 与 Φ 的参考方向之间符合右手螺旋定则时，由电磁感应定律可得

$$e_1=-N_1\frac{\mathrm{d}\Phi}{\mathrm{d}t} \tag{1-1}$$

$$e_2=-N_2\frac{\mathrm{d}\Phi}{\mathrm{d}t} \tag{1-2}$$

当外加电压 u_1 按正弦规律变化时，根据电磁铁知识可知

$$u_1\approx e_1=4.44fN_1\Phi \tag{1-3}$$

$$u_{20}\approx e_2=4.44fN_2\Phi \tag{1-4}$$

因此一次电压 u_1 与二次电压 u_{20} 之间的关系为

$$\frac{u_1}{u_{20}}\approx\frac{e_1}{e_2}=\frac{N_1}{N_2}=K \tag{1-5}$$

式（1-5）表明，变压器空载运行时，一次、二次绕组的电压比等于它们的匝数比。这个比值称为变压器的变比，是变压器的一个重要参数，当 $K>1$ 时为降压变压器，当 $K<1$ 时则为升压变压器。

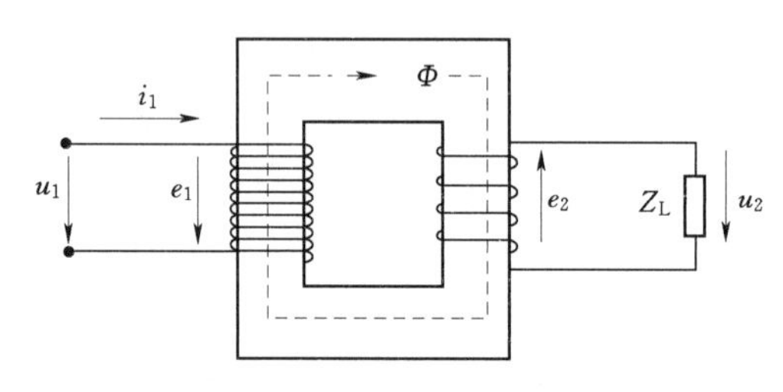

图 1-5　变压器的负载运行

2. 变压器的负载运行和电流变换

变压器的负载运行见图 1-5。变压器的一次侧接交流电压 u_1，二次侧接负载 Z_L，这种运行状态称为负载运行。

变压器未接负载之前，一次电流为 i_{10}，它在一次侧建立磁动势 $i_{10}N_1$，在磁路中产生主磁通 Φ。接入负载后，在感应电动势 e_2 的作用下，二次绕组有电流 i_2。二次电流 i_2 的出现反过来要影响变压器铁芯内的磁通，从而影响一次、二次绕组的感应电动势。在一次电压 u_1 保持不变的情况下，e_1 的变化会使一次绕组电流发生变化，这时一次电流将从空载电流 i_{10} 变为 i_1。

在变压器外加电压 u_1 和电源频率 f 不变的条件下，主磁通应基本保持不变，即 $\Phi=\frac{u_1}{4.44fN_1}$=常数。但当变压器有载时，由于二次磁动势 I_2N_2 的影响，一次绕组中的电流必须由 i_{10} 增加到 i_1 来抵消二次绕组的磁动势对主磁通的影响，从而维持铁芯中的主磁通的大小不变，即与空载时在数量上接近相等。因此，变压器有载时产生的主磁通磁动势（$i_1N_1+i_2N_2$）和空载时产生的主磁通磁动势应该相等，即

$$i_1N_1+i_2N_2=i_{10}N_1 \tag{1-6}$$

因为空载电流很小，在变压器接近满载的情况下，$i_{10}N_1$ 相对于 i_1N_1 或 i_2N_2 而言基本上可以忽略不计，于是得到原二次磁动势的关系式为 $i_1N_1\approx-i_2N_2$ 其数值关系为 $i_1N_1\approx i_2N_2$

即
$$\frac{i_1}{i_2}\approx\frac{N_2}{N_1}=\frac{1}{K}=K_i \tag{1-7}$$

式中　K_i——变压器的变流比，是变压比 K 的倒数。

由此可见，变压器一次、二次的电流与它们的匝数成反比，且一次电流随二次电流变化而变化。

3. 变压器的阻抗变换

变压器除了能够改变交流电压和电流的大小以外，还能变换阻抗，这个功能广泛应用于电子技术领域。

变压器对其二次侧的用电设备而言相当于电源，它的实际负载阻抗 $|Z_L|$ 等于二次电压除以二次电流；但对变压器的电源而言，整个变压器又是供电电源的一个等值负载阻抗，该阻抗等于一次电压除以一次电流，见图 1-6。显然，当一次、二次绕组的匝数不同时，$|Z_L| \neq |Z'|$，由此可见，对同一用电负载，从变压器一次侧看的等值负载阻抗不等于负载的实际阻抗，这就是变压器的阻抗变换作用。

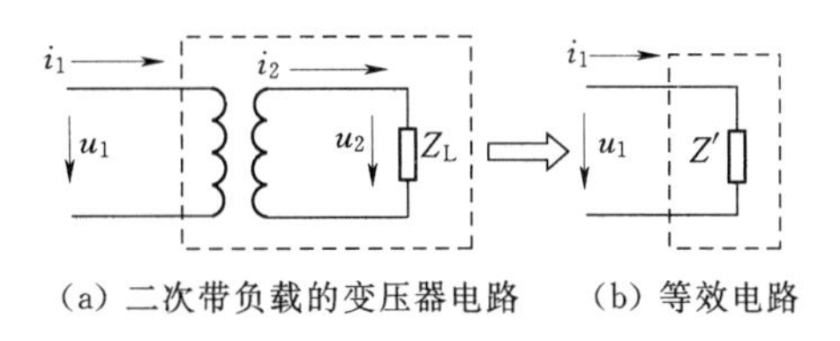

图 1-6　变压器的阻抗变换

根据上述忽略绕组内阻、忽略漏磁、忽略损耗的理想变压器的一次、二次电压和电流的变比关系，可得到一次等值阻抗与二次实际负载阻抗的数值变换关系，即

$$|Z'|=\frac{u_1}{i_1}=\frac{(N_1/N_2)u_2}{(N_2/N_1)i_2}=\left(\frac{N_1}{K_2}\right)^2\frac{u_2}{i_2}=K_2|Z_L| \tag{1-8}$$

式（1-8）表明，一次等值阻抗等于二次实际阻抗乘以匝数比的平方，采用不同的匝数比，可将实际负载阻抗 $|Z_L|$ 变换为所需要的一次等值阻抗 $|Z'|$，以实现阻抗匹配。

4. 变压器的外特性

上面分析的变压器负载运行是在理想状态下进行的，即忽略了绕组的电阻和漏磁通，实际上，当二次电流为 i_2，考虑二次电阻和二次漏磁通时，二次电压方程式为

$$\dot{u}_2=\dot{e}_2-Z_2\dot{i}_2 \tag{1-9}$$

式中　Z_2——二次电阻和二次漏磁通的等效阻抗，是感性的。

式（1-9）表明，当负载变化引起二次电流 i_2 发生变化时，二次绕组的阻抗电压降将发生变化，二次电压 u_2 也随之变化。

当 u_1 为额定值时，$u_2=f(i_2)$ 的关系曲线称为变压器的外特性曲线，见图 1-8。分析表明，当负载为阻性或感性时，二次电压将随 i_2 的增加而降低；负载为容性且电容较大时，输出电压 u_2 可能高于 u_{1N}。图 1-7 中 φ_2 是 u_2 和 i_2 的相位差，对感性负载来说，功率因数越低，u_2 下降得越快。

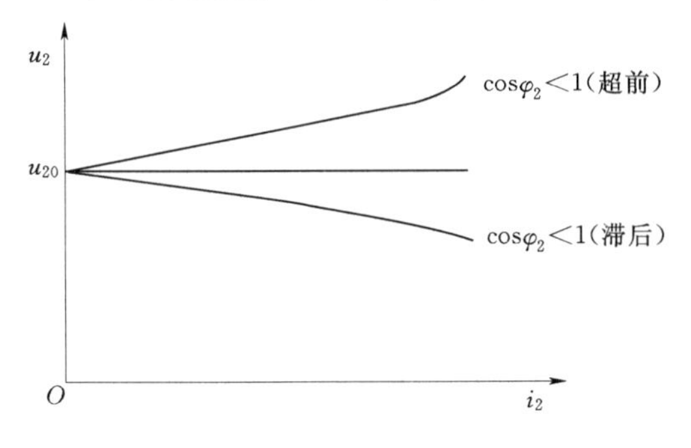

图 1-7　变压器的外特性曲线

变压器从空载到满载时，二次电压 u_2 的变化量与空载时二次电压 u_{20} 的比值称为变压器的电压变化率，通常用百分数表示，其公式为

$$\Delta u=\frac{u_{20}-u_2}{u_{20}}\times 100\% \tag{1-10}$$

对负载来说总希望越稳定越好，即电压变化率越小越好。一般电力变压器的电压变化率为 3%～5%，变压器容量越大，电压变化率越小。

1.2.3 变压器绕组的极性及三相变压器

1. 变压器绕组的极性

为了正确地使用变压器，有时还需了解一次电压和二次电压之间的相位关系，由于一次、二次电压都是交变的，当某一瞬间一次绕组某一端点的电压相对于另一端点为正时，二次绕组必然有一个对应的端点，其瞬间电位相对于二次绕组的另一端点也为正。通常把一次、二次绕组电位瞬时极性相同的端点称为同极性端，有时也称为同名端。变压器绕组的极性及串并联判断见图 1-8。

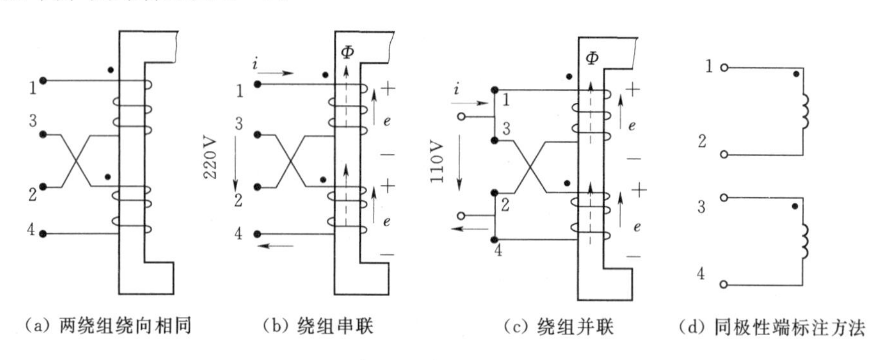

图 1-8 变压器绕组的极性及串并联

图 1-8（a）所示变压器有两个二次绕组，由于两个绕组绕向相同，当磁通变化时绕组中产生感应电动势，端点 1 和端点 3 的电位瞬时极性必然相同，所以端点 1 和端点 3 就是同极性端，当然端点 2 和端点 4 也是同极性端。图 1-8（b）和（c）为变压器绕组的串联和并联接线图。为了在使用变压器时能正确地连接线路，通常在同极性端旁边标注“·”作为记号，图 1-8（d）是表明了极性的变压器绕组符号。

2. 变压器绕组极性的测定

对于一个实际的变压器，由于从外部无法知道绕组的绕向。当一次、二次绕组的首尾端或同极性端标记无法辨认时，可用试验法进行判别，见图 1-9。变压器的一个绕组（图中为 AX）通过开关和电池相连，另一绕组与直流毫安表相连，a 端接毫安表的正端，x 端接毫安表的负端。当开关 K 接通瞬间，如果毫安表的指针正向偏转。则 A、a 是同极性端；如果指针反向偏转，则 A、x 是同极性端。

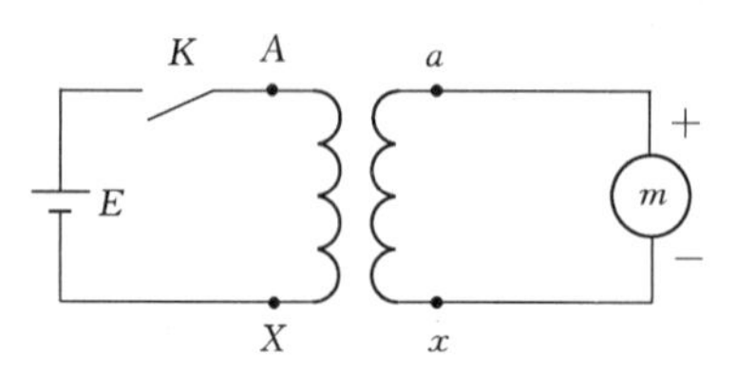

图 1-9 变压器绕组极性的测定

3. 三相变压器

三相变压器的结构有两种，即三相组式变压器和三相芯式变压器。

（1）三相组式变压器。图 1-10 为三台单相变压器组组成的三相组式变压器，其主要特点是三台单相变压器相互独立，各相磁路彼此之间无关，故可分可合。但有成本高、体积大、效率低的缺点，主要用做大容量变压器。

(2) 三相芯式变压器。图 1-11 所示为三相芯式变压器，这种变压器有三个截面相同的铁芯柱，各套一相一次、二次绕组，各相磁路相互并联，由于三相一次绕组所加的电压是对称的，因此磁通是对称的，二次电压也是对称的。

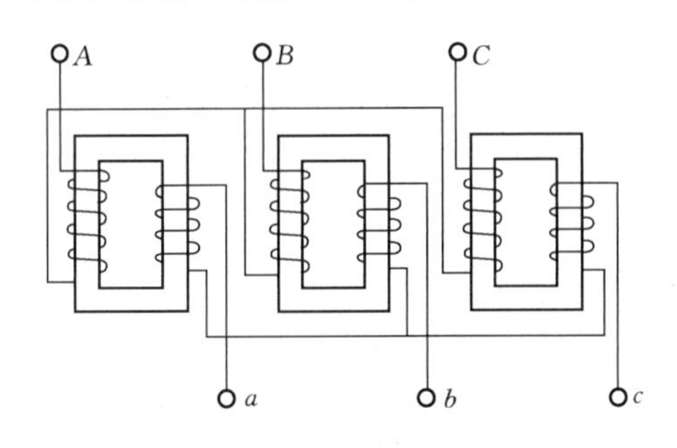

图 1-10　三相组式变压器

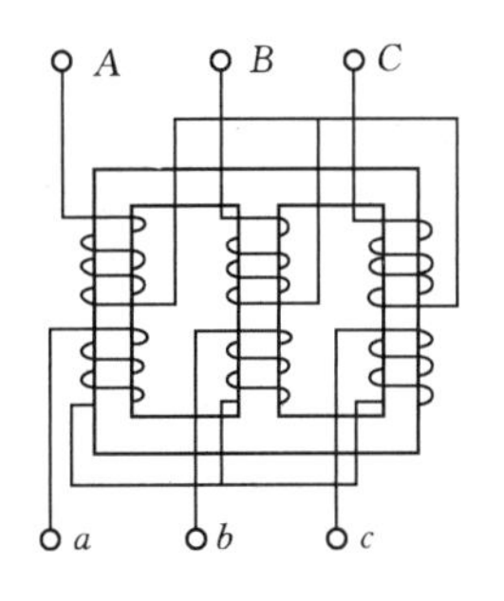

图 1-11　三相芯式变压器

三相芯式变压器的一次、二次都有三个绕组，可以根据需要接成星形（Y）或三角形（△）。因此有四种基本连接方式：Y/Y、△/Y、Y/△和△/△。我国只采用 Y/Y 和 Y/△两种标准形式，见图 1-12。

(3) 三相变压器的变比关系。当一次和二次的三相绕组的连接方式和连接极性完全一致时，例如 Y/Y 或△/△连接，则两边线电压之比等于相电压之比，并且两者同相位。当一次、二次绕组连接方式不一致时，则两边线电压之比不等于相电压的变比，例如：Y/△连接的三相变压器两边线电压的变比是相电压变比的$\sqrt{3}$倍，并且两者的相位不同，二次线电压超前一次线电压 30°。

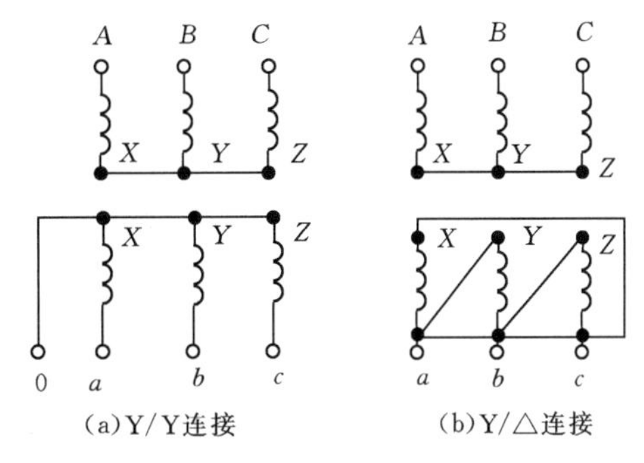

图 1-12　三相变压器的两种接法

1.3　变 压 器 分 类

变压器按用途分类，有电力变压器、整流变压器、电焊变压器、试验变压器、调压变压器和互感器等。

按电源输出相数分类，有单相变压器和三相变压器。

按冷却介质分类，有干式变压器、油浸式变压器及充气式变压器。

按冷却方式分类，有油浸自冷式变压器、油浸风冷式变压器、油浸强迫油循环风冷却变压器、油浸强迫油循环水冷却变压器及干式变压器。

按绕组数量分类，有双绕组变压器、三绕组变压器及自耦变压器。

按调压方式分类，有无励磁调压变压器和有载调压变压器。

按铁芯结构分类，有芯式变压器、壳式变压器。

按中性点绝缘水平分类，有全绝缘变压器、分级绝缘变压器。

按导线材料分类，有铜导线变压器、铝导线变压器。

1.4 变压器型号及参数

1. 变压器的型号

变压器的各种分类不能包含变压器的全部特征，需要产品型号把所有的特征均表达出来。变压器产品型号是用汉语拼音的字母及阿拉伯数字组成，每个拼音和数字均代表一定含义，见图 1-13。

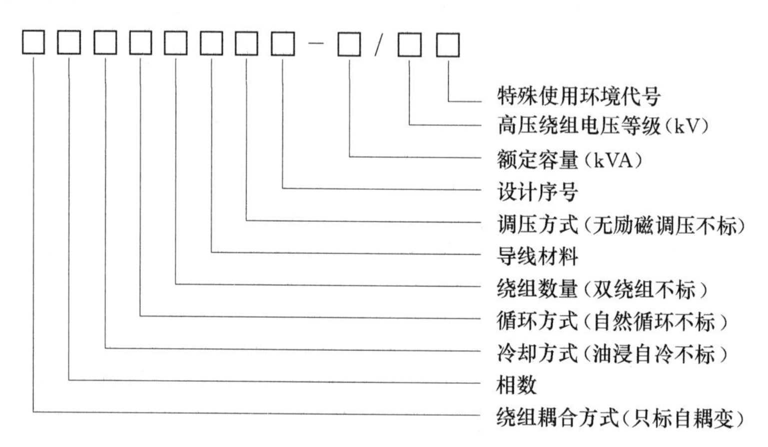

图 1-13　变压器产品型号组成

电力变压器产品型号字母排列顺序及含义见表 1-1。

表 1-1　电力变压器产品型号字母排列顺序及含义

序号	分类	含义	代表的字母
1	绕组耦合方式	独立	
		自耦	O
2	相数	单相	D
		三相	S
3	绕组外绝缘介质	变压器油	
		空气（干式）	G
		气体	Q
		成形固体	C
4	冷却装置种类	自冷式	
		风冷式	F
		水冷式	S
5	油循环方式	自然循环	
		强迫油循环	P
		强油导向	D
6	绕组数	双绕组	
		三绕组	S
		双分裂绕组	F
7	调压方式	无励磁调压	
		有载调压	Z
8	绕组导线材料	铜	
		铝	L

注　在特殊使用环境的新产品应在产品的基本型号后面加上防护类型代号。船舶用 CY，高原地区用 GY，污秽地区保护用 WB，干热带地区用 TA，湿热带地区用 TH。

电力变压器产品型号举例：

S9－10000/35 表示三相油浸自冷双绕组铜导线、第 9 系列设计、额定容量 10000kVA、高压额定电压等级为 35kV 的电力变压器。

OSFPSZ－150000/220 表示自耦三相风冷强迫油循环三绕组有载调压铜导线、额定容量为 150000kVA、高压额定电压等级为 220kV 的电力变压器。

2. 变压器的主要参数

变压器的额定参数主要有：额定电压、额定电流、额定容量、额定频率、空载电流和空载损耗、阻抗电压和负载损耗等。

额定值是对变压器正常运行时所作的使用规定。在额定状态下运行可以保证变压器长期可靠地工作，并且有良好的性能。因此，为了正确地使用变压器，必须了解和掌握其额定值。额定值通常标在变压器的铭牌上，故也称为铭牌数据。变压器的额定值主要有：

（1）额定电压 U_{1n}/U_{2n}。一次、二次绕组的额定线电压，单位是 V 或 kV，例如 400V/230V。二次额定电压是指当一次接额定电压时二次的开路电压。因此，变压器可以升压也可以降压。

（2）额定电流 I_{1n}/I_{2n}。一次、二次的额定线电流，单位是 A。

（3）额定容量 S_n。变压器的额定视在功率，单位是 VA 或 kVA。变压器额定容量是变压器输出能力的保证值。变压器的额定容量与绕组的额定容量有所区别，双绕组变压器的额定容量即为绕组的额定容量，所以，对于双绕组变压器一次、二次容量是相同的；多绕组变压器应对每个绕组的额定容量加以规定，其额定容量为最大的绕组额定容量值。

变压器的额定容量、额定电压和额定电流之间的关系为

单相双绕组变压器：
$$S_n = U_{2n} I_{2n} = U_{1n} I_{1n} \tag{1-11}$$

三相双绕组变压器：
$$S_n = \sqrt{3} U_{2n} I_{2n} = \sqrt{3} U_{1n} I_{1n} \tag{1-12}$$

（4）额定频率 f。单位为赫兹（Hz），我国工频为 50Hz。

（5）空载电流和空载损耗。当变压器二次绕组开路，一次绕组施加额定频率正弦波形的额定电压时，其中所流通的电流为空载电流 I_0，通常空载电流以额定电流的百分数表示；变压器空载运行时产生的有功损耗为空载损耗 P_0。

（6）阻抗电压和负载损耗。当变压器二次绕组短路，一次绕组流通额定电流而施加的电压称为阻抗电压 U_K，通常阻抗电压以额定电压的百分数表示；此时所产生的相当于额定容量与参考温度下的损耗为负载损耗 P_K。

此外，在变压器的铭牌上还给出相数、接线图与连接组别、运行方式和冷却方式、变压器的总重量、油的总重量等数据。

第2章　变压器本体及各附件基本结构和作用

通过对变压器基本知识的学习，能够了解变压器的工作原理等特性。为了对变压器有更深刻的认识，需要从结构上对变压器进行剖析，掌握变压器本体及各附件的基本结构和作用，只有在对其充分了解的基础上，才能保证检修工艺，正确判断变压器各种缺陷，为变压器检修工作奠定基础。

2.1　铁　　芯

2.1.1　铁芯的作用

变压器是根据电磁感应原理制造的。铁芯是变压器的基本部件，是变压器的磁路，它把一次电路的电能转为磁能，又由自己的磁能转变为二次电路的电能，是能量转换的媒介。因此，铁芯由磁导率很高的电工钢片（硅钢片）制成。另外，铁芯是变压器的内部骨架，铁芯的夹紧装置不仅使磁导体成为一个机械上完整的结构，而且在其上面套有带绝缘的线圈，支持着引线，并几乎安装了变压器内部的所有部件。

电工钢片很薄（0.23～0.35mm），且有绝缘，涡流损耗很小。磁导体是铁芯的主体，所以后面所称的铁芯实指磁导体。铁芯的重量在变压器各部件中重量最大，在干式变压器中占总重量的60%左右。在油浸式变压器中，由于有变压器油和油箱，重量的比例稍有下降，约为40%。变压器的铁芯（即磁导体）是框形闭合结构。其中套线圈的部分称为芯柱，不套线圈只起闭合磁路作用的部分称为铁轭。现代铁芯的芯柱和铁轭均在一个平面内，即为平面式铁芯。

2.1.2　铁芯的形式

1. 铁芯的基本类型

铁芯有两大基本结构型式，即壳式和芯式。它们的主要区别在于磁路，即铁芯与线圈的相对位置，线圈被铁芯包围时称为壳式，铁芯被线圈包围时称为芯式，见图2-1。

一般情况下，壳式铁芯是水平放置的，芯式铁芯是垂直放置的。大容量的芯式变压器由高度所限，压缩了上下铁轭的高度，以增加旁轭的办法做磁路，将变压器铁芯做成单相三柱（旁轭）或三相五柱式。但是它们仍保留芯式结构的特点，因此它们虽有包围线圈的旁轭，仍属于芯式结构。

（1）壳式铁芯结构具有下列特点：

1）每种容量的铁芯叠片只有一种片宽，故加工比较方便。

2）因铁芯截面为长方形，故与之相配合的线圈截面也应为长方形，同时线饼之间面

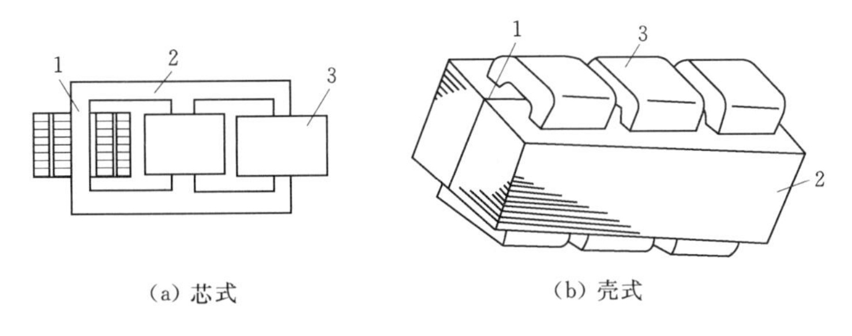

(a) 芯式　　(b) 壳式

图 2-1　铁芯的两种主要结构形式

1—铁芯柱；2—铁轭；3—线圈

积较大，这样可使饼间电容增大，对地电容与饼间电容之比小，故可改善线圈中的冲击电位分布，因此超高变压器采用壳式铁芯结构时可简化线圈结构。

3）壳式电力变压器的引线都在上部，故出线方便，这一点对三相三线圈及自耦变压器更方便。

4）当低压线圈流过大电流时，因线圈被铁芯所包围，故电流引起的附加损耗较小。

（2）芯式铁芯结构是我国变压器制造厂普遍采用的铁芯结构形式。它具有以下优点：

1）铁芯可先叠装成形，然后在铁芯柱上套装已绕好的线圈。

2）线圈为圆形，故绕制方便。芯式铁芯分为单相双柱、单相三柱、三相三柱、三相五柱式等结构，见图 2-2。

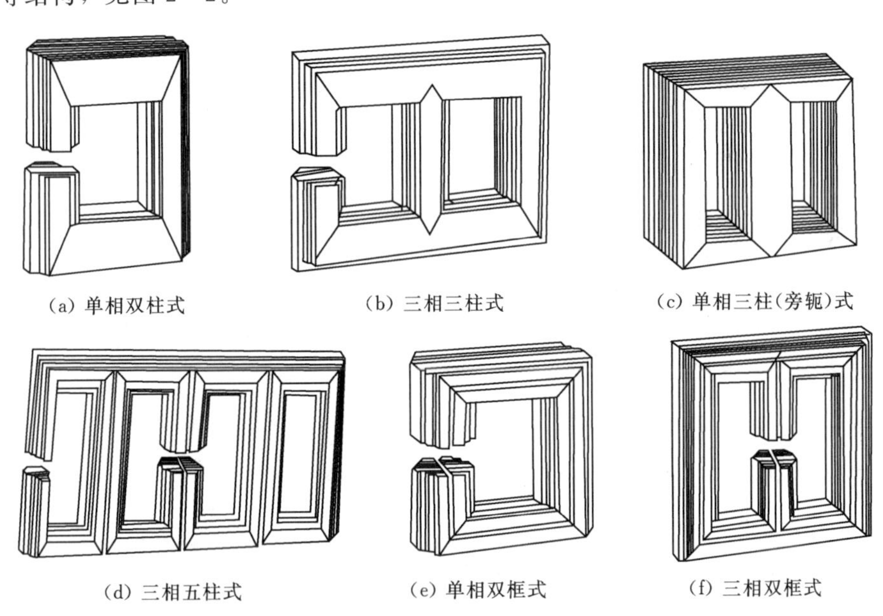

(a) 单相双柱式　　(b) 三相三柱式　　(c) 单相三柱(旁轭)式

(d) 三相五柱式　　(e) 单相双框式　　(f) 三相双框式

图 2-2　芯式铁芯的主要结构形式

上述各种铁芯的结构型式特征和适用范围见表 2-1。

选择铁芯结构时，主要是考虑使空载电流和空载损耗小、噪声低、电压波形保证正弦波形。

表 **2-1**　　　　　　芯式铁芯的结构形式、特征和适用范围

<table>
<tr><th>铁芯形式</th><th>图号</th><th>结构特征</th><th>适用范围</th></tr>
<tr><td>单相双柱式</td><td>图 2-2 (a)</td><td rowspan="2">铁芯柱与铁轭在同一垂直平面内，以叠接方式连接，结构简单，工艺装备少，但叠装工作量大</td><td rowspan="2">为广泛应用的典型结构，适用于各类变压器</td></tr>
<tr><td>三相三柱式</td><td>图 2-2 (b)</td></tr>
<tr><td>单相三柱（旁轭）式</td><td>图 2-2 (c)</td><td rowspan="2">铁轭高度降低，从而铁芯总高度降低，便于运输，并有助于减小结构损耗，但单框的硅钢片用量有所增加；单相的旁轭截面为铁芯柱截面的 1/2，三相的铁轭和旁轭，如磁通按正弦波考虑时，其截面分别为铁芯柱截面的 $1/\sqrt{3}$</td><td rowspan="2">单相的适用于中低压大电流变压器、高压试验变压器等；三相的适用于特大型变压器、电压互感器等</td></tr>
<tr><td>三相五柱式</td><td>图 2-2 (d)</td></tr>
<tr><td>单相双框式</td><td>图 2-2 (e)</td><td rowspan="2">单相的由截面相等的内外两框构成，三相的由截面相等的一个外框和两个内框构成，在中间铁芯柱两端内外框有半数叠片连在一起，这种铁芯冷却效果好，并可改善空载性能</td><td rowspan="2">铁芯柱直径较大，叠片片宽超过硅钢片宽度的特大型变压器</td></tr>
<tr><td>三相双框式</td><td>图 2-2 (f)</td></tr>
</table>

2. 铁芯的分类（按铁芯外形分类）

（1）辐射式铁芯。芯柱叠片列成辐射状，旁轭沿芯柱圆周径向对装。这种结构可降低铁轭的高度，减少附加损耗，并可采用圆形的油箱，以减少变压器体积，但是制造时费工。这是一种特殊的结构，见图 2-3。

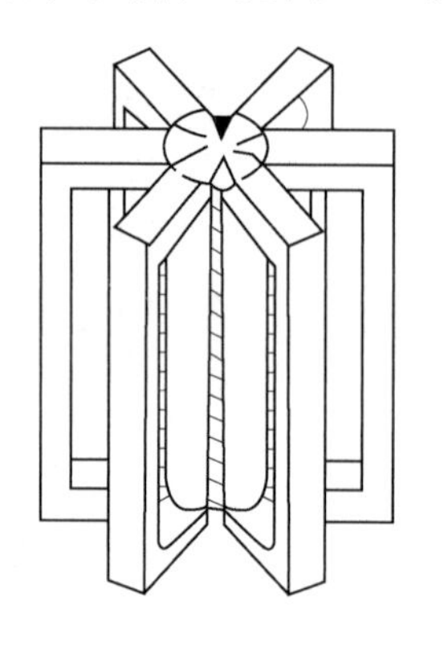

图 2-3　辐射式铁芯

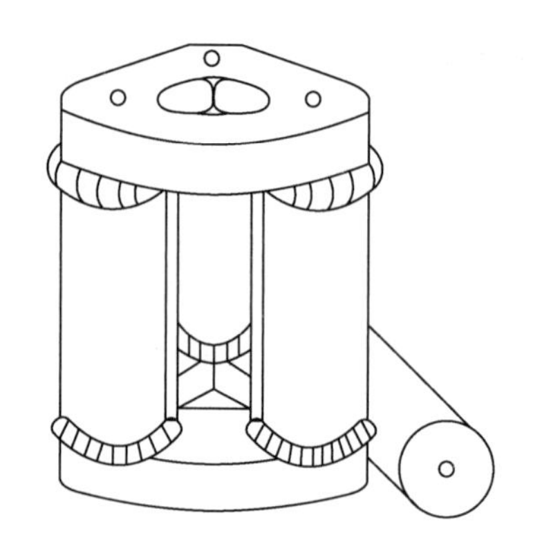

图 2-4　渐开线式铁芯

（2）渐开线式铁芯。芯柱由叠片经成形机压成渐开线以后，再叠装成空心圆柱体，铁轭用带料卷成三角形，铁轭截面为芯柱截面的 $1/\sqrt{3}$。芯柱外径与内径之比为 4.5～6。能节省硅钢片，但是结构不尽合理，对接式空载电流大。它是半卷半叠式铁芯，只适用于成批生产的容量较小的三相变压器，见图 2-4。

（3）Y 形铁芯。Y 形铁芯的优点是：磁路对称，三相平衡，结构紧凑，经济性好，见图 2-5。缺点是制造时费工。

（4）环形卷铁芯。采用带料硅钢片连续卷成，不需叠装，磁通方向符合轧制方面的要求，导磁性极佳，空载性能好，但是线圈需用专用设备绕制。它是卷制铁芯中最简单的结构，适用于电流互感器、接触式调压器。另外，还有矩形的卷铁铁芯和多级卷制铁芯，多

用于小容量的单相变压器，见图 2－6。

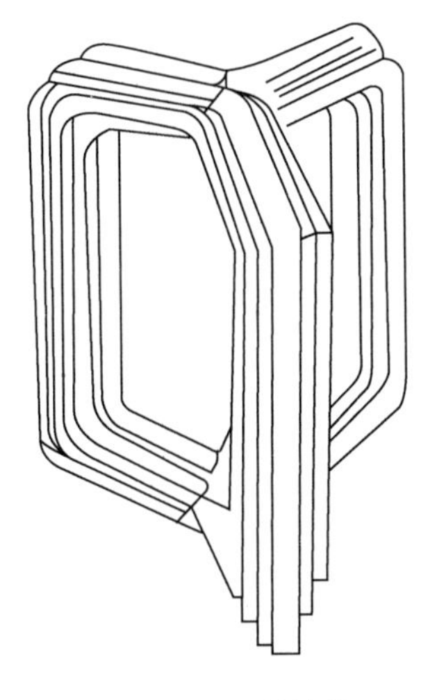

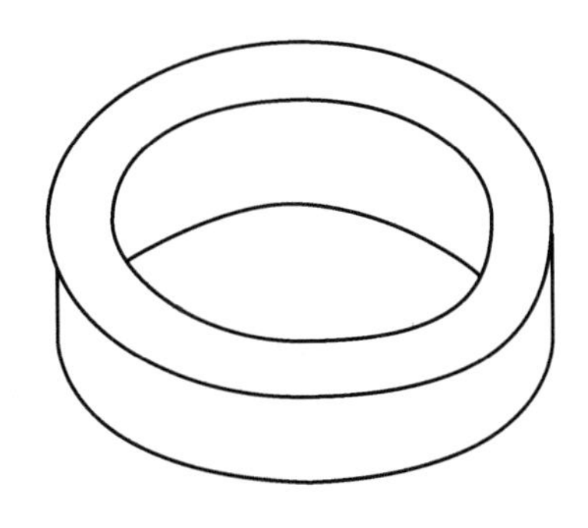

图 2－5　Y 形铁芯　　　　图 2－6　环形卷铁芯

由于铁芯的制造工艺决定于铁芯的结构且彼此相差很大，一旦选定了某一种结构，就很难转而生产另一种结构。由于国内大多数厂家都习惯于采用芯式铁芯，故下面主要以芯式铁芯为主介绍有关数据和结构。

2.1.3　铁芯叠装与质量检验

1. 铁芯叠装质量检查内容

铁芯叠装完毕要进行全面质量检查，检查内容如下：

（1）铁芯片叠装是否整齐、叠片最大缝隙、接缝搭头和叠片参差不齐程度，可用硅钢片离缝间隙量具，参照标准值，测量铁轭可见处，判断是否合格。对于大型铁芯来说，不允许有搭头。

（2）高压、低压下夹件对装后，两支板应在同一平面上。可用钢直尺和塞尺测量下夹件支板对装部位。小型变压器允许误差不大于 2mm，大型变压器允许误差不大于 4mm。

（3）主极叠厚尺寸公差、总叠厚度尺寸公差、直径尺寸公差。可参照标准规定，用外卡钳和钢直尺测量。

2. 容量在 8000kVA 及以上的中型变压器的铁芯叠装

容量在 8000kVA 及以上的中型变压器的铁芯装配和起立需采用专用设备——滚转台。在该设备上叠装铁芯的工艺过程如下：

（1）根据铁芯图样要求，调整滚转台两边可移动垫梁，使其中心线距离符合铁芯柱中心距尺寸。把铁芯的上、下夹件放好，并保证上、下两夹件平行，下夹件底边线要和滚转台立臂平面平行。按铁芯柱的玻璃粘带绑扎间距要求，摆好芯柱支撑，放入夹件绝缘、芯柱护板（或拉板），使夹件的绝缘、芯柱护板处于一个水平面上。

（2）开始叠装第一级铁芯片，测量好对角线和叠片位置尺寸并敲打对齐，如果上、下轭片有孔时，要放置铁轭定位棒，以后逐级进行叠装。对于有冷却油道的产品，需按照图样要求放好油道后再继续进行叠片。在叠最大级铁芯片前，要放好下铁轭木垫脚。在叠至最后3个级时，要对已叠装完的铁芯片测量一次总厚度，根据需要，对最后3个级的片数进行调整。全部叠片叠完后，用铁芯柱临时夹具卡紧每个芯柱的中间部位，进行最后总厚度和芯柱直径的测量。在确定尺寸无误后，再摆好上面的夹件绝缘和芯柱护板。在环氧玻璃粘带绑扎位置的间隔处，用临时夹具卡紧芯柱。放好上、下铁轭两端的方铁和枕木，摆好上、下夹件、取出定位棒，插进绝缘管和双头螺杆，并装好垫圈和螺母，最后装配下铁轭垫脚。铁芯接地片的安放位置和插入深度要按工艺要求做到准确无误。上好铁芯与滚转台连接临时保护绳。

夹紧过程中需要注意，放好夹件和拉板后，要检查最窄级叠片是否有移位。如果有位移，要及时处理，然后才能上紧夹紧芯柱的卡子。上紧的顺序是从柱中间开始向上下两边逐个拧紧，一般需要重复拧紧2～3次。这是为防止上紧卡子顺序不对而产生拱片现象，或铁芯起立后使铁芯柱局部弯曲影响垂直度。轭铁夹紧要采用专用压梁装置，使夹件均匀受压后才能拧紧拉带和夹紧螺杆，操作时也是按照先中间后两边的顺序，最后才装垫脚、撑板（上梁）和侧梁等。夹紧件装完后，需检查铁芯片受力是否均匀。如果有弓片或弯曲等现象产生，说明铁芯片受力不均匀，应及时修理。

如果铁芯有绝缘油道或层间纸板，在叠装过程中需要测量其绝缘电阻的数值，应符合工艺要求，否则要查明原因并予以处理。总之，在铁芯起立前，应仔细检查各种数据是否正常，以免铁芯起立后发现问题再去修理就很困难了。起立前，要将上铁轭连同上夹件一起用尼龙绳或绑扎带与滚转台横梁1临时绑牢，防止铁芯起立时发生意外。

（3）指挥吊车，应使吊钩对准滚转台中心线，挂好吊绳，并开始翻转，当滚转台翻到垂直位置时，吊车应立即停止升起。两侧支脚自动转出，用销子锁紧。放下吊绳后，将铁芯从滚转台上吊走，然后重复滚转台起立时相反的操作程序，使滚转台回到原来的位置。

3. 铁芯叠装后的电气性能试验

铁芯叠装完成后，要对其电气性能等做实验，内容如下：

（1）外施电压测试。

1）所有穿心螺杆对铁芯及夹件用交流2kV耐压1min或用1～2.5kV兆欧表测量，应不是通路（拆除接地片测量）。

2）上、下夹件对铁芯用交流2kV耐压1min或用1～2.5kV兆欧表测量，应不是通路（拆除接地片测量）。

3）铁芯对地应是通路，用500V兆欧表测量上铁轭最宽处与接地片的上夹件。

（2）铁芯叠装后临时绕组的空载性能试验。对于一般新产品，由于结构的改变或采用新材料、新工艺原因，半成品又不能进行额定电压下空载试验，需在铁芯叠装后在铁芯上绕上临时试验绕组（用绝缘电缆），测量其空载损耗和电流。此时所测数据不能作为其最终测量结果，但可用来与产品完成后的最终空载特性试验相比较，以便及早在半成品时发现和分析变压器铁芯可能产生的故障和措施。

1）临时绕组测试铁芯的空载性能试验，一般要确定以下几个参数：①临时绕组的每匝电压；②临时绕组的匝数；③临时绕组的额定电流；④绕组的连接方法；⑤单相空载的比值K，根据K值可以判断铁芯是否存在缺陷。

2）根据从临时绕组的a、b、c端供给额定励磁，测出数据。将计算的P_0值和I_0值与国家标准规定的数值进行比较，如果在允许的偏差范围内则视为铁芯合格；如果超差，则必须进行分析、加以排除后，方可转入下道工序。

3）判断单相空载测试数据是否合格的条件有两个：①各相空载损耗之间是否在允许偏差范围内；②由铁芯尺计算的比值 K 与上述实测的 K 值是否近。

必要时，也可将上述单相空载损耗空载电流换算成三相空载损耗和三相有载电流。

（3）铁芯叠装后和绝缘装配后的低磁空载试验。在测试完其电气性能达到标准后，还要对其做低磁空载试验，内容如下：

1）因为在半成品上做空载试验，其磁电压不得超过 15％额定电压，而低额定电压的空载试验又无法精确计算，所以铁芯叠装后先测量铁芯的低励磁空载数据。此时铁芯励磁电压 $U'_{0.15}$ 等于额定电压 U'_{n} 与低励磁百分数的乘积：$U'_{0.15}=U'_{n}\times 15\%$。

2）为了验证铁轭重新装配后与铁芯叠装后的差异，验证绕组有无匝间短路现象，需再进行绝缘装配后的空载试验。由于绕组的串联匝数较多，在空气中为保证匝绝缘的安全，无法施加额定电压励磁。因此也必须降低励磁电压才能进行空载试验。规定绝缘装配后低励磁电压 $U_{0.15}$ 应与铁芯励磁电压 $U'_{0.15}$ 数值相同，即 $U_{0.15}=U'_{n}\times 15\%$。如果绝缘装配后的 $U_{0.15}$ 下的铁损与铁芯叠装后的 $U'_{0.15}$ 下的铁损无明显差别，则表明铁芯新叠装后符合设计要求。

3）综上所述，空载试验的目的是：①测量空载损耗 P_0 值和空载电流 I_0 值后，与产品质量分等规定的标准值进行比较，可判断铁芯是否存在局部的或整体的缺陷；②铁芯叠装后，与拆铁片、套装绕组、重新插铁后进行空载损耗 P_0 值和空载电流 I_0 值比较，可发现上铁轭在插铁过程中的缺陷。

（4）成品的空载试验。在感应高压试验前后要进行额定电压下的空载试验。这种空载试验，是整个变压器性能的考核项目之一，其目的是了解绕组套装及烘干过程中绕组有无损伤、铁芯有无变形或尺寸是否超差而造成损耗增加。

4. 铁芯叠装质量对铁芯性能的影响

对于一台铁芯，要求铁芯片平整、无波浪，起立后应垂直、不歪斜，级次清楚，接缝严密、正确，片的边缘无短路等，以此保证铁芯的电磁性能。如果铁芯叠装质量不好，将影响铁芯的电磁性能和力学性能。

铁芯偏斜会造成绕组套装困难，还可能使绕组内绝缘距离不够。

铁芯片的接缝大，会造成空载电流大，同时机械强度也减弱。

铁芯夹不紧有如下两种情况：

（1）铁芯外形尺寸虽然达到了设计要求，但因未夹紧，气隙大，铁芯的有效截面积小于设计值，这样通过相应的磁通就会引起空载电流和空载损耗增大，且噪声增大。

（2）铁芯的有效截面虽然符合设计要求，但因未夹紧，外形尺寸过大，这样也会增大噪声，降低机械强度，且使套装绕组困难。

铁芯夹紧力不均匀，边缘有自由端存在，也会产生噪声。

铁轭螺杆绝缘管损坏，也会造成片间短路，空载电流和损耗剧增，会使铁轭局部过热，甚至烧坏铁芯。

5. 铁芯对清洁度的要求

铁芯使用之后会有灰尘、油污、纤维等金属或非金属异物等杂物附着其上，如果铁芯上带有这些东西，当变压器运行时，在绕组电场的作用下，这些异物会在油中形成导电的小桥，可能导致铁芯多点接地。金属异物也可能造成铁芯短路而引起事故。铁芯不清洁或有异物，还会影响整个变压器的绝缘性能，加速变压器油和绝缘物老化，从而降低变压器的使用寿命，所以铁芯叠装应特别注意清洁。为此要做到以下几点：

（1）叠装前，工作场地必须打扫干净。

（2）将零部件清理干净，吹去灰尘。

（3）不要用脚踩铁芯片。

（4）在装配过程中，绝缘件和铁芯片不能放在地上。

（5）未叠装完的芯片、铁轭、芯柱，每天收工时都必须用塑料布盖上，防止落入灰尘。

（6）叠装完毕的铁芯要进行检查，去掉上边的各种异物，清理和整理后用塑料布盖好，防止灰尘落入。

2.2 绕组及引线

2.2.1 绕组

绕组是变压器的电路部分，通常采用绝缘铜线或铝线绕制而成，匝数多者称为高压绕组，匝数少者称为低压绕组。变压器绕组应具有足够的绝缘强度、机械强度和耐热能力。正常的三相芯式220kV及以下变压器绕组排列见图2-7。

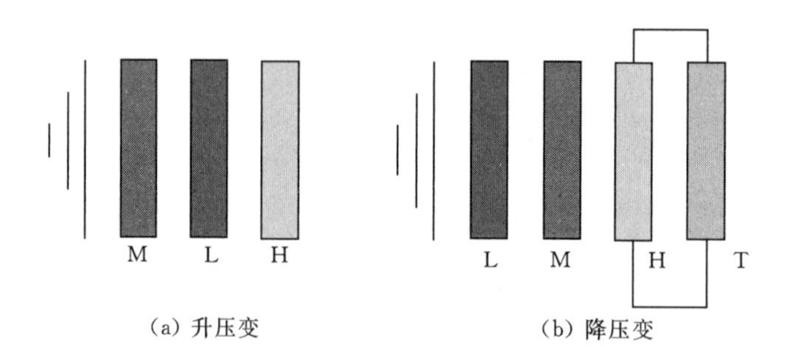

图2-7 绕组排列

M—中压绕组；L—低压绕组；H—高压绕组；T—调压绕组

按高压绕组和低压绕组相互间排列位置的不同，可分为同心式和交叠式两种。

同心式绕组是把一次、二次绕组分别绕成直径不同的圆筒形线圈套装在铁芯柱上，在铁芯柱的任一横断面上，绕组都是以同一圆筒形线圈套在铁芯柱的外面，而这种圆柱形的绕组正适合同心式变压器绕组的布置。高压、低压绕组之间用绝缘纸筒相互隔开，为了便于绝缘和高压绕组抽引线头，一般情况下总是将低压绕组放在里面靠近铁芯处，将高压绕组放在外面。高压绕组与低压绕组之间，以及低压绕组与铁芯柱之间都必须留有一定的绝缘间隙和散热通道（油道），并用绝缘纸板筒隔开。绝缘距离的大小，决定于绕组的电压等级和散热通道所需要的间隙。当低压绕组放在里面靠近铁芯柱时，因为它和铁芯柱之间所需的绝缘距离比较小，所以绕组的尺寸就可以减小，整个变压器的外形尺寸也同时减小了。但大容量的低压大电流变压器，考虑到引出线工艺困难，往往把低压绕组套在高压绕组外面。

交叠式绕组是把一次、二次绕组按一定的交替次序套装在铁芯柱上。这种绕组的高压、低压绕组之间间隙较多，因此绝缘较复杂、包扎工作量较大。其优点是机械性能较高，引出线的布置和焊接比较方便，漏电抗也较小，故常用于低电压、大电流的变压器（如电炉变压器、电焊变压器等）。

同心式绕组结构简单，绕制方便，故被广泛采用。我国生产和使用中占绝大多数的芯式变压器，其绕组都采用同心式结构，故本书着重介绍同心式绕组（以下对同心式绕组简称为绕组）。

绕组通常分为层式绕组和饼式绕组两种。绕组的线匝沿其轴向依次排列绕制的称为层式绕组，如圆筒式。绕组的线匝沿其辐向连续绕制而成一饼（段），再由许多饼沿轴向排列组成的绕组称为饼式绕组，如连续式、纠结式、内屏蔽式等。另外，箔式绕组和螺旋式绕组介于层式绕组和饼式绕组之间：箔式绕组线匝是沿轴向连续绕制的，一般情况下一匝就是一层，故可属于层式绕组；螺旋式绕组一般为每饼一匝，或两饼、四饼一匝，而各匝又沿轴向连续绕制，但形式是由各饼组成，故可属于饼式绕组。

层式绕组结构紧凑，生产效率高，耐受冲击电压的性能好，但其机械强度差；饼式绕组散热性能好，机械强度高，适用范围大，但耐受冲击电压性能差。

1. 圆筒式绕组

圆筒式绕组是同心式绕组的最简单型式，可分为单层、双层和多层圆筒式绕组三种。而圆筒式绕组一般不绕成单层，因为绕成单层时，导线受到弹性变形的影响，线圈容易松开，使端部线匝彼此靠得不够紧，机械强度差；而绕成双层或多层后，松开的倾向就小得多了。当电流较大时，也采用每一线匝由数根导线沿轴向并联起来绕成，但并联导线数通常不多于4～5根。故通常采用双层和多层圆筒式绕组，见图2-8，图中D所指绕组的两端用绝缘纸板做成的端圈填平，便于绕组的整体压紧。另外，当绕成多层时，层间绝缘是用电缆纸，或用绝缘纸板做成绝缘撑条构成垂直油道，起散热和绝缘作用。由于相邻两层间一端的电位差小，另一端的电位差大，所以在电位差较大的部位需要加强绝缘，见图2-9。圆筒式绕组与冷却介质的接触面积最大，因此冷却条件较好，但其机械强度较弱，一般适用于小容量的变压器低压绕组，也可用于大型变压器的调压绕组。

2. 连续式绕组

连续式绕组是由沿轴向分布的若干连续绕制的线段（即线饼）组成，见图2-10。绕制从首端数起，奇数段为反段（反饼），导线从外向里绕进；偶数段为正段（正饼），导线从里向外绕出，每饼之间用鸽尾垫块隔开。一个线饼绕完后，将导线弯成一个“S”弯过渡到下一个线饼。每一匝可以由一根或几根并联导线组成，并联导线需要换位，换位在“S”弯过渡时进行。撑条沿着绕组的内径均匀分布形成轴向油道，用穿在撑条上鸽尾垫块形成绕组的横向油道。

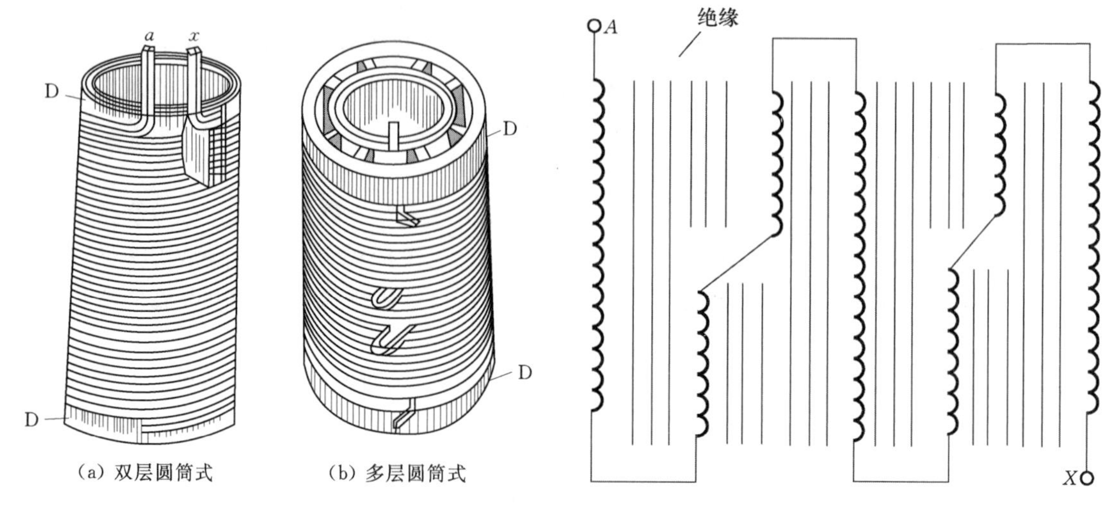

(a) 双层圆筒式　　(b) 多层圆筒式

图 2-8　圆筒式绕组

图 2-9　多层圆筒式绕组结构示意图

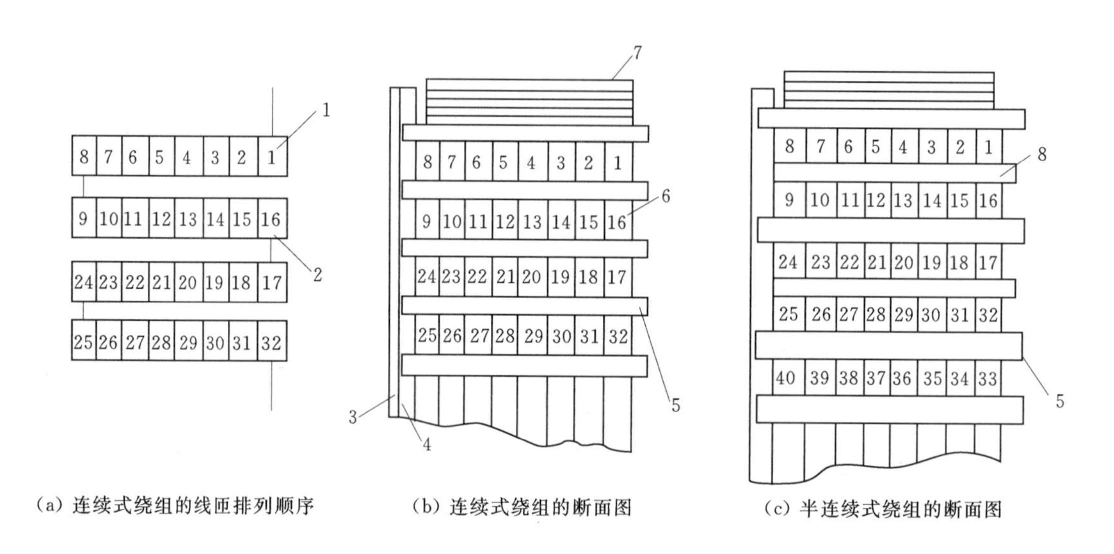

(a) 连续式绕组的线匝排列顺序　　(b) 连续式绕组的断面图　　(c) 半连续式绕组的断面图

图 2-10　连续式绕组的线匝排列顺序和断面图

1—反段；2—正段；3—酚醛纸筒；4—撑条；5—鸽尾垫块；6—导线；7—端圈；8—纸圈

3. 螺旋式绕组

容量稍大些的变压器的低压绕组匝数很少（20～30 匝以下），但电流却很大，所以要求线匝的横截面很大，因此要用多根导线（6 根或更多）并联起来绕。在圆筒形绕组里不能用多根导线并联起来绕，因为这些导线要在同一层里一根靠着一根排列，使线匝的螺距太大，这样的线圈很不稳定，且高度没有很好地利用，所以在并联导线很多时仍采用圆筒形绕组是不合适的，于是就出现了螺旋式绕组，见图 2-11。它是沿径向一根压着一根地叠起来绕。各个螺旋不是像圆筒形绕组那样彼此紧靠着，而是中间留有一个空沟道。

螺旋式绕组并联导线更多时，可把导线分成两组，这样就成了双层螺旋了。在温升和绝缘条件允许时，螺旋式绕组可以采用正常宽度的油道和小油道交错绕线的结构，小油道的宽度约为正常油道宽度的一半左右（约为1.5～2mm），所以称为半螺旋，绕组为单螺旋时称单半螺旋，绕组为双螺旋时称双半螺旋。这种半螺旋绕组的空间利用率比较高，在大、中型变压器中都有广泛地应用。

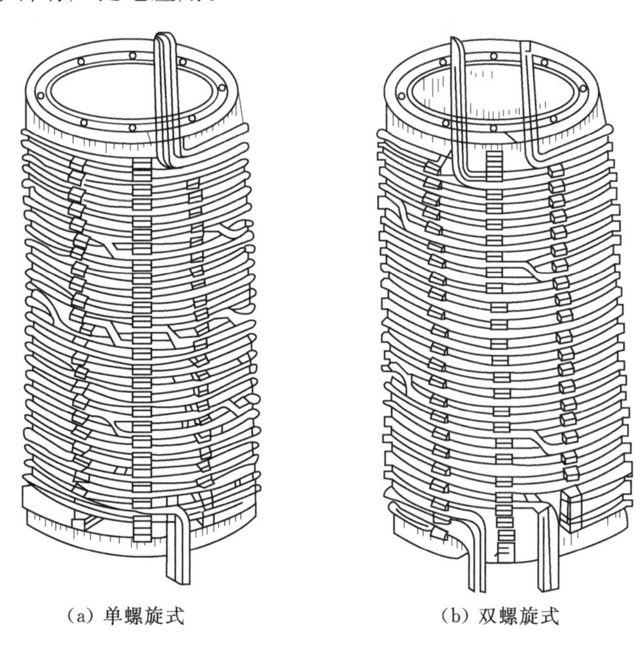

(a) 单螺旋式　　(b) 双螺旋式

图2-11　螺旋式绕组

2.2.2　引线

引线将外部的电能输入变压器，又将传输的电能输出变压器。一般分为三种：绕组线端与套管连接的引出线、各相绕组之间的连接引线以及绕组分接头与分接开关相连的分接引线。引线应满足电气性能、机械强度和温升三方面的要求。引线在尽量减少器身尺寸的前提下，应保证足够的电气强度，对高压引线还要能满足局部放电的要求；长期运行的振动和短路电动力的冲击下，应具有足够的机械强度；对长期运行的温升、短路时温升和大电流引线的局部温升，不应超过规定的限值。

1. 引线的连接和包扎

变压器引线的连接形式有铜焊、气焊、冷压焊和螺栓连接。铜焊的焊条应采用磷铜合金，故也称磷铜焊，用于绕组出现于引线以及引线之间的连接，早期的产品采用锡焊的部位应尽可能改为磷铜焊接。气焊用于铜排引线的焊接和穿缆式套管接头的焊接。冷压焊是将引线连接的两个接线头插入一个金属管内，再用模具对金属管挤压，将两个接线头紧压在一起。冷压焊不需要加热，焊接比较安全，不存在虚焊、烧伤引线及其他部位绝缘的问题，且挤压质量可靠，抗拉强度好。因此冷压焊是目前大型变压器主要的引线连接方式，但要注意的是，挤压部分的电极形状不好，棱角很多，对于高电压引线需要对挤压部分进行屏蔽处理。螺栓连接主要用于导杆式套管相连的引出线，引出线可以拆卸，能补偿引线长度的偏差，通常采用可以自由伸缩的弯曲弧形引线结构，也称软连接。

引线的包扎多采用皱纹纸和电缆纸，它以规定的厚度均匀包扎在引线上。在引线的焊接处首先应清除毛刺和杂志，然后用绝缘纸包扎成锥形。由于焊接处存在棱角，电场分布不均匀，110kV 及以上引线焊接就需要进行屏蔽处理。引线焊接处理干净后，先用绝缘纸或填料将焊接补成圆形，然后再用铝箔或单面金属皱纹纸作为金属屏蔽层进行包扎，用一根编制扁铜线分别于引线和金属屏蔽层焊接，使金属屏蔽层与引线电位相同，改善此处的电场分布。500kV 及以上的引线为了提高其电气性能，往往需要使用成型绝缘件作为引出线装置。

2. 引线的紧固

为确保引线的绝缘距离，并能承受运输、运行和短路电动力的振动和冲击而不位移和变形，必须采用夹持件以紧固引线。

引线夹持件应具有足够的机械强度和电气强度，为此引线的夹持结构一般采用木支架结构，夹持件与变压器器身的金属件固定时，为提高机械强度可用金属螺栓，但在夹持件之间固定时，必须用环氧螺栓，并有防松装置。在夹紧引线处应增垫绝缘纸板作为附加绝缘，以防止卡伤引线绝缘。

为了防止爬电，电压等级高的变压器也采用环氧板、层压板和绝缘纸浆成型件作夹持件。

2.2.3 绕组连接方式

1. 三相绕组的连接方法

变压器的连接组别是变压器一次绕组和二次绕组组合接线形式的一种表示方法。常见的连接方法有星形和三角形两种。

以高压绕组为例，星形连接是将三相绕组的末端连接在一起结为中性点，把三相绕组的首端分别引出，画接线图时，应将三相绕组竖直平行画出，相序为从左向右，电势的正方向为由末端指向首端，电压方向则相反。画相量图时，应将 B 相电势竖直画出，其他两相分别与其相差 120°按顺时针排列，三相电势方向由末端指向首端，线电势也是由末端指向首端。

三角形连接是将三相绕组的首、末端顺次连接成闭合回路，把三个接点顺次引出。三角形连接又有顺接、倒接两种接法。画接线图时，三相绕组应竖直平行排列，相序为由左向右，顺接为上一相绕组的首端与下一相绕组的末端顺次连接。倒接为将上一相绕组的末端与下一相绕组的首端顺次连接。画相量图时，仍将 B 相竖直向上画出，三相接点顺次按顺时针排列，构成一个闭合的等边三角形，顺接时三角形指向右侧，倒接时三角形指向左侧，每相电势与电压方向与星形接线相同。

综上所述，相量图是按三相绕组的连接情况画出的，是一种位形图。其等电位点在图上重合为一点，任意两点之间的有向线段表示两点间电势的相量，方向均由末端指向首端。

连接三相绕组时，必须严格按绕组端头标志和接线图进行，不得将一相绕组的首、末端互换，否则会造成三相电压不对称，三相电流不平衡，甚至损坏变压器。

2. 单相绕组的极性

变压器一次、二次绕组之间的极性关系取决于绕组的绕向和线端的标志。当变压器一次、二次绕组的绕向相同，位置相对应的线端标志相同（即同为首端或同为末端），在电源接通的时候，根据楞次定律，可以确定标志相同的一端应同为高电位或同为低电位，其电势的相量是同相的。如果仅将一次绕组的标志颠倒，则一次、二次绕组标志相同的线端就为反极性，其电势的相向即为反相。

当一次、二次绕组绕向相反时，位置相同的线端标志相同，则两绕组的首端为反极性，两绕组的感应电势反相。如果改变一次绕组线端标志，则两绕组首端为同极性，两绕组的感应电势同相。

3. 连接组标号的含义和表示方法

连接组标号是表示变压器绕组的连接方法以及一次、二次侧对应线电势相位关系的符号。

连接组标号由字符和数字两部分组成，前面的字符自左向右依次表示高压、低压绕组的连接方法，后面的数字可以是 0～11 之间的整数，代表低压绕组线电势对高压绕组线电势相位移的大小，该数字乘以 30°即为低压线电势滞后于高压线电势相位移的角度数。这种相位关系通常用“时钟表示法”加以说明，即以一次侧线电势相量作为时钟的分针，并令其固定指向 12 位置，以对应的二次侧线电势相量作为时针，它所指的时数就是连接组标号中的数字。

4. 连接组标号的判定

（1）Y，y0 连接组标号。一次、二次绕组都是星形连接，且一次、二次绕组以同极性端做为首端，所以一次、二次绕组对应的相电势同相位。

先画出一次侧相电势相量图，再按一次、二次绕组相电势同相位画出二次侧相电势相量图，根据相电势与线电势的关系，画出线电势相量，再将二次侧的一个线电势相量平移到一次侧对应的线电势相量上，且令它们的末端重合，就可看出它们是同相的，用时钟表示法看，它们均指向 12，这种连接组标号就是 Y，y0。

（2）Y，y6 连接组标号。一次、二次绕组仍为星形接线，但各相一次、二次绕组的首端为反极性（画接线图时，一次绕组不变，二次绕组上下颠倒，竖直向下，电势正方向由末端指向首端），一次、二次绕组对应相电势反相。据此，按上述方法可画出相量图，并可知，一次、二次绕组相对应的线电势的相位移是 180°，当一次侧线电势相量指向 12 时，对应的二次侧线电势相量将指在 6 的位置上，这种连接组标号就是 Y，y6。

一次、二次绕组均为星形连接的三相变压器，除了 0、6 两组连接组标号外，改变绕组端头标志，还可有 2、4、8、10 四个偶数的连接组标号数字。

（3）Y，d11 连接组标号。一次绕组做星形连接，二次绕组为三角形顺接，各相一次、二次绕组都以同极性端为首端。按前述方法画出一次、二次绕组相电势相量图，再根据线电势和相电势的关系，画出线电势相量，将二次侧的一个线电势相量平移，使其末端与对应的一次侧线电势末端重合，可以看出，二次侧线电势滞后于对应的一次侧线电势相量 330°，用时钟表示法可判定为 Y，d11 连接组标号。

假如 Y，d 连接的三相变压器各相一次、二次绕组的首端为反极性，一次绕组仍然不变，二次绕组各相极性相反，且仍然顺接，按上述方法，就可判定是 Y，d5 连接组标号。将 Y，d11 和 Y，d5 中的二次绕组端头标志逐相轮换，还将得到 3、7、9、1 四种连接组标号的数字。

如上所述，连接组标号不仅与一次、二次绕组的连接方法有关，而且与它们的绕线方向及线端标志有关，改变这三个因素中的任何一个，都会影响连接组标号。连接组标号的数字共有12个，其中偶数和奇数各6个，凡是偶数的，一次、二次绕组的连接方法必定一致；凡是奇数的，一次、二次绕组连接方法必定不同。

连接组标号相同是变压器并列运行的条件之一。

5．连接组别对变压器的影响

（1）通常大型变压器绕组连接方式有以下几种。

1）主变低压侧采用三角接法。主变低压侧接成三角形是为了消除三次谐波。防止大量谐波向系统输送，引起电网电压波形畸变。三次谐波的一个重要特点就是同相位，它在三角形侧可以形成环流，从而有效地削弱谐波向系统输送，保证供电质量。另外零序电流也可以在三角形接线形成环流，因为主变高压侧采用中性点直接接地，能够防止低压侧发生故障时，零序电流窜入高压侧，使上级电网零序保护误动作。

低压侧角接，相电流较低，可以降低绕组截面积，降低成本。

2）主变高压侧采用星型接法。主变高压侧采用星型接法是为了降低线路的损耗和减小线路的电流及减少有色金属和提高中性点接地等。

在变压器中若一次、二次侧有一侧接成三角形，可以为三次谐波电流提供回路从而保证感应电势为正弦波，避免产生畸变。而三角形连接的绕组在一次侧或在二次侧所起的作用是一样的，但是为了节省绝缘材料，实际上总是高压侧采用星形接法，低压侧采用三角形接法。因为高压侧在一定线电压下，其相电压仅为线电压的$1/\sqrt{3}$，而绝缘通常按相电压设计，绝缘层不需要过厚（否则，圈数相同的情况下导线长度要增加），相应的来说铁芯不必因为绕组体积而做的大一些，所以用料较少。

同时，主系统为大电流接地系统，也只能采用高压侧星形接线方式。

（2）采用Y，y接线的危害。若采用Y，y接线，对于三相组式变压器，可引起相电势的波形严重畸变，有可能危害绕组的绝缘，引起绝缘击穿；对于三相芯式变压器，虽然相电动势中没有明显的三次谐波电动势，但由于三次谐波磁通进入油箱壁和其他铁构件将产生涡流损耗，致使局部过热，不利于变压器安全稳定运行。所以综上所述，大容量的三相变压器通常不采用Y，y连接。

2.3 绝　　缘

1．绝缘水平

变压器绝缘水平是变压器能够承受运行中各种过电压与长期最高工作电压作用的水平，是与保护用避雷器配合的耐受电压水平，取决于设备的最高电压。

根据变压器绕组线端与中性点的绝缘水平是否相同可分为全绝缘和分级绝缘两种绝缘结构。其中绕组线端的绝缘水平与中性点的绝缘水平相同的称为全绝缘，绕组的中性点绝缘水平低于线端的绝缘水平的称为分级绝缘。采用分级绝缘的变压器，由于中性点的绝缘水平相对较低，可以简化绝缘结构，节省材料，减小变压器尺寸，降低制造成本。但分级绝缘的变压器只允许在110kV及以上中性点直接接地系统中使用。

220kV 及以下电压等级的绝缘水平主要由工频耐受电压和雷电耐受电压决定。对于220kV 及以上的变压器除工频耐受电压和雷电耐受电压外，还需要增加操作冲击耐受电压，这是因为超高压变压器的绝缘水平已很高，在现有的防雷措施下，大气过电压一般不如操作过电压的危险大。因此，绝缘水平主要由操作过电压来决定，而操作过电压又与防护措施有关。

各电压等级绝缘水平见表 2－2。

表 **2－2** 绝 缘 水 平

额定电压/kV	系统最高运行电压/kV	LI（雷电全波）/kV	LI（雷电截波）/kV	工频耐压/kV	备 注
10	11.5	75	85	35	线端
35	40.5	200	220	85	
110	126	480	530	200	
220	252	850/950	935/1050	395	
500	550	1425/1550	1150/1675	630/680	
35/110	—	250	—	95	中性点
63/110	—	325	—	140	中性点
110/220	—	400	—	200	中性点
35/220	—	185	—	95	死接地

注 现国际上通用额定电压等于系统最高电压，且统一用最高运行电压来表示额定电压。例：220/110/10.5kV 三绕组电力变压器，高压中性点绝缘水平 110kV，中压中性点绝缘水平 35kV。

2. 绝缘分类

油浸式变压器的绝缘分为外绝缘和内绝缘。

外绝缘就是变压器油箱外部的套管和空气的绝缘，包括套管本身的外绝缘和套管间及套管对地部分（如储油柜）的空气间隙距离的绝缘。

内绝缘是指变压器油箱内各不同电位部件之间的绝缘，内绝缘可分为主绝缘和纵绝缘。用绕组的绝缘结构来分析，绕组的主绝缘包括绕组对地之间的绝缘、不同相绕组之间的绝缘和同相不同电压等级绕组之间的绝缘这三部分。这里所指的地是变压器内部与大地相连接的各金属部件，包括油箱、铁芯和金属夹紧件等。绕组的纵绝缘是指同一绕组的不同电位部分的绝缘，包括相邻导线之间的匝间绝缘、圆筒式绕组不同层之间的层间绝缘和饼式绕组的不同线饼（段）之间的饼（段）间绝缘等。匝间绝缘见图 2－12，绝缘厚度见表 2－3。同样，引线及分接开关的绝缘也适用这种方法划分。将绝缘分为主绝缘和纵绝缘的方法同样也适用于干式变压器。

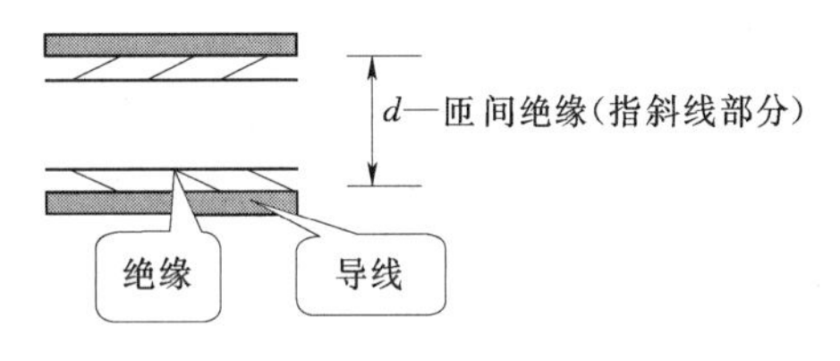

图 2－12 匝间绝缘

表 **2－3** 匝 间 绝 缘 厚 度

额定电压/kV	10	35	110	220	500
匝间绝缘厚度/mm	0.45	0.95	1.35	1.95	2.95
匝间绝缘定义	指相邻两匝每个导线半边绝缘厚度的和				

变压器的绝缘分类如下所示：

绝缘
- 外绝缘：空气介质（套管本身外绝缘、套管间及套管对地）
- 内绝缘
  - 主绝缘
    - 相一地
    - 相一相（不同相、同相不同电压等级）
  - 纵绝缘：同相不同电位之间（如匝间绝缘）

此处的相是指同一相的绕组、引线和分接开关等导电部分。

另外，还有薄绝缘和中厚绝缘。薄绝缘指绕组首段匝间绝缘低于下表厚度的匝绝缘；中厚绝缘为介于正常绝缘与薄绝缘的匝间绝缘。

3. 绝缘性能要求

(1) 机械性能（抗短路能力）。当变压器绕组中通过电流时，由于电流与漏磁场的作用，在绕组上将产生电动力，其大小取决于漏磁场的磁通密度与绕组中电流的乘积，而漏磁通密度也与电流大小成正比，因此电动力与电流的平方成正比。当变压器正常运行时，作用在导线上的电动力很小。但发生突然短路时由于最大短路电流将达到额定电流的几十倍，所以短路时的最大电动力将为额定时的几百甚至上千倍，可能使变压器的绕组等损坏，影响绝缘性能。由于漏磁场的分布规律较复杂，为了分析问题方便起见，将这一漏磁场分解为轴向漏磁与径向漏磁。根据左手定则，轴向漏磁将产生径向力，而径向漏磁将产生轴向力。

1) 高、低压绕组等高（同心）。在轴向漏磁场中，由于高、低压绕组的电流方向相反，短路时作用于高、低压绕组上的径向力 F_r 将把两绕组推开，从而使外侧的高压绕组受到向外的拉力，内侧的低压绕组受到向内的挤压力，见图 2－13。而由于高、低压绕组等高（在轴向高度上对称），磁动势的安匝平衡，不会产生径向漏磁场，故在绕组轴向上受力平衡。此种情况绕组稳定性较好，不易变形，符合机械性能要求。

2) 高、低压绕组不等高（同心）。当高、低压绕组不等高（在轴向高度上不对称）时，会引起磁动势的安匝不平衡，从而产生一个径向漏磁场。除了由轴向漏磁产生的径向力 F_r 以外，在这一径向漏磁场作用下将要产生使两绕组发生轴向相对位移的轴向力 F_a。该轴向力不仅作用于绕组，也作用于铁轭和夹件。假设高压绕组上端低于低压绕组（下端一致），因此安匝不平衡，且径向力 F_r 与轴向力 F_a 作用于各绕组的中部，绕组所受电动力情况见图 2－14。注意，实际情况是轴向力 F_a 作用于每一个线饼上。轴向力 F_a 分别使低压绕组向上顶，使高压绕组向下压。反之，低压绕组向下压，高压绕组向上顶。高、低压绕组之间始终存在一个轴向力，使两绕组发生轴向相对位移。如果轴向力过大，就可能造成绕组损坏或压紧绕组用的部件损坏，从而破坏绝缘，最后导致变压器不能继续运行。

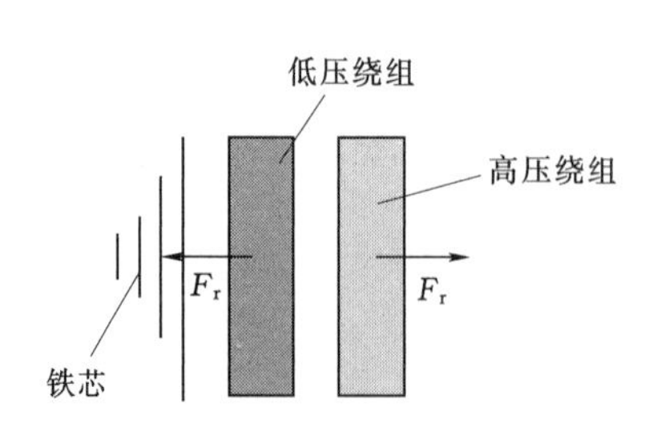

图 2－13　绕组等高受力情况

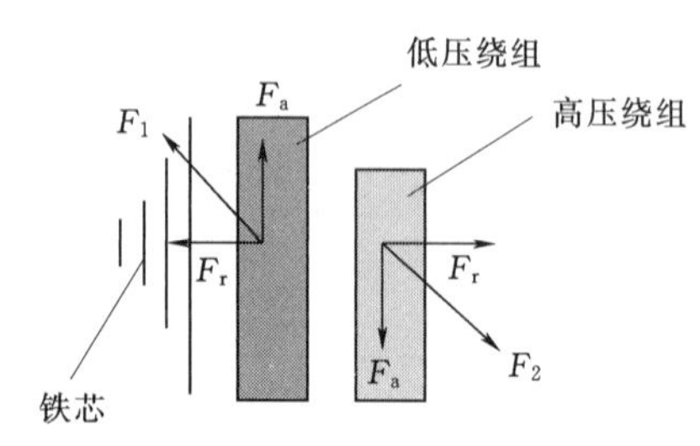

图 2－14　绕组不等高受力情况

(2) 重要绝缘件。

1) 绕组绝缘分布。圆筒式绕组见图 2－15。优点：绕制简单，C_k（纵向电容）大，冲击电压分布均匀，C_e（对地电容）均匀、便于分级绝缘。缺点：油道长，散热效果不好；端面小，抗短路能力差。

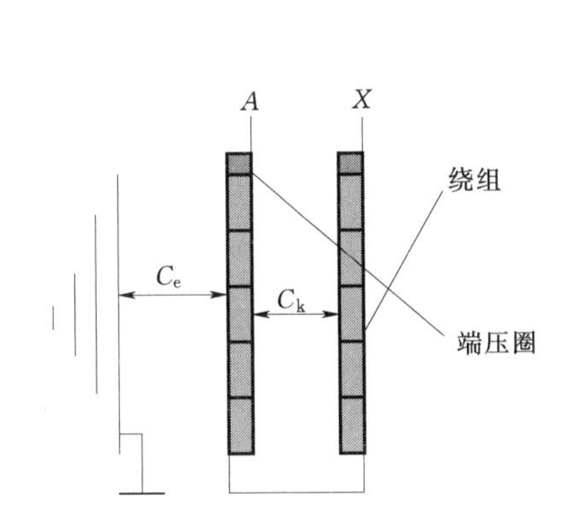

图 2－15 圆筒式绕组

C_e—对地电容；C_k—纵向电容

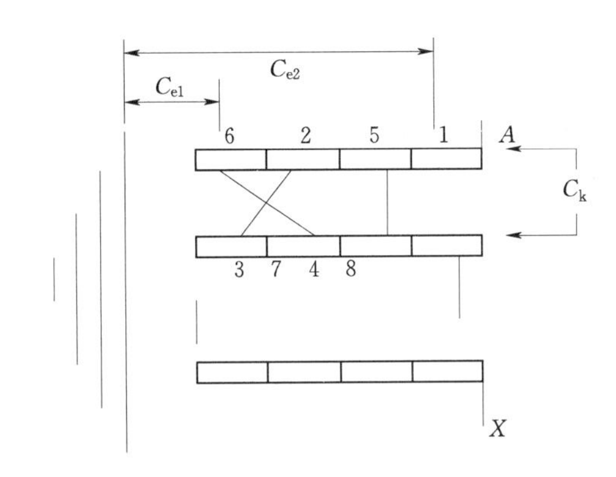

图 2－16 纠结饼式绕组（不同于连续式）

纠结饼式绕组见图 2－16。优点：C_k 大，冲击电压分布均匀；端面大，抗短路能力强，油道短，散热效果好。缺点：纠结式加工困难，C_e 不均匀。

2) 绝缘角环及相间隔板。绝缘角环及相间隔板见图 2－17。绝缘角环作用：提高爬电距离，提高滑闪电压；相间隔板作用：提高击穿电压。

3) 静电板。静电板见图 2－18，其作用为增大 C_k（纵向电容），改善冲击电压分布。

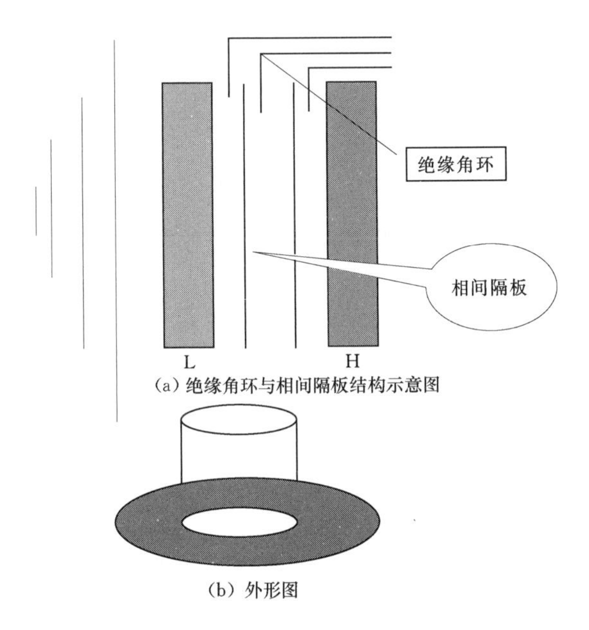

图 2－17 绝缘角环及相间隔板

L—低压绕组；H—高压绕组

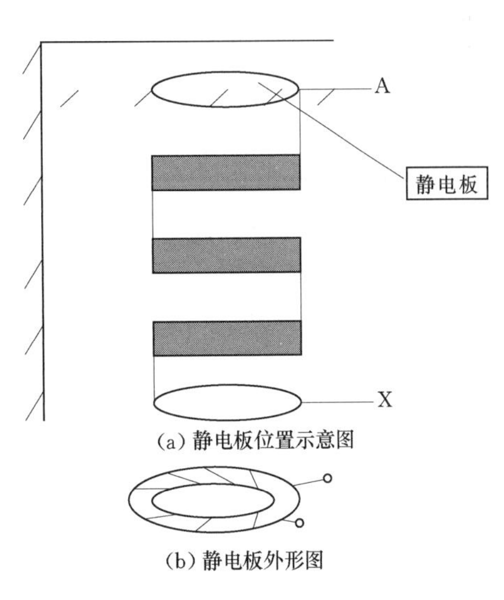

图 2－18 静电板

(3) 其他。

1) 6℃法则。油浸式变压器，在 80～140℃时，油温每升高 6℃，绝缘纸老化要快一倍，即变压器寿命缩短一半左右。

2) 13℃规律。油浸式变压器最热点温度与其平均温度一般相差 13℃。

3) 变压器绝缘等级与温度（一般变压器采用 A 级绝缘）。变压器的绝缘等级并不是绝缘强度的概念，而是允许的温升的标准，即绝缘等级是指其所用绝缘材料的耐热等级，分 A、E、B、F、H 级。各绝缘等级具体允许温升标准见表 2－4。

表 2－4　　各绝缘等级对应的温度及温升要求

绝缘等级	A	E	B	F	H
最高允许温度/℃	105	120	130	155	180
绕组温升限制/℃	65	75	80	100	125
性能参考温度/℃	80	95	100	120	145

a. A 级绝缘。（经过绝缘浸渍处理的棉纱、丝、普通漆包线的绝缘漆）材料允许温度 105℃，额定运行温度 95℃，最高允许值 140℃（超过此温升，绝缘的损坏率将超过允许范围）。

b. E 级绝缘。（环氧树脂、三醋酸纤维薄膜、聚酯薄膜、高强度漆包线的绝缘漆）材料允许温度 120℃，额定运行温度 110℃，最高允许值 155℃（超过此温升，绝缘的损坏率将超过允许范围）。

c. B 级绝缘。（云母、玻璃纤维、石棉等无机物用有机材料黏合或浸渍）材料允许温度 130℃，额定运行温度 120℃，最高允许值 165℃（超过此温升，绝缘的损坏率将超过允许范围）。

d. F 级绝缘。（云母、玻璃纤维、石棉等无机物用特殊有机材料黏合或浸渍，例如采用硅有机化合物改性的合成树脂漆为黏合剂）材料允许温度 155℃，额定运行温度 145℃，最高允许值 190℃（超过此温升，绝缘的损坏率将超过允许范围）。

f. H 级绝缘。（云母、玻璃纤维、石棉等无机物用特殊有机材料黏合或浸渍，例如采用硅有机漆黏合或浸渍，硅有机橡胶、无机填料）材料允许温度 180℃，额定运行温度 175℃，最高允许值 220℃（超过此温升，绝缘的损坏率将超过允许范围）。

4) 绝缘纸聚合度 D。新纸：$D=1000$；老化、运行 20 年以上的纸：$D\leqslant 250$ 通过测量油的糠醛含量，求得聚合度的公式为

$$\lg\rho_{\mathrm{FAL}}=1.51-0.0035D$$

2.4　油　　箱

油浸式变压器油箱是变压器器身的外壳，具有容纳器身、充注变压器油及散热冷却的作用。作为变压器油的容器，油箱要密封性好，做到不渗漏油。变压器渗漏不外乎两个方面：一是焊缝渗漏，这决定于焊接工艺水平，也决定于焊接结构设计；二是密封渗漏，这决定于密封面的结构、密封材料的质量和安装工艺水平等方面。作为变压器的外壳，油箱

应具有必要的机械强度，除了承受变压器器身重量和所承载的附件的重量外，大型变压器还要能承受其所对应真空度的要求。

变压器油箱的结构形式一般分为三种：箱盖式油箱、钟罩式油箱和密封式油箱。

箱盖式油箱结构一般适用于35kV及以下的变压器。但有些国外产品为了减少油箱箱沿的油压，提高密封性能，在110kV及以上的变压器也采用箱盖式油箱，这种变压器在现场一般不做吊芯检修。箱盖式油箱见图2-19。

钟罩式油箱的变压器，只需开钟罩器身就暴露出来。由于钟罩外壳重量有限，因此现场就有条件进行吊罩，对器身进行充分的检修。一般110kV及以上的变压器多采用钟罩式油箱。钟罩式油箱见图2-20。

图2-19 箱盖式油箱

图2-20 钟罩式油箱

密封式油箱是在器身总装全部完成装入油箱后，它的上下箱沿之间不是靠螺栓连接，而是直接焊接在一起，形成一个整体，从而实现油箱的密封。由于这种油箱结构已焊为一体，因此现场如需吊芯检修将非常不便，所以这种变压器运抵现场和运行期间一般都不进行吊芯检修，这就要求变压器的质量应有可靠的保证。目前国内外一些大型变压器已开始采用这种结构。

变压器油箱目前存在的主要问题是渗漏油，抛开密封渗漏不谈，作为变压器的外壳，其焊接质量直接影响今后变压器的运行，并且焊接不良引起的渗漏油在变压器投运后，消缺难度较大。因此，下面就油箱焊接问题作一深度分析。

（1）渗漏油的产生。变压器油箱及零部件许多都使用4～12mm的钢板。对于采用这个厚度的材料的部位，如箱壁、箱底、手孔、升高座、储油柜等，有的厂家由于种种原因采取不开坡口或无法开坡口而双面焊接，使油箱内外焊缝之间留有间隙。有时这个间隙延伸得很长，而内外焊缝上又各有一个微气孔或其他缺陷渗漏点，有的两孔相距很远，采用现有试漏方法往往难以发现，当注入变压器油时，便形成了一条很难发现的窄长油道。

对于波纹片结构产品，因为用的冷板较薄，如制造工艺掌握不好，就会增加渗漏点。特别是波纹片的翅高和固定圆钢处不能有应力存在，否则在运输中会造成崩裂。

理论上讲，检漏方法有气压、水压、油压试漏、着色探伤、荧光探伤、超声波探伤等。但对于像大型变压器这种焊缝多、体积大的产品，要考虑到设备、场地、成本等诸多限制，许多方法在使用上都存在局限性。综合比较，气压试漏是最为有效且应用最广泛的一种方法。它操作简单，检漏方便实用，成本低，因此，大多数厂家普遍采用这种方法。但对于以上这种内外焊缝间的窄长通道，如果采用气压试漏（水压、油压试漏也一样），则很难检查出来。

潜伏性渗漏油就是指在通常的试漏方法下，难以检查出渗漏缺陷，而焊缝事实上存在渗漏源，导致变压器在使用一段时间后，才出现渗漏的现象。其渗漏暴露时间，取决于缺陷的大小，油道的宽窄，箱内油压的变化有的可能半个月、1个月后，有的可能半年、1年后才被发现。如有多条潜伏油道，则出现时间不同，难以一次补焊。

（2）加强油箱焊接质量。油箱生产厂家要选一些焊接技能好的员工，熟练的有责任心的老员工来生产，波纹油箱焊缝的渗漏点，主要发生在波翅侧等离子焊缝底部、波壁、箱底（沿）和熔化极气体保护焊焊缝的交点处。此外渗漏的原因有三个：一是由于波翅侧等离子焊缝没有焊到底，或底部烧有较大的缺口；二是焊缝在波壁侧的覆盖宽度和高度不足；三是该处为波翅悬臂的支点，应力较大，在运输条件差，焊缝强度不足时，易裂损而渗漏。综合起来看，主要是焊接水平低，责任心不强等原因。建议油箱生产厂家订购振动时效设备来保证在油箱制造过程中增加油箱焊后时效工艺，并要求在焊接过程中采用振动焊接工艺以增加焊接质量，通过以上的措施来加强油箱焊接质量。

（3）提高试漏质量。油箱试漏非常重要，决定了产品的合格率，所以试漏的人需更加细心耐心。

要求试漏前应清理焊渣是焊工工作的必要内容之一。电弧焊的立焊或仰焊，因容易造成夹渣，清理较困难，因此应特别注意，认真清理，一粒Φ0.5的焊渣就可能因塞住气孔而造成一个缺陷漏检。可以准备浓度为8%的肥皂水作为检漏材料，这样能更清楚地发现渗漏。

整体试漏，将变压器油箱密封后，加压至标准压力后（波纹片式油箱压力不大于30kPa，片式散热器油箱压力不大于55kPa），保压30min后，用肥皂水做第一次试漏。全部焊缝检查完毕后，如有漏点则放气补焊，然后重新加压至原气压，保压12h以上，让高压气体充分渗透到各窄长间隙中，再进行第二次试漏，这样可以更彻底地查出渗漏源。

2.5 冷 却 装 置

变压器的冷却装置是将变压器运行中由损耗产生的热量散发出去，以保证变压器安全运行的装置。

由于变压器损耗的增加与容量的3/4次方成正比，而冷却表面的增加只与容量的1/2次方成正比，所以变压器容量增大时必须采用冷却装置，以散发足够的热量。冷却装置一般是可拆卸式，不强迫油循环的称为散热器，强迫油循环的称为冷却器。

容量较小的变压器的铁芯和绕组的损耗所产生的热量，使油箱内部的油受热上升，热油沿油箱壁以及散热管（片）向下对流的过程中，热量通过油箱壁和散热管（片）向周围的空气中散发。利用这种简易的冷却装置，保证了变压器在额定温升下的正常运行。

随着变压器容量的增大，变压器就需要更大的散热面积，必须采用专门的冷却装置，以散发足够的热量。结合不同的冷却方式，需利用不同的冷却装置。

冷却方式分为：油浸自冷式、油浸风冷式、强油风冷式、强油水冷式以及强油导向风冷和水冷式。冷却装置有：片式散热器、扁管散热器、强油风冷却器、强油水冷却器等。油浸自冷式和风冷式变压器分别见图2－21和图2－22。

图2－21　油浸自冷式变压器

图2－22　油浸风冷式变压器

为了增加片式散热器的散热效果，有的新型特大型变压器采用风冷片式散热器，也就是在片式散热器的旁边加装风扇进行吹风冷却，分为侧吹式、底吹式和混合式三种。采用这种风冷片式散热器结构与强油冷却器相比具有功率损耗小、运行维护方便等优点。

强油风冷却器与风冷散热器的区别主要在于强迫油循环，通过使油流速度加快，使冷却效果得以提高。强油风冷却器由其本体、油泵、风扇和油流继电器等组成。它的工作状况是：当油泵强制地把油从变压器箱底打入内部的各部分后，油便被绕组和铁芯加热并上升，热油从油箱上部进入冷却器，经过冷却器单流程（单回路）或几经折流（多回路）后，热量将向周围环境中扩散，而后再经油泵把冷却的油打入变压器内部，使其各部分得到冷却。与此同时，由安装在冷却器上的风扇强制吹风，加速了冷却器的散热，提高了冷却效果。强油风冷式变压器见图2－24。

图2－23　强油风冷式变压器

强油水冷却器是以水作为冷却介质的强迫油循环冷却装置，用于较大型变压器并具有冷却水源的场合中。水冷却器的组件除了油泵、油流继电器等外，还有差压继电器。差压继电器是水冷却器的重要保护装置，能够防止水管损伤时水渗漏到油回路中去，其高压侧接到油出口处，低压侧接到水出口处。正常情况下，油压大于水压

58.8kPa，否则将发出报警信号，此时就要迅速转移变压器的负载，停下变压器，对水冷却器进行仔细检查，以免变压器中进水而发生事故。

2.6 套　　管

变压器的套管是将变压器内部的高压、低压引线引到油箱外部，它不但作为引线对地绝缘，而且担负着固定引线的作用。因此，它应具有足够的电气强度和机械强度。

由于套管与绕组相连，绕组的电压等级决定了套管的绝缘结构。套管的使用电流决定了导电部分的截面和接线头的结构。所以，套管由带电部分和绝缘部分组成，带电部分结构有导电杆式和穿缆式两种；绝缘部分分为外绝缘和内绝缘，外绝缘有瓷套和硅橡胶两种，内绝缘有变压器油、附加绝缘和电容式绝缘。

在 40kV 及以下广泛使用的是单体瓷绝缘套管以及有附加绝缘的套管。而在 66kV 及以上电压等级，由于电压器高，电场强度大，纯瓷绝缘套管绝缘已不能承受这种高电压，而充油式绝缘套管因技术较为落后，已被淘汰。目前都采用体积小、重量轻，具有较高击穿电压的电容式绝缘套管。

电容式绝缘套管是利用电容分压原理来调整电场，使径向和轴向电场分布趋于均匀，从而提高绝缘的击穿电压。它是在高电位的导电管（杆）与接地的末屏之间，用一个多层紧密配合的绝缘纸和薄铝箔交替卷制而成的电容芯子作为套管的内绝缘。根据材质及制造方法的不同，可分为胶纸电容式、油纸电容式和干式套管。胶纸电容式套管虽然具有机械强度高、下部不需要瓷套而减少了尺寸、充油量少等优点，但由于介损高、内部气隙不易消除而产生局部放电、水分易侵入等缺点，所以目前不再在变压器上使用。下面主要介绍油纸电容式和干式套管。

1. 油纸电容式套管

应用在变压器上的油纸电容式套管分为油纸电容式 BRY、油纸电容加强式 BRYW、可装电流互感器油纸电容式 BRYL 和可装电流互感器油纸电容加强式 BRY-WL，其结构见图 2-24，它由内部的电容芯子，头部的储油柜、上瓷套，中部的安装法兰、下瓷套和尾部的均压球组成。套管整体用头部的强力弹簧通过导管，并借助于底座串压而成。

2. 干式套管

干式套管是一种新型的高压套管，见图 2-25，它由电容芯子、瓷套（或硅橡胶）、安装法兰、顶部法兰、导电杆、均压球等组成。

电容芯子是用皱纹纸和铝箔交替卷绕在导电管上，组成同心圆柱形的电容屏，而后再经过真空干燥浸渍环氧树脂固化而成。具有机械强度高、电气性能好、体积小、运行维护方便等优点。由于电容芯子固化成一个环氧树脂整体，在户内使用时，可不用瓷套保护电容芯子，直接加工成型使用；户外使用时，需要瓷套加以保护，这时可在瓷套与电容芯子之间填充固体填充物。由于套管的下部放入变压器内部，所有没有下瓷套，便于安装。

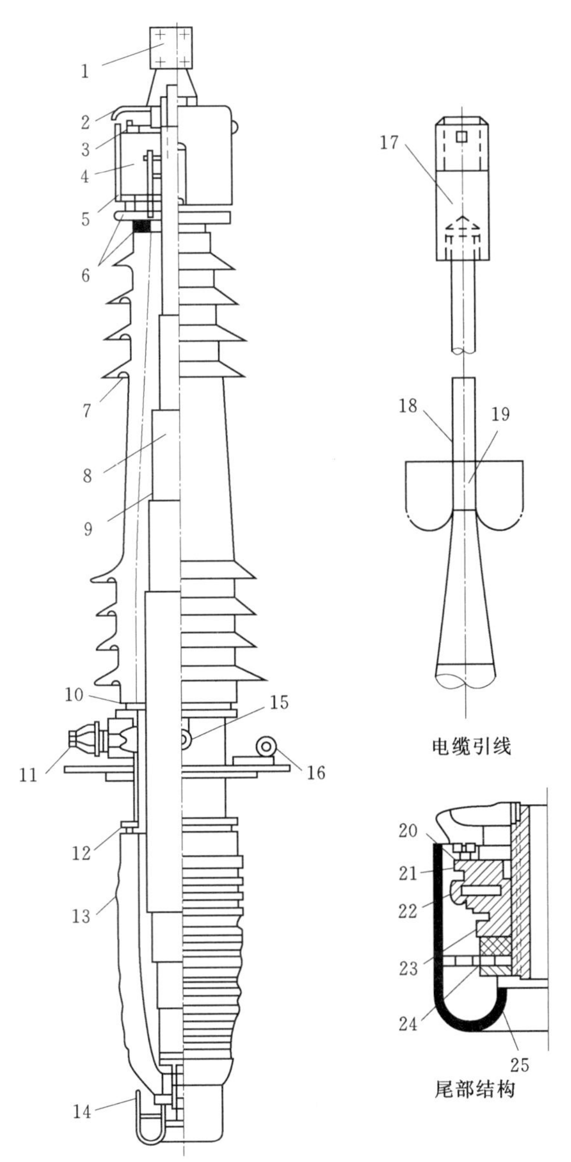

图 2-24　油纸电容式套管结构

1—接线头；2—均压罩；3—压圈；4—螺杆及弹簧；5—储油柜；6—密封垫圈；7—上瓷套；8—电容芯子；9—变压器油；10—密封垫圈；11—接地套管；12—密封垫圈；13—下瓷管；14—均压球；15—取油样塞子；16—吊环；17—引线接头；18—半叠一层直纹布带；19—电缆；20—密封垫圈；21—底座；22—放油塞；23—封环；24—垫圈；25—圆螺母

图 2-25　干式套管

2.7 储　　油　　柜

变压器油温是随着负载和环境温度的变化而变化，油温的变化使变压器油的体积发生热胀冷缩，为了补偿这部分热胀冷缩的体积，变压器必须安装储油柜。储油柜又称油枕，安装在变压器油箱上部，用弯管与变压器油箱连通。储油柜的容积一般为变压器油量的8%～10%，应能满足在最高环境温度满负载运行时油不溢出；在最低环境温度，变压器停止运行时储油柜内有一定的油量。此外，储油柜的作用还可限制变压器油与空气的接触面，减少油受潮和氧化的程度；运行中通过储油柜对变压器进行补油，能防止气泡进入变压器内。

目前储油柜有两种基本形式：一种是普通式储油柜，储油柜中的油面直接与空气相接触；另一种是密封式储油柜，它们在储油柜中加装了防止油老化装置，根据其不同的结构有胶囊式储油柜、隔膜式储油柜及金属膨胀器式储油柜。

1. 普通式储油柜

普通式储油柜是用一个圆筒形金属容器制成。在储油柜的顶部有两个孔，一个用于储油柜注油的孔，平时用塞子密封，另一个孔与吸湿器相连。储油柜的底部开孔后焊上与变压器本体相连的连管，连管进入储油柜内的部分高出储油柜地面2～3cm，用于挡住储油柜底部的水分和污油进入变压器本体内，储油柜的底部还有一个用于排污油的排油螺钉，储油柜侧端面上装有油位计指示油位的高低。储油柜中不加装任何防止油老化的装置，油面通过吸湿器而与大气接触，存在着变压器油氧化受潮的问题，所以一般只在小型变压器上使用。

2. 胶囊式储油柜

胶囊式储油柜内装设有一个胶囊，胶囊内部通过吸湿器与大气相通，胶囊外表面与油和储油柜内壁接触，见图2-26。变压器运行时，当温度上升，储油柜内的油面上升，挤压胶囊，使胶囊中的空气排出一部分；当温度降低，储油柜内油量减少，在大气压力的作用下，胶囊的体积增大。储油柜的呼吸是通过胶囊进行的，油与空气完全隔离，大大降低了变压器油的氧化速度和受潮程度，起到保护变压器油的作用。这种储油柜外观上的特点是密封面处于储油柜的侧面。

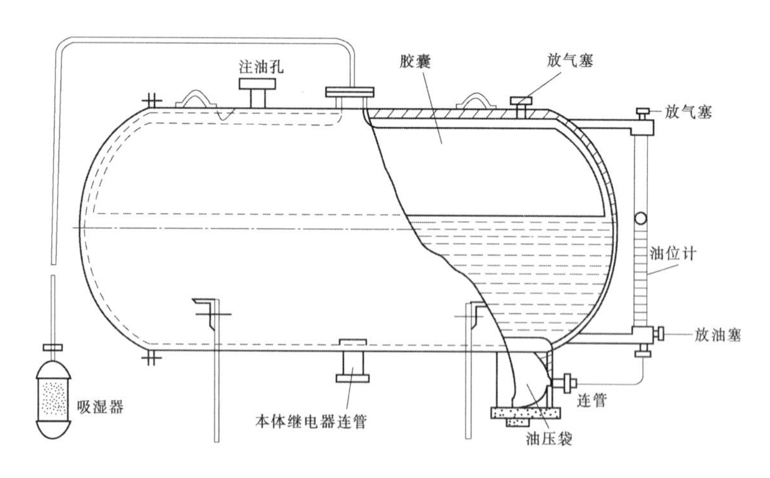

图2-26　胶囊式储油柜（带小胶囊油位计）

为了防止阳光对变压器油的劣化作用。胶囊式储油柜可采用带小胶囊的油位计和磁力式油位计。

3. 隔膜式储油柜

隔膜式储油柜是由两个半圆柱体组成，储油柜内装设一个隔膜，隔膜的周边压装在上下柜沿之间，隔膜的内侧紧贴在油面上，外侧与大气相通，起着变压器油与大气的隔离作用，见图 2-27。集聚在隔膜外部的凝结水可通过放水塞排出。储油柜下部有一个集气盒，变压器运行时油体积的膨胀和收缩都要经过集气盒使油进入或排出储油柜，而伴随油流中的气体被集聚在集气盒中，不能进入储油柜，从而可避免出现假油位。集气盒上的玻璃板视窗可观察集气情况，其气体可通过排气管端头的阀门排出。这种储油柜采用磁力式油位计，用一根连杆连接在隔膜与磁力式油位计之间。当变压器油温随温度变化产生热胀冷缩时，紧贴在油面上的隔膜产生上下方向的位移，从而带动油位计指针的转动。另外隔膜上还有一个放气塞，用于排出隔膜与油面之间的气体。

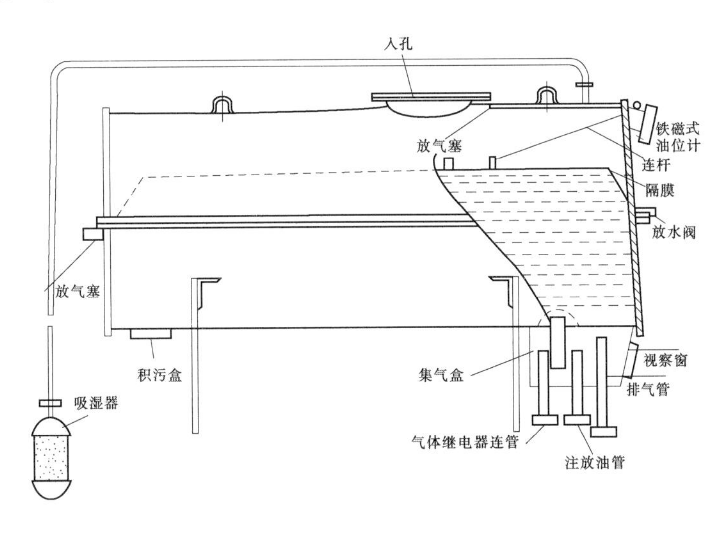

图 2-27 隔膜式储油柜的结构

4. 金属膨胀器式储油柜

金属膨胀器式储油柜是近几年出现的一种新式储油柜，它利用不锈钢波纹节做成的膨胀器作为变压器油体积补偿，从而使变压器油与大气隔开。波纹节是一个膨胀体，其体积可随变压器油温的变化而产生膨胀或收缩。其结构上按油处在膨胀器的内部和外部，可分为内油式储油柜和外油式储油柜两种。

（1）内油式储油柜。见图 2-28，金属膨胀器为椭圆形，并立放置在一个底盘上，膨胀器内部充满变压器油，外部处于大气中，并加装防尘外罩，外观形状多为立式长方体。膨胀器随变压器油温的变化而上下移动，自动补偿变压器油体积的变化。膨胀器顶部装有一根排气管，可用于排出膨胀器上部的气体。油位计的指针直接安装在波纹节上，波纹节随油温的变化上下移动时，指针也随其升高或降低，通过储油柜外罩上的窗口即可观察与监视油位。

（2）外油式储油柜。见图 2-29，金属膨胀器为圆形，卧式放置在储油柜筒体内，储油柜筒体与膨胀器之间充满变压器油。膨胀器的内部与大气相通，膨胀器的一端为固定端，另一端为活动端。活动端借助于装在储油柜内壁上的导向滚轮，可做左右滚动，外观

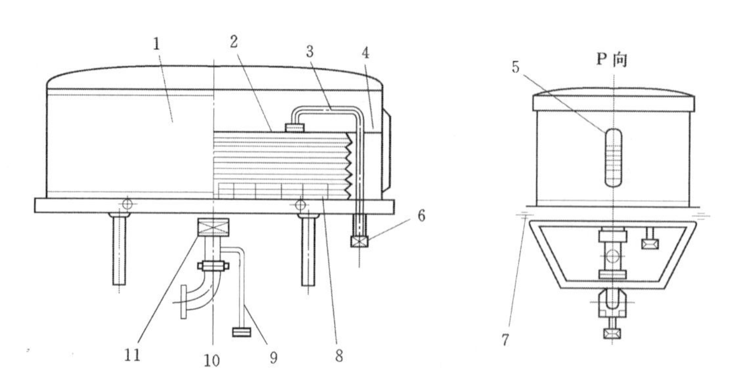

图 2-28　内油立式金属膨胀器储油柜

1—外壳；2—储油柜本体（膨胀节）；3—金属软管；4—油位指标针；5—观察窗；6—抽真空（排气）管及阀门；7—吊装环；8—压力保护装置；9—注（补）排管及阀门；10—软连接管；11—蝶阀

形状多为横放椭圆柱形。膨胀器随变压器油体积的膨胀和缩小变化而左右移动，自动补偿油体积的变化。膨胀器上有一个呼吸口，作为膨胀器内部气体呼吸之用。储油柜的上、下各有一根管子，其中下管子是注油管，可对储油柜进行注油；上管子是储油柜的放气管，用来排出储油柜内部的气体。油位计通过一根固定在活动端的拉带拉动指示油位。

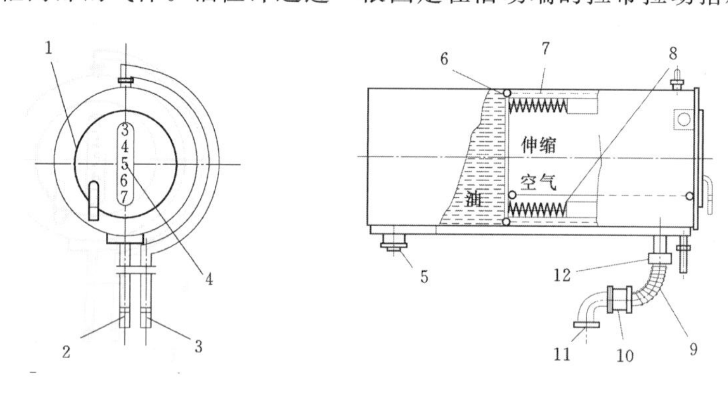

图 2-29　外油卧式金属膨胀器储油柜

1—呼吸口，波纹管腔内空气由此进出，工作时阀门常开；2—注油口，由此注入绝缘油，工作时阀门常闭；3—排气口，注油时由此排净柜内空气，工作时阀门常闭；4—油位指示窗；5—排污口；6—圆周均布的导向滚轮；7—储油柜外壳；8—拉带式油位指示；9—波纹管；10—气体继电器；11—接变压器；12—蝶阀

2.8　在线滤油装置

变压器有载分接开关油室里的绝缘油会因频繁的开关变换所引起的电弧而产生的游离碳和各种固体颗粒而污染；此外，油会吸收水分，使绝缘油的耐压水平降低，含水量增加，开关的接触性能下降，油中污染进一步增加，形成恶性循环。

变压器有载分接开关在线滤油装置，是为了解决有载调压开关切换时，油室内由于电弧作用，绝缘油极易分解、老化并产生大量的游离碳和金属碎屑等，造成绝缘油击穿电压降低，介电性能变差等问题所研发的产品。它主要用于变压器有载分接开关绝缘油的过滤。设备能够在变压器正常运行的情况下，根据调压开关的切换情况自动在线滤油，有效去除油中的游离碳、水分、裂化杂质和酸，恢复分接开关油的绝缘强度和性能，提高有载分接开关运行的安全性、可靠性，大大减少变压器停电次数，提高供电可靠性。

在线滤油装置的组成部分有：PLC控制部分、滤芯、电机、欠压保护、法兰接口等。目前以LTC7500装置使用最为广泛。LTC7500装置安装图以及示意图见图2－30和图2－31。

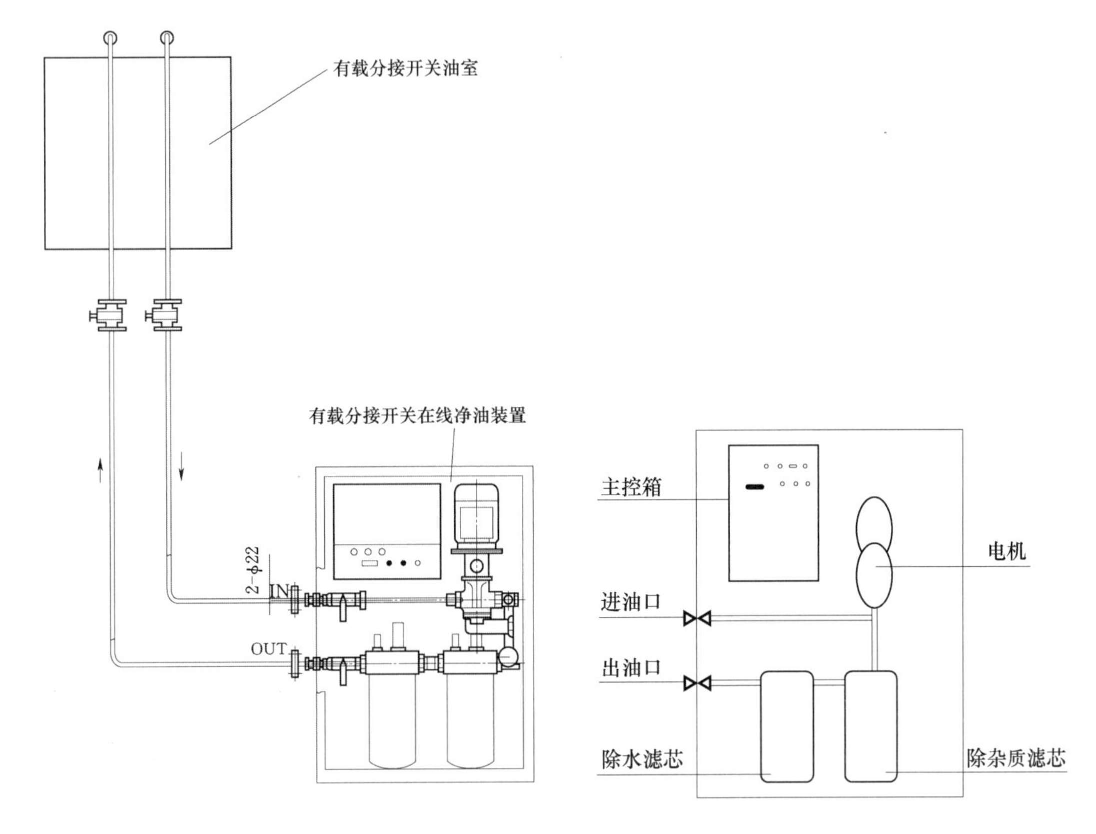

图2－30 LTC7500有载在线滤油装置安装示意图

图2－31 LTC7500有载在线滤油装置箱内结构图

装置中的联合滤芯（除水滤芯＋除杂质滤芯）能及时地除去绝缘油油中的游离碳、水及杂质，有效地保证了有载分接开关油室中油达到规定的运行要求。

在线滤油装置的运行方式有三种：

（1）自动运行，与有载开关联动，当有载开关调档动作时，滤油装置启动。

（2）手动运行。

（3）定时运行。

2.9 压力释放阀

压力释放阀目前已替代安全气道，普遍安装于大中型变压器上。压力释放阀有一金属膜盘，正常时受弹簧压力紧贴在阀座上。变压器发生故障使油箱内压力增加，当箱内的压力超过压力释放阀弹簧的压力时，金属膜盘就被顶起，变压器油可在膜盘和阀座之间喷出，从而起释放油箱内超常压力、保护油箱的作用。当油箱内的压力迅速释放掉后，内部压力降低，金属膜盘在弹簧作用下回位，并重新密封油箱，要求压力释放阀的开启时间不大于 2ms。压力释放阀在动作时，上方的标志杆被顶出作为机械信号，同时带动微动开关动作，可发生动作信号。

为了使油箱内压力迅速释放，对油量大于 31.5t 的变压器，可在油箱的两端箱盖上装设两只压力释放阀。其结构见图 2－32。

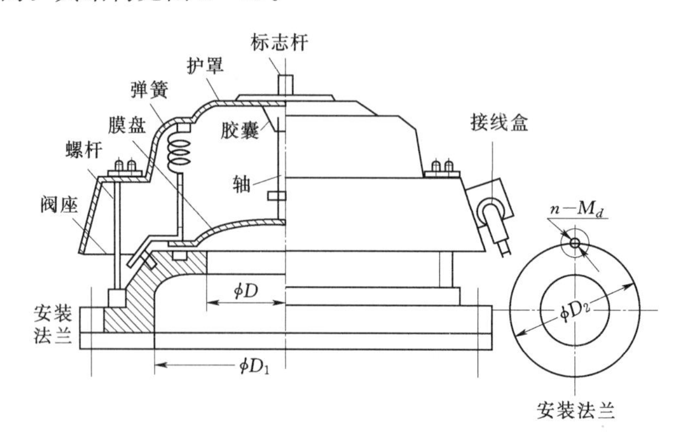

图 2－32　压力释放阀结构

2.10　吸　湿　器

吸湿器也称呼吸器，用于清除和干燥由于变压器温度变化而进入储油柜空气中的杂质和水分，有吊式吸湿器和座式吸湿器两类结构。吸湿器中装有颗粒状的硅胶，用于吸收空气中的水分，下部罩中加油变压器油作为油封，过滤空气中的杂质和水分，其结构见图2－33。

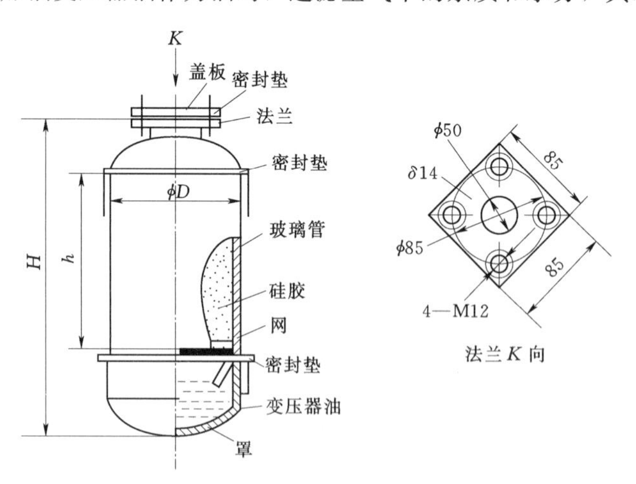

图 2－33　吊式吸湿器结构

为了显示硅胶受潮情况，一般采用变色硅胶，当硅胶吸收水分失效后，从蓝色变成粉红色，这时可更换新硅胶，或者将失效硅胶烘干，从粉红色变回蓝色后继续使用。

安装在隔膜式和胶囊式储油柜上的吸湿器，底部罩子内可不注油，以保证储油柜呼吸畅通。另外，储运密封时用的密封垫圈在安装时必须拆除。

2.11 气体继电器

气体继电器（也称为瓦斯继电器）是油浸式变压器上的重要安全保护装置，一般用在800kVA及以上的变压器中。它安装在变压器箱盖与储油柜的连管上，在变压器内部故障产生的气体或油流作用下接通信号或跳闸回路，使有关装置发出警报信号或使变压器从电网中切除，达到保护变压器的作用。

气体继电器有浮筒式和挡板式两种结构。浮筒式气体继电器目前已不再使用，为了提高气体继电器的可靠性，现在采用挡板式多磁力接点结构，见图2-34。其管径有ϕ25、

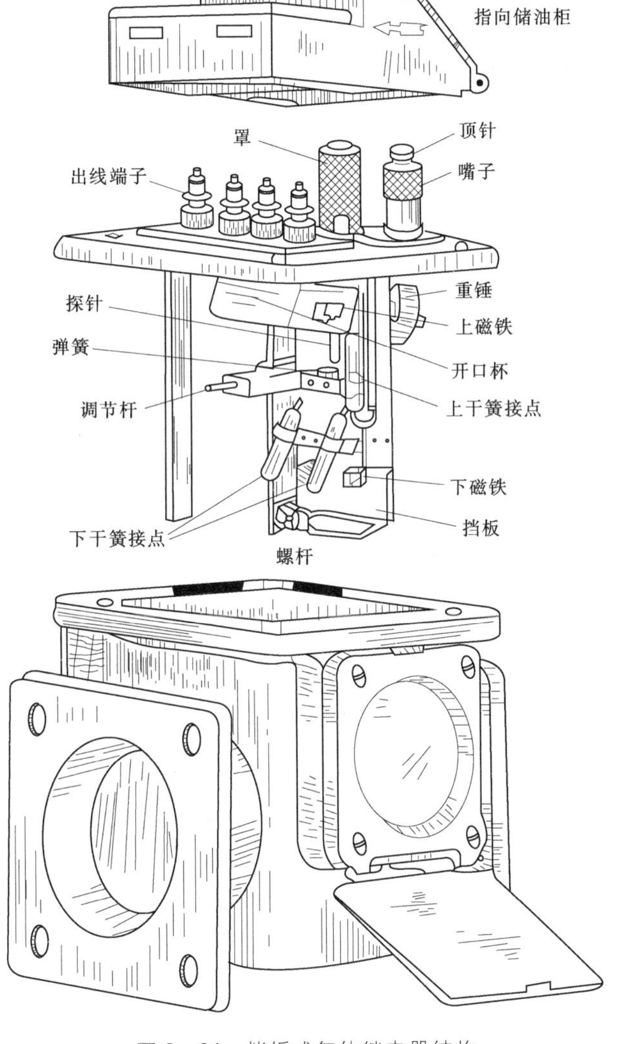

图2-34 挡板式气体继电器结构

$\phi50$、$\phi80$ 三种，三者结构基本相同。其中管径为 $\phi25$ 的用于有载分接开关，管径为 $\phi50$ 的用于 800～6300kVA 变压器，管径为 $\phi80$ 的用于 8000kVA 及以上变压器中。

挡板式气体继电器结构主要由外壳和继电器芯子组成。在顶盖上装有跳闸及信号端子、嘴子和顶针，在顶盖下方支架上装有开口杯、重锤、上下磁铁和上下干簧接点，在支架的下部装有可转动的挡板。

正常运行时，继电器内部充满变压器油，开口杯内外都是变压器油。由于重锤的重量大于开口杯的重量，使重锤下落，开口杯向上翘起，固定在开口杯侧面的磁铁也随之向上翘起，上干簧接点处于断开状态。当气体继电器中气体达到一定容积后，开口杯下沉，上磁铁时上干簧接点闭合，称为轻瓦斯保护动作，接通信号回路并发出报警信号。当变压器内部发生严重故障，大量的气体和变压器油流向储油柜，当油流达到一定的速度后，冲动继电器的挡板，下磁铁使下干簧接点闭合，称为重瓦斯动作，接通跳闸回路，将变压器的电源切断。

挡板式气体继电器的整定要求：改变重锤位置，可调节轻瓦斯动作的气体容量，整定值为 250～300cm^3；转动调节杆，改变弹簧的长度，可以调整重瓦斯动作的油流速度，自冷式整定值变压器为 0.8～1.0m/s、强油循环变压器为 1.0～1.2m/s、120MVA 以上变压器为 1.2～1.3m/s。

2.12 分接开关（无励磁）

为了稳定负荷中心电压、调节无功潮流或调节负载电流、联络电网，均需对变压器进行电压调整。而在无功功率充足的情况下，通过用分接开关来调整电压比较方便、可行。它是在变压器的某一绕组上设置分接头，当变换分接头时就减少或增加了一部分线匝，使带有分接头的变压器绕组的匝数减少或增加，其他绕组的匝数没有改变，从而改变了变压器绕组的匝数比。绕组的匝数比改变了，电压比也相应改变，输出电压改变，这样就达到了调整电压的目的。

一般情况下是在高压绕组上抽出适当的分接头，因为高压绕组常套在外面，引出分接头方便；另外高压侧电流小，引出的分接引线和分接开关的载流部分截面积小，开关接触部分也较容易解决。

无励磁分接开关是用于油浸式变压器在无励磁状态下进行分接变换的装置。按相数分有单相和三相；按安装方式分有卧式和立式；按结构型式分有鼓形、笼形、条形和盘形；按调压部位分有中性点调压、中部调压及线端调压。一般无励磁分接开关的额定电流在 1600A 以下，额定电压在 220kV 及以下。对应不同型号的无励磁分接开关，制造厂会提供额定电压、额定电流、尺寸等技术数据。

变压器无励磁分接开关的额定调压范围较窄，调节级数较少。额定调压范围以变压器额定电压的百分数表示为±5％或±2×2.5％。根据使用要求，在调压范围和级数不变的情况下，允许增加负分接级数、减少正分接级数。无励磁调压变压器在额定电压±5％范围内改换分接位置运行时，其额定容量不变。如为－7.5％和 10％分接时，其容量按制造厂的规定，如无制造厂规定，则容量应相应降低 2.5％和 5％。

无励磁分接开关要求开关动作位置准确，操作灵活、方便，有良好的绝缘性能和稳定性能，同时要求机械强度高，寿命长，外形尺寸小且便于维护等。无励磁调压变压器需对二次电压进行调整时，首先要对该变压器停电。变换分接头位置时，要求正反两方面各转动几圈，在该分接位置锁定后，测量直流电阻，以确保分接位置正确、接触良好、可靠。这样，每次变换分接位置时很不方便，所以无励磁分接开关只使用于不经常调节或仅季节性调节的变压器。

1. 三相中性点调压无励磁分接开关

这种无励磁分接开关为九触头盘形、立式放置，直接固定在变压器的箱盖上，型号为WPSⅢ。它由接触系统、绝缘系统和操动机构三部分组成，适用于35kV及以下电压等级的变压器。

接触系统由动触头、定触头及相应的支持件和紧固件构成。一般定触头（黄铜）用铜螺栓固定在绝缘座上，与绕组的分接引线相连。动触头用黄铜板冲压成星形，以板上冲出的半球形作为接触点。动触头的三片同时搭接到相差120°的三个定触头上形成中性点，用一公用弹簧使动触头和定触头压紧，保证良好接触。

绝缘系统包括固定定触头的绝缘座和固定动触头的绝缘轴。绝缘座直径决定于定触头间的绝缘距离，而绝缘轴的长度则决定于变压器高压绕组的工频试验电压。

操动机构是由转轴、定位件、手柄和定位螺钉等组成的。绝缘管上端为安装用的法兰，它与圆螺母配合夹紧在变压器箱盖上。绝缘轴上端为转轴，用以操作分接开关。操作时先解除定位，操作后把定位件定位好，防止分接开关移动。WPSⅢ型三相无励磁分接开关的结构以及分接开关与三相绕组的接线图见图2-35。

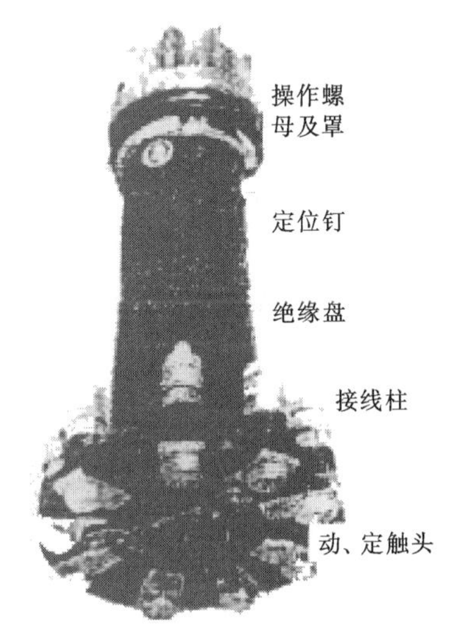

(a) WPSⅢ型三相无励磁分接开关

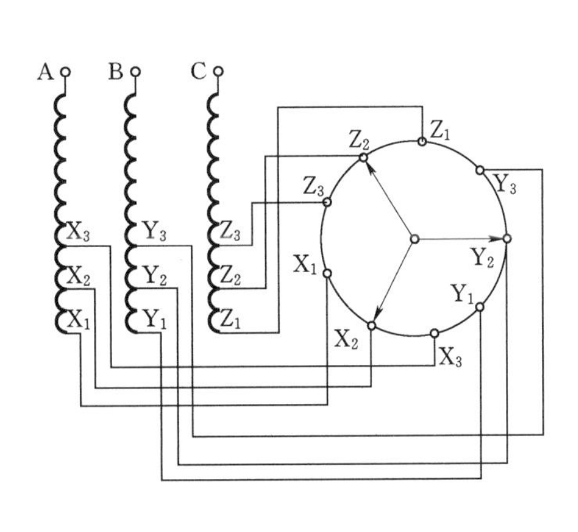

(b) WPSⅢ型三相无励磁分接开关与三相绕组的接线图

图2-35 WPSⅢ型三相无励磁分接开关

2. 三相中部调压无励磁分接开关

这种开关的典型结构为半笼形水平放置夹片式，型号为 WSLⅡ型。动触头和定触头分相沿水平方向间隙分布，而每相触头处于同一垂直面上，见图 2－36。它用于 63kV 及以下，这种分接开关与三相绕组的接线见图 2－37。动触头使两个相邻定触头连通，从而接通中部抽出分接头的两部分绕组。为了防止分接开关整体转动，安装时在开关的尾部用固定螺栓定位。

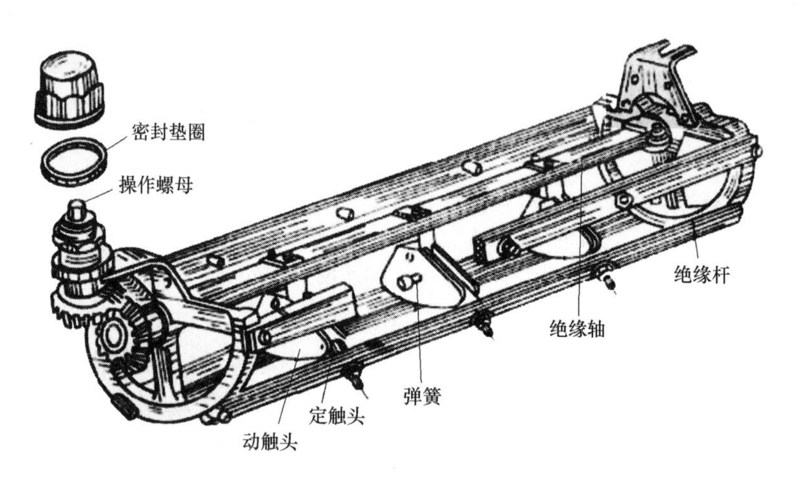

图 2－36　WSLⅡ型三相中部调压无励磁分接开关

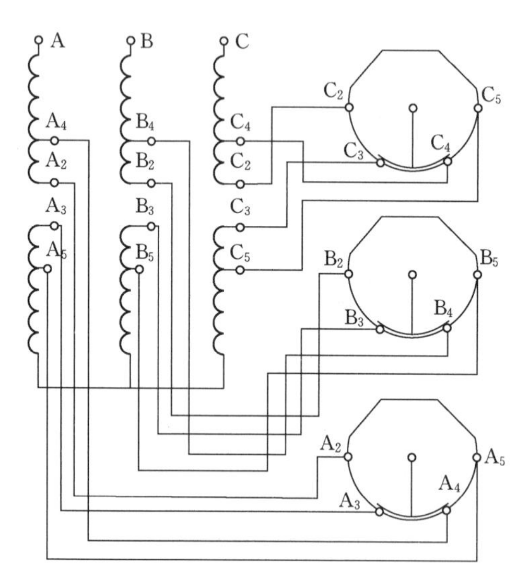

图 2－37　三相中部调压无励磁分接开关与三相绕组的接线图

三相中部调压无励磁分接开关的另一种型式为横条形开关，见图 2－39。定触头均一字横排在一个水平面上，由齿条带动动触头接通两个定触头。其优点是可降低在变压器油箱内部占有的高度，安装尺寸较小，为 S9 新系列变压器所采用。

WSL 型无励磁分接开关还可以做成立式结构。这种结构的无励磁分接开关通常安装在变压器器身的侧面，结构紧凑，与水平放置的半笼形结构相比，能够简化变压器器身上面的结构，降低变压器油箱的高度。

3. 单相中部调压无励磁分接开关

这种开关分为 WDTⅡ型和 WD 型两种，它们的结构特点是操作机构与分接开关本体是分开的。三相变压器用三个单相开关，用于 35kV 及以上电压等级。

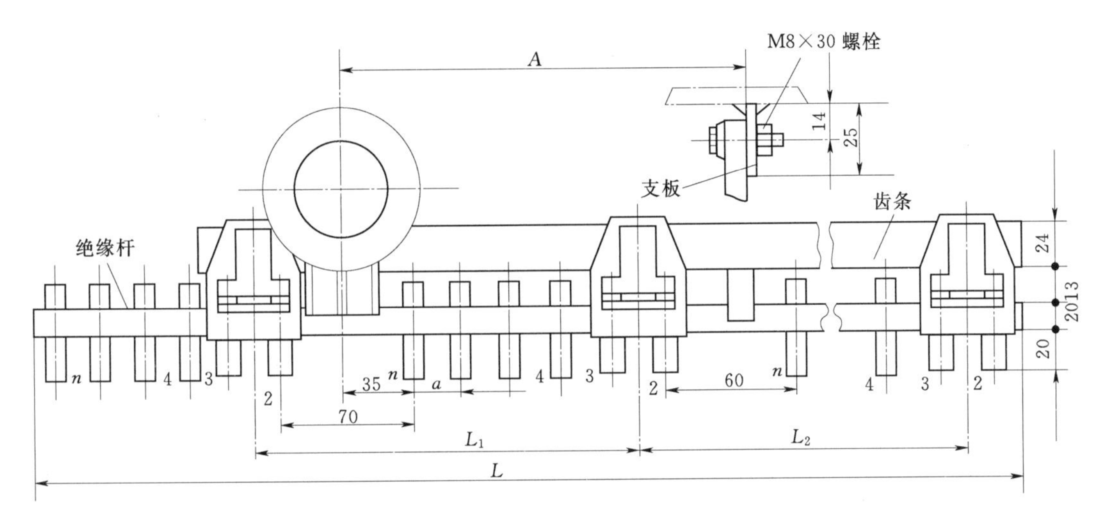

图 2-38　三相中部调压无励磁横条形分接开关

WDTⅡ型为夹片式，改进后的分接开关及操作机构见图 2-39。开关的动触头在上下极限工作状态时有定位装置。上极限位置通过绝缘杆上的轴肩实现，下极限位置为动触头螺母往下移动撞到绝缘撑套的位置。当对操作机构上的位置提示有怀疑时，可转动操作杆到上或下极限位置，即可得到正确的定位。

操动杆预先用绝缘锥固定在分接开关上，操动杆上部由定位纸板固定。当上节油箱扣上时，操动杆的锥形头部自行进入开关升高座内。操动机构上槽轮外增设护罩，防止转动手柄时造成槽轮的误动作。

WD 型为六柱触头式，动触头为环形触头式。由于环形触头必须采用平面蜗形弹簧，而蜗形弹簧的弹力工艺要求高，不易保证，且极易失去弹性，现在已很少生产。为了克服 WD 型的缺点，将动触头改为楔形，采用圆柱弹簧代替蜗形弹簧，这种开关称为楔形分接开关，见图 2-40。它的定触头用铜棒制成，被固定在支撑绝缘板上面，动触头将相邻的两根定触头短接，动触头上弹簧可以使动触头和定触头紧密地相接触，并采用偏转推进机构，主轴旋转 300°，动触头变换一个分接，这种开关使用于 220kV 电压等级及以下的变压器。楔形分接开关切换程序见图 2-41。

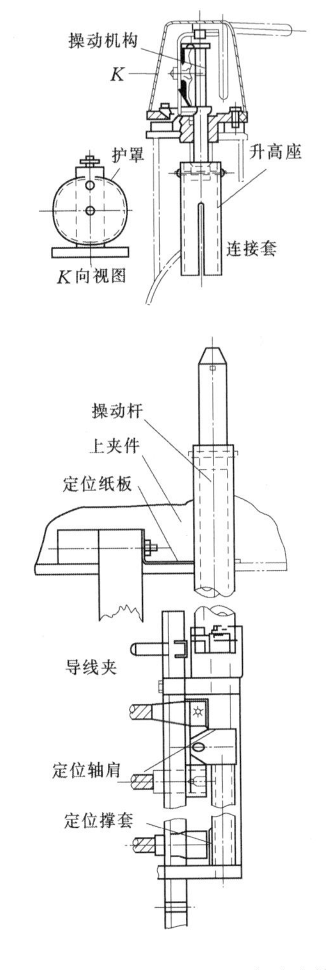

图 2-39　WDTⅡ型单相无励磁分接开关

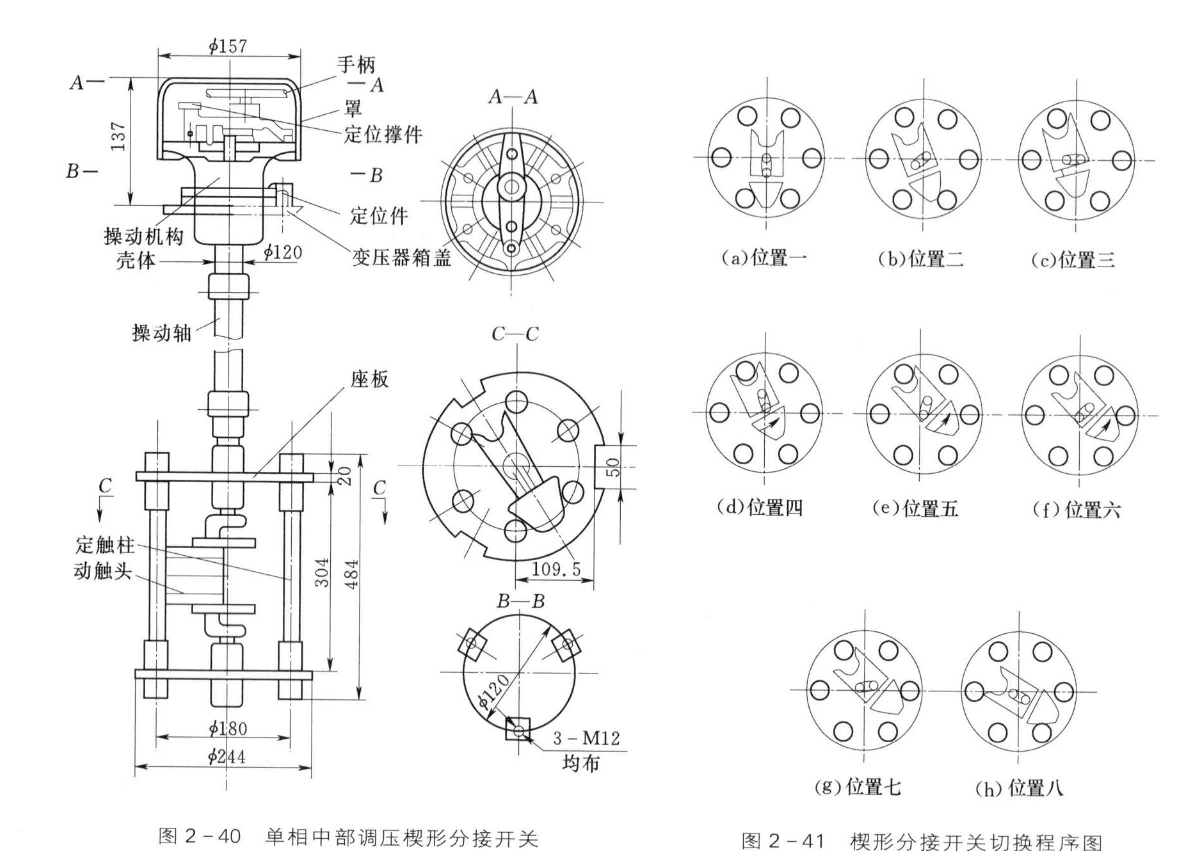

图 2-40 单相中部调压楔形分接开关

图 2-41 楔形分接开关切换程序图

2.13 有载分接开关

有载分接开关，是一种能在变压器励磁状态下变换分接位置的电气装置。有载分接开关调压的基本原理，就是在变压器绕组中引出若干分接头后，通过它在不中断负载电流的情况下，由一个分接头切换到另一个分接头，来改变有效匝数，即改变变压器的电压比，从而实现调压的目的。因此，有载分接开关在操作过程中，一要保证负载电流的连续性，即不能开路；二要在切换分接的动作中具有良好的断弧性能，保证分接间不能短路。

有载分接开关在变换分接头过程中，必须利用电阻实现过渡，以限制其过渡时的环流。通常采用的是电阻式组合型有载分接开关。实际工作中，电阻限流有载分接开关的结构可分为三个部分，即切换开关、分接选择器、操作机构。这些中的任一部分出现问题都会直接影响变压器的正常运行。

切换开关是专门承担切换负载电流的部分，它的动作是通过快速机构按一定程序快速完成的。

分接选择器是按分接顺序使相邻即刻要换接的分接头预先接通，并承担连续负载的部分。切换开关和分接选择器，两者通称为开关本体，一般都安装在变压器的油箱内。切换开关在切换负载电流时产生电弧，会使油质劣化，因此必须装在单独的绝缘筒内，使之与变压器油箱内的油隔离开。

操作机构是使开关动作的动力源，它还带有必需的限位、安全连锁、位置指示、记数以及信号发生器等附属装置。电动操作机构垂直轴齿轮、电动机轴带、垂直轴和水平轴等与开关本体相连接。通常操作机构都安装在变压器油箱外部的壁上。

电阻式有载调压开关按其切换开关和选择开关的组成方式，又有复合型和组合型两种。复合型的开关，其切换开关和分接选择器合并为一体，称为选择开关，即选择触头并有切换触头（辅助触头）。

详细说明见本书第 2 大部分——有载分接开关检修。

2.14 变压器油

变压器油是石油的一种分馏产物，它的主要成分是烷烃、环烷族饱和烃、芳香族不饱和烃等化合物，俗称方棚油，浅黄色透明液体，相对密度 0.895，凝固点＜－45℃。

变压器油的主要作用有：

（1）绝缘作用。变压器油具有比空气高得多的绝缘强度。绝缘材料浸在油中，不仅可提高绝缘强度，而且还可免受潮气的侵蚀。

（2）散热作用。变压器油的比热大，常用作冷却剂。变压器运行时产生的热量使靠近铁芯和绕组的油受热膨胀上升，通过油的上下对流，热量通过散热器散出，保证变压器正常运行。

（3）熄弧作用。在油断路器和变压器的有载调压开关上，触头切换时会产生电弧。由于变压器油导热性能好，且在电弧的高温作用下能分解出大量气体，产生较大压力，从而提高了介质的灭弧性能，使电弧很快熄灭。

对变压器油的性能通常有以下要求：

（1）变压器油密度尽量小，以便于油中水分和杂质沉淀。

（2）黏度要适中，太大会影响对流散热，太小又会降低闪点。

（3）闪点应尽量高，一般不应低于 135℃。

（4）凝固点应尽量低。

（5）酸、碱、硫、灰分等杂质含量越低越好，以尽量避免它们对绝缘材料、导线、油箱等的腐蚀。

（6）氧化程度不能太高。氧化程度通常用酸价表示，它指吸收 1g 油中的游离酸所需的氢氧化钾量（mg）。

（7）安定度不应太低，安定度通常用酸价试验的沉淀物表示，它代表油抗老化的能力。

（8）质量指标。

1）外观透明，无悬浮物、沉淀物及机械杂质。

2）闪点（闭杯）不小于 135℃。

3）运动黏度（50℃）不大于（9.6×10^{-6}）m^2/s。

4）酸值不大于 0.03mgKOH/g。

5）倾点小于－22℃。

良好的变压器油应该是清洁而透明的液体，不得有沉淀物、机械杂质悬浮物及棉絮状物质。如果其受污染和氧化，并产生树脂和沉淀物，变压器油油质就会劣化，颜色会逐渐变为浅红色，直至变为深褐色的液体。当变压器有故障时，也会使油的颜色发生改变，一般情况下，变压器油呈浅褐色时就不宜再用了。另外，变压器油可表现为浑浊乳状、油色发黑、发暗。变压器油浑浊乳状，表明油中含有水分；油色发暗，表明变压器油绝缘老化；油色发黑，甚至有焦臭味，表明变压器内部有故障。

一般油浸式变压器的绝缘多采用A级绝缘材料，其耐油温度为105℃。在国标中规定变压器使用条件最高气温为40℃，因此绕组的温升限值为105－40＝65（℃）。非强油循环冷却，顶层油温与绕组油温约差10℃，故顶层油温升为65－10＝55（℃），顶层油温度为55＋40＝95（℃）。强油循环顶层油温升一般不超过40℃，因此，《变压器运行规程》（DL/T 572—95）规定油浸式变压器上层油温不能超过95℃。

第3章　变压器安装及验收标准规范

随着电网日益壮大，投入运行的变压器也日益增多，电网的坚强可靠取决于其中设备的安全稳定。为保证设备在今后运行中能安全可靠运行，规范施工及验收工作十分重要，其目的便是加强设备安装质量并通过验收及时发现安装过程中的问题，及时整改，保证设备零缺陷投产，杜绝隐患。

3.1　电力变压器施工及验收执行规范总则

（1）电力变压器的安装应按已批准的设计进行施工。

（2）设备和器材的运输、保管，应符合本规范要求，当产品有特殊要求时，应符合产品的要求。变压器在运输过程中，当改变运输方式时，应及时检查设备受冲击等情况，并作好记录。

（3）设备及器材在安装前的保管，其保管期限应为1年及以下。当需长期保管时，应符合设备及器材保管的专门规定。

（4）采用的设备及器材均应符合国家现行技术标准的规定，并应有合格证件，设备应有金牌。

（5）设备和器材到达现场后，应及时作下列验收检查：

1）包装及密封应良好。

2）开箱检查清点，规格应符合设计要求，附件、备件应齐全。

3）产品的技术文件应齐全。

4）按规范要求作外观检查。

（6）施工中的安全技术措施，应符合本规范和现行有关安全技术标准及产品的技术文件的规定。对重要工序，尚应事先制定安全技术措施。

（7）与变压器安装有关的建筑工程施工应符合下列要求：

1）与电力变压器安装有关的建筑物、构筑物的建筑工程质量，应符合国家现行的建筑工程施工及验收规范中的有关规定。当设备及设计有特殊要求时，应符合其要求。

2）设备安装前，建筑工程应具备下列条件：

a. 屋顶、楼板施工完毕，不得渗漏。

b. 室内地面的基层施工完毕，并在墙上标出地面标高。

c. 混凝土基础及构架达到允许安装的强度，焊接构件的质量符合要求。

d. 预埋件及预留孔符合设计，预埋件牢固。

e. 模板及施工设施拆除，场地清理干净。

f. 具有足够的施工用场地，道路通畅。

3）设备安装完毕，投入运行前，建筑工程应符合下列要求：

a. 门窗安装完毕。

b. 地坪抹光工作结束，室外场地平整。

c. 保护性网门、栏杆等安全设施齐全。

d. 变压器的蓄油坑清理干净，排油水管通畅，卵石铺设完毕。

e. 通风及消防装置安装完毕。

f. 受电后无法进行的装饰工作以及影响运行安全的工作施工完毕。

（8）设备安装用的紧固件，除地脚螺栓外，应采用镀锌制品。

（9）所有变压器、互感器的瓷件表面质量应符合现行国家标准《高压绝缘子瓷件技术条件》（GB/T 772—2005）的规定。

（10）电力变压器的施工及验收除按行业规范的规定执行外，尚应符合国家现行的有关标准规范的规定。

3.2 电力变压器施工及验收执行规范细则

1. 装卸与运输

（1）8000kVA 及以上变压器的运输，必须对运输路径及两端装卸条件作充分调查，制定施工安全技术措施，并应符合下列要求：

1）水路运输时，应做好下列工作：

a. 选择航道，了解吃水深度、水上及水下障碍物分布、潮汛情况以及沿途桥梁尺寸。

b. 选择船舶，了解船舶运载能力与结构，验算载重时船舶的稳定性。

c. 调查码头承重能力，必要时应进行验算或荷重试验。

2）陆路运输用机械直接托运时，应做好下列工作：

a. 了解道路及其沿途桥梁、涵洞、沟道等的结构、宽度、坡度、倾斜度、转角及承重情况，必要时应采取措施。

b. 调查沿途架空线、通信线等高空障碍物的情况。

c. 变压器利用滚轮在现场铁路专用线作短途运输时，应对铁路专用线进行调查与验算，其速度不应超过 0.2km/h。

d. 公路运输速度应符合制造厂的规定。

（2）变压器装卸时，应防止因车辆弹簧伸缩或船只沉浮而引起倾倒，应设专人观测车辆平台的升降或船只的沉浮情况。卸车地点的土质、站台、码头必须坚实。

（3）变压器在装卸和运输过程中，不应有严重冲击和振动。电压在 220kV 及以上且容量在 150000kVA 及以上的变压器和电压为 330kV 及以上的电抗器均应装设冲击记录仪。冲击允许值应符合制造厂及合同的规定。

（4）当利用机械牵引变压器时，牵引的着力点应在设备重心以下。防止变压器在运行过程中由于倾斜过大而引起结构变形，制造厂规定一般变压器的倾斜角允许值为 15°，船用变压器则可达 45°，若一般变压器在运输过程中，其倾斜角需要超过 15°时，应在订货时特别提出，以便做好加固措施。

（5）钟罩式变压器整体起吊时，注意油箱下节备有专供起吊变压器整体用的吊耳，上节油箱上的吊耳仅供吊钟罩时用，如起吊整台变压器时错用上节油箱的吊耳，则将造成重大设备破坏性事故。吊起整台变压器时，除必须利用下节油箱专用吊耳外，其吊索尚应经上节油箱对应的吊耳作导向；否则，吊运时可能使变压器重心不稳而倾倒。

（6）大型变压器重达几十吨，甚至超过200t，为此，制造厂在变压器油箱底部设有数个特定的顶升部位，作为千斤顶的着力位置。如将千斤顶放置在其他位置顶升，将使变压器遭到结构上的损坏。在顶升过程中，升降操作应直线式、各点受力均匀，并应及时垫好垫块。

（7）随着变压器的电压等级升高，容量不断增加，本体重量相应增加，为了适应运输机具对重量的限制，大型变压器常采用充氮气或充干燥空气运输的方式。为了使设备在运输过程中不致因氮气或干燥空气渗漏而进入潮气，使器身受潮，油箱内必须保持一定的正压（气体压力应为0.01～0.03MPa）。所以要求装设压力表用以监视油箱内气体的压力，并应备有气体补充装置，以便当油箱内气压下降时及时补充气体。

（8）干式变压器在运输途中，应有防雨及防潮措施。

2. 安装前的检查与保管

（1）设备到达现场后，应及时进行下列外观检查：

1）油箱及所有附件应齐全，无锈蚀及机械损伤，密封应良好。

2）油箱箱盖或钟罩法兰及封板的连接螺栓应齐全，紧固良好，无渗漏；浸入油中运输的附件，其油箱应无渗漏。

3）充油套管的油位应正常，无渗油，瓷体封锁损伤。

4）充气运输的变压器，油箱内应为正压，其压力为0.01～0.03MPa。

5）装有冲击记录仪的设备，应检查并记录设备在运输和装卸中的受冲击情况。

（2）设备到达现场后的保管应符合下列要求：

1）散热器（冷却器）、连通管、安全气道、滤油器等应密封。

2）风扇、潜油泵、气体继电器、气道隔板、测温装置以及绝缘材料等，应放置于干燥的室内。

3）短尾式套管应置于干燥的室内，充油式套管卧放时应符合制造厂的规定。

4）本体、冷却装置等，其底部应垫高、垫平，不得水淹，干式变压器应置于干燥的室内。

5）浸油运输的附件应保持浸油保管，其油箱应密封。

6）与本体连在一起的附件可不拆下。

（3）绝缘油的验收与保管应符合下列要求：

1）绝缘油应储藏在密封清洁的专用油罐或容器内。

2）每批到达现场的绝缘油均应有试验记录，并应取样进行简化分析，必要时进行全面分析。

a. 取样数量：在罐油，每罐取样，小桶油应按表3-1取样。

表 3-1　　　　　　　　　　绝缘油取样数量

每批油的桶数	取样桶数	每批油的桶数	取样桶数
1	1	51～100	7
2～5	2	101～200	10
6～20	3	201～400	15
21～50	4	>401	20

b. 取样试验应按现行国家标准《电力用油（变压器油、汽轮机油）取样方法》（GB/T 7597—2007）的规定执行。试验标准应符合现行国家标准《电气装置安装工程　电气设备交接试验标准》（GB 50150—2006）的规定。

3）不同牌号的绝缘油，应分别储存，并有明显牌号标志。

4）放油时应目测，用铁路油罐车运输的绝缘油，油的上部和底部不应有异样；用小桶运输的绝缘油，对每桶进行目测，辨别其气味，各桶的商标应一致。

（4）变压器到达现场后，当3个月内不能安装时，应在1个月内进行下列工作：

1）带油运输的变压器：

a. 检查油箱密封情况。

b. 测量变压器内油的绝缘强度。

c. 测量绕组的绝缘电阻（运输时不装套管的变压器可以不测）。

安装储油柜及吸湿器，注以合格油至储油柜规定油位，或在未装储油柜的情况下，上部抽真空后，充以0.01～0.03MPa、纯度不低于99.9%、露点低于－40℃的氮气。

2）充气运输的变压器：

a. 安装储油柜及吸湿器，注以合格油至储油柜规定油位。

b. 不能及时注油时，继续充与原充气体相同的气体保管，但必须有压力监视装置，压力应保持为0.01～0.03MPa，气体的露点应低于－40℃。

（5）在保管期间经常检查设备。充油保管的检查有无渗油，油位是否正常，外表有无锈蚀，并每6个月检查一次油的绝缘强度；充气保管的检查气体压力，并做好记录。

3. 排氮

（1）采用注油排氮时，应符合下列规定：

1）绝缘油必须经净化处理，注入变压器的油应符合表3-2的要求。

表 3-2　　　　　　　　　　注入变压器的油的要求

电压等级/kV	电气强度/kV	含水量/ppm	tanδ（90℃）
500	≥60	≤10	≤0.5%
330	≥50		
220～<330		≤20	
63～<220	≥40		

2）油排氮前，应将油箱内的残油排尽。

3）油管宜采用钢管，内部应进行彻底除锈且清洗干净。如用耐油胶管，必须确保胶管不污染绝缘油。

4）绝缘油应经脱气滤油设备从变压器下部阀门注入变压器内，氮气经顶部排出，油应注至油箱顶部将氮气排尽。最终油位应高出铁芯沿100mm以上。油的静放时间应不小于12h。

（2）采用抽真空进行排氮时，排氮口应装设在空气流通处。破坏真空时应避免潮湿空气进入。当含氧量未达到18%以上时，人员不得进入。

（3）充氮的变压器需吊罩检查时，必须让器身在空气中暴露15min以上，待氮气充气扩散后进行。

4. 器身检查

（1）变压器到达现场后，应进行器身检查。器身检查可为吊罩或吊器身，或者不吊罩直接进入油箱内进行。当满足下列条件之一时，可不进行器身检查：

1）制造厂规定可不进行器身检查者。

2）容量为1000kVA及以下，运输过程中无异常情况者。

3）就地生产、仅作短途运输的变压器，如果事先参加了制造厂的器身总装，质量符合要求，且在运输过程中进行了有效的监督，无紧急制动、剧烈振动、冲撞或严重颠簸等异常情况者。

（2）器身检查时，应符合下列规定：

1）周围空气温度不宜低于0℃，器身温度不应低于周围空气温度；当器身温度低于周围空气温度时，应将器身加热，宜使其温度高于周围空气温度10℃。

2）当空气相对湿度小于65%时，器身暴露在空气中的时间不得超过16h。

3）调压切换装置吊出检查、调整时，暴露在空气中的时间应符合相关规定。

4）空气相对湿度或露空时间超过规定时，必须采取相应的可靠措施。其中，时间计算规定为：带油运输的变压器，由开始放油时算起；不带油运输的变压器，由揭开顶盖或打开任一堵塞算起，到开始抽真空或注油为止。

5）器身检查时，场地四周应清洁和有防尘措施；雨雪天或雾天，不应在室外进行。

（3）钟罩起吊前，应拆除所有与其相连的部件。

（4）器身或钟罩起吊时，吊索与铅垂线的夹角不宜大于30°，必要时可采用控制吊梁。起吊过程中，器身与箱壁不得有碰撞现象。

（5）器身检查的主要项目和要求应符合下列规定：

1）运输支撑和器身各部位应无移动现象，运输用的临时防护装置及临时支撑应予以拆除，并经过清点作好记录以备查。

2）所有螺栓应紧固，并有防松措施；绝缘螺栓应无损坏，防松绑扎完好。

3）铁芯检查：

a. 铁芯应无变形，铁轭与夹件间的绝缘垫应良好；

b. 铁芯应无多点接地；

c. 铁芯外引接地的变压器，拆开接地线后铁芯结地绝缘应良好；

d. 打开夹件与铁轭接地片后，铁轭螺杆与铁芯、铁轭与夹件、螺杆与夹件间的绝缘应良好；

e. 当铁轭采用钢带绪扎时，钢链对铁轭的绝缘应良好；

f. 打开铁芯屏蔽接地引线，检查屏蔽绝缘应良好；

g. 打开夹件与线圈压板的连线，检查压钉绝缘应良好；

h. 铁芯拉板及铁轭拉带应紧固，绝缘良好。

4）绕组检查：

a. 绕组绝缘层应完整，无缺损、变位现象；

b. 各绕组应排列整齐，间隙均匀，油路无堵塞；

c. 绕组的压钉应紧固，防松螺母应锁紧。

5）绝缘围屏绑扎牢固，围屏上所有线圈引出处的封闭应良好。

6）引出线绝缘包扎牢固，无破损、拧弯现象；引出丝绝缘距离应合格，固定牢靠，其固定支架应紧固；引出线的裸露部分应无毛刺或尖角，其焊接良好；引出线与套管的连接应牢靠，接线正确。

7）无励磁调压切换装置各分接头与线圈的连接应紧固正确；各分接头应清洁，且接触紧密，弹力良好；所有接触到的部分，用 0.05mm×10mm 塞尺检查，应塞不进去；转动接点应正确地停留在各个位置上，且与指示器所指位置一致；切换装置的拉杆、分接头凸轮、小轴、销子等应完整无损；转动盘应动作灵活，密封良好。

8）有载调压切换装置的选择开关、范围开关应接触良好，分接引线应连接正确、牢固，切换开关部分密封良好。必要时抽出切换开关芯子进行检查。

9）绝缘屏障应完好，且固定牢固，无松动现象。

10）检查强油循环管路与下轭绝缘接口部位的密封情况。

11）检查各部位应无油泥、水滴和金属屑末等杂物。

注：变压器有围屏者，可不必解除围屏，本条中由于围屏遮蔽而不能检查的项目，可不予检查；铁芯检查时，其中的 c～g 项无法拆开的可不测。

（6）器身检查完毕后，必须用合格的变压器油进行冲洗，并清洗油箱底部，不得有遗留杂物。箱壁上的阀门应开闭灵活、指示正确。导向冷却的变压器应检查和清理进油管节头和联箱。

5. 干燥

（1）变压器是否需要进行干燥，应根据新装电力变压器及油浸电抗器不需干燥的条件进行综合分析判断后确定：

1）带油运输的变压器及电抗器：

a. 绝缘油电气强度及微量水试验合格。

b. 绝缘电阻及吸收比（或极化指数）符合规定。

c. 介质损耗角正切 $\tan\delta(\%)$ 符合规定（电压等级在 35kV 以下及容量在 4000kVA 以下者，可不做要求）。

2）充气运输的变压器及电抗器：

a. 器身内压力在出厂到安装前均保持正压。

b. 残油中微量水不应大于 30ppm；电气强度试验在电压等级为 330kV 及以下者不低于 30kV，500kV 以下者不低于 40kV。

c. 变压器及电抗器注入合格绝缘油后：

a）绝缘油电气强度及微量水符合规定。

b）绝缘电阻及吸收比（或极化指数）符合规定。

c）介质损耗角正切值 tanδ(%) 符合规定。

注：①上述绝缘电阻、吸收比（或极化指数）、tanδ(%) 及绝缘油的电气强度和微量水试验应符合现行的国家标准《电气装置安装工程　电气设备交接试验标准》（GB 50150—2006）的相应规定；②当器身未能保持正压，而密封无明显破坏时，则应根据安装及试验记录全面分析作出综合判断，决定是否需要干燥。

3）采用绝缘件表面的含水量判断时，应符合规范规定。

（2）设备进行干燥时，必须对各部温度进行监控。当为不带油干燥利用油箱加热时，箱壁温度不宜超过 110℃，箱底温度不得超过 100℃，绕组温度不得超过 95℃；带油干燥时，上层油温不得超过 85℃；热风干燥时，进风温度不得超过 100℃。干式变压器进行干燥时，其绕组温度应根据其绝缘等级而定。

（3）采用真空加温干燥时，应先进行预热。抽真空时，将油箱内抽成 0.02MPa 然后按每小时均匀地增高 0.0067MPa 至表 3-3 所示极限允许值为止。

表 3-3　　变压器抽真空的极限允许值

电　压/kV	容　量/kVA	真　空　度/MPa
35	4000～31500	0.051
63～110	≤16000	0.051
	≥20000	0.08
220、330		0.101
500		<0.101

抽真空时应监视箱壁的弹性变形，其最大值不得超过壁厚的两倍。

（4）在保持温度不变的情况下，绕组的绝缘电阻下降后再回升，110kV 及以下的变压器持续 6h，220kV 及以上的变压器持续 12h 保持稳定，且无凝结水产生时，可认为干燥完毕。

也可采用测量绝缘件表面的含水量来判断干燥程度，表面含水量应符合规定，见表 3-4。

表 3-4　　绝缘件表面含水量标准

电压等级/kV	含水量标准/%	电压等级/kV	含水量标准/%
≤110	<2	330～500	<0.5
220	<1		

（5）干燥后的变压器应进行器身检查，所有螺栓压紧部分应无松动，绝缘表面应无过热等异常情况。如不能及时检查时，应先注以合格油，油温可预热至 50～60℃，绕组温度应高于油温。

6. 本体及附件安装

（1）本体就位应符合下列要求：

1）变压器基础的轨道应水平，轨距与轮距应配合；装有气体继电器的变压器、电抗器，应使其顶盖沿气体继电器气流方向有1%～1.5%的升高坡度（制造厂规定不须安装坡度者除外）。当与填充封闭母线连接时，其套管中心线应与封闭母线中心线相符。

2）装有滚轮的变压器，其滚轮应能灵活转动，在设备就位后，应将滚轮用能拆卸的制动装置加以固定。

（2）密封处理应符合下列要求：

1）所有法兰连接处应用耐油密封垫（圈）密封；密封垫（圈）必须无扭曲、变形、裂纹和毛刺，密封垫（圈）应与法兰面的尺寸相配合。

2）法兰连接面应平整、清洁；密封垫应擦拭干净，安装位置应准确；其搭接处的厚度应与其厚度相同，橡胶密封垫的压缩量不宜超过其厚度的1/3。

（3）有载调压切换装置的安装应符合下列要求：

1）传动机构中的操作机构、电动机、传动齿轮和杠杆应固定牢靠，连接位置正确，且操作灵活，无卡阻现象；传动结构的摩擦部分应涂以适应当地气候条件的润滑脂。

2）切换开关的触头及其连接线应完整无损，且接触良好，其限流电阻应完好，无断裂现象。

3）切换装置的工作顺序应符合产品出厂要求；切换装置在极限位置时，其机械联锁与极限开关的电气联锁动作应正确。

4）位置指示器动作正常，指示正确。

5）切换开关油箱内应清洁，油箱应做密封试验，且密封良好；注入油箱中的绝缘油，其绝缘强度应符合产品的技术要求。

（4）冷却装置的安装应符合下列要求：

1）冷却装置在安装前应按制造厂规定的压力值用气压或油压进行密封试验，并应符合下列要求：

a. 散热器、强迫油循环风冷却器，持续30min应无渗漏。

b. 强迫油循环水冷却器，持续1h应无渗漏，水、油系统应分别检查渗漏。

2）冷却装置安装前应用合格的绝缘油经滤油机循环冲洗干净，并将残油排尽。

3）冷却装置安装完毕后应即注满油。

4）风扇电动机及叶片应安装牢固，并应转动灵活，无卡阻；试转时应无振动、过热；叶片应无扭曲变形或与风筒碰擦等情况，转向应正确；电动机的电源配线应采用具有耐油性能的绝缘导线。

5）管路中的阀门应操作灵活，开闭位置应正确；阀门及法兰连接处应密封良好。

6）外接油管路在安装前，应进行彻底除锈并清洗干净；管道安装后，油管应涂黄漆，水管应涂黑漆，并应有流向标志。

7）油泵转向应正确，转动时应无异常噪声、振动或过热现象；其密封应良好，无渗油或进气现象。

8）差压继电器、流速继电器应经校验合格，且密封良好，动作可靠。

9）水冷却装置停用时，应将水放尽。

（5）储油柜的安装应符合下列要求：

1）储油柜安装前，应清洗干净。

2）胶囊式储油柜中的胶囊或隔膜式储油柜中的隔膜应完整无破损；胶囊在缓慢充气胀开后检查应无漏气现象。

3）胶囊沿长度方向应与储油柜的长轴保持平等，不应扭偏；胶囊口的密封应良好，呼吸应通畅。

4）油位表动作应灵活，油位表或油标管的指示必须与储油柜的真实端正位相符，不得出现假油位。油位表的信号接点位置正确，绝缘良好。

（6）升高座的安装应符合下列要求：

1）升高座安装前，应先完成电流互感器的试验；电流互感器出线端子板应绝缘良好，其接线螺栓和固定件的垫块应紧固，端子板应密封良好，无渗油现象。

2）安装升高座时，应使电流互感器金铭牌位置面向油箱外侧，放气塞位置应在升高座最高处。

3）电流互感器和升高座的中心应一致。

4）绝缘筒应安装牢固，其安装位置不应使变压器引出线与之相碰。

（7）套管的安装应符合下列要求：

1）套管安装前应进行下列检查：

a. 瓷套表面应无裂缝、伤痕。

b. 套管、法兰颈部及均压球内壁应清擦干净。

c. 套管应经试验合格。

d. 充油套管无渗油现象，油位指示正常。

2）充油套管的内部绝缘已确认受潮时，应予以干燥处理；110kV 及以上的套管应真空注油。

3）高压套管穿缆的应力锥应进入套管的均压罩内，其引出端头与套管顶部接线柱连接处应擦拭干净，接触紧密；高压套管与引出线接口的密封波纹盘结构（魏德迈结构）的安装应严格按制造厂的规定进行。

4）套管顶部结构的密封垫应安装正确，密封应良好，连接引线时，不应使顶部结构松扣。

5）充油套管的油标应面向外侧，套管末屏应接地良好。

（8）气体继电器的安装应符合下列要求；

1）气体继电器安装前应经检验鉴定。

2）气体继电器应水平安装，其顶盖上标志的箭头应指向储油柜，其与连通管的连接应密封良好。

（9）安全气道的安装应符合下列要求：

1）安全气道安装前，其内壁应清拭干净。

2）隔膜应完整，其材料和规格应符合产品的技术规定，不得任意代用。

3）防爆隔膜信号接线应正确，接触良好。

（10）压力释放装置的安装方向应正确；阀盖和升高座内部应清洁，密封良好；电接点应动作准确，绝缘应良好。

（11）吸湿器与储油柜间的连接管的密封应良好，管道应通畅；吸湿器应干燥；油封油位应在油面线上或按产品的技术要求进行。

（12）滤油器内部应擦拭干净，吸附剂应干燥；其滤网安装方向应正确并在出口侧；端正流方向应正确。

（13）所有导气管必须清拭干净，其连接处应密封良好。

（14）测温装置的安装应符合下列要求：

1）温度计安装前应进行校验，信号接点应动作正确，导通良好；绕组温度计应根据制造厂的规定进行整定。

2）顶盖上的温度计座内应注以变压器油，密封应良好，无渗油现象；闲置的温度计座也应密封，不得进水。

3）膨胀式信号温度计的细金属软管不得有压扁或急剧扭曲，弯曲半径不得小于50mm。

（15）靠近箱壁的绝缘导线，排列应整齐，应有保护措施；接线盒应密封良好。

（16）控制箱的安装应符合现行的国家标准《电气装置安装工程盘、柜及二次回路接线施工及验收规范》（GB 50171—2012）的有关规定。

7. 注油

（1）绝缘油必须按现行的国家标准《电气装置安装工程电气设备交接试验标准》的规定试验合格后，方可注入变压器中。

不同牌号的绝缘油或同牌号的新油与运行的油混合使用前，必须做混油试验。

（2）注油前，220kV及以上的变压器必须进行真空处理，处理前宜将器身温度提高到20℃以上。真空度应符合规范规定，220～330kV的真空保持时间不得少于8h。抽真空时，应监视并记录油箱的变形。

（3）220kV及以上的变压器必须真空注油；110kV者宜采用真空注油。当真空度达到本规范第2.5.3条规定值后，开始注油。注油全过程应保持真空，注油的油温高于器身温度，注油速度不宜大于100L/min。油面距油箱顶的空隙不得少于200mm或按制造厂规定执行。注油后，应继续保持真空，保持时间：110kV者不得少于2h，220kV及以上者不得少于4h，500kV者注满油后可不继续保持真空。

真空注油工作不宜在雨天或雾天进行。

（4）在抽真空时，必须将在真空下不能承受机械强度的附件，如储油柜、安全气道等与油箱隔离；对允许抽同样真空度的部件，应同时抽真空。

（5）变压器注油时，宜从下部油阀进油。对导向强油循环的变压器，注油应按制造厂的规定执行。

（6）设备各接地点及油管道应可靠地接地。

8. 热油循环、补油和静置

（1）500kV变压器真空注油后必须进行热油循环，循环时间不得少于48h。

热油循环可在真空注油到储油柜额定油位后的满油状态下进行，此时变压器或电抗器不抽真空；当注油到离器身顶盖200mm处时，热油循环需抽真空，真空度应符合规范规定。

真空滤油设备的出口温度不应低于50℃，油箱内温度不应低于40℃。经过热油循环的油应达到现行的国家标准《电气装置安装工程　电气设备交接试验标准》（GB 50150—2006）的规定。

（2）冷却器内的油应与油箱主体的油同时进行热油循环。

（3）往变压器内加注补充油时，应通过储油柜上专用的添油阀，并经滤油机注入，注至储油柜额定油位。注油时应排放本体及附件内的空气，少量空气可自储油柜排尽。

（4）注油完毕后，在施加电压前，其静置时间不应少于下列规定：

110kV及以下　　24h

220kV及330kV　　48h

500kV　　72h

（5）静置完毕后，应从变压器的套管、升高座、冷却装置、气体继电器及压力释放装置等有关部位进行多次放气，并启动潜油泵，直至残余气体排尽。

（6）具有胶囊或隔膜的储油柜的变压器必须按制造厂规定的顺序进行注油、排气及油位计加油。

9. 整体密封检查

变压器安装完毕后，应在储油柜上用气压或油压进行整体密封试验，油箱盖上能承受0.03MPa压力，试验持续时间为24h，应无渗漏。

整体运输的变压器可不进行整体密封试验。

10. 工程交接验收

（1）变压器的启动试运行，是指设备开始带电，并带一定的负荷即可能的最大负荷连续运行24h所经历的过程。

（2）变压器在试运行前，应进行全面检查，确认其符合运行条件时，方可投入试运行。检查项目如下：

1）本体、冷却装置及所有附件应无缺陷，且不渗油。

2）轮子的制动装置应牢固。

3）油漆应完整，相色标志正确。

4）变压器顶盖上应无遗留杂物。

5）事故排油设施应完好，消防设施安全。

6）储油柜、冷却装置、滤油器等油系统上的油门均应打开，且指示正确。

7）接地引下线及其与主接地网的连接应满足设计要求，接地应可靠。

铁芯和夹件的接地引出套管、套管的接地小套管及电压抽取装置不用时其抽出端子均应接地；备用电流互感器二次端子应短接接地；套管顶部结构的接触及密封应良好。

8）储油柜和充油套管的油位应正常。

9）分接头的位置应符合运行要求；有载调压切换装置的远方操作应动作可靠，指示位置正确。

10）变压器的相位及绕组的接线组别应符合并列运行要求。

11）测温装置指示应正确，整定值符合要求。

12）冷却装置试运行应正常，联动正确；水冷装置的油压应大于水压；强迫油循环的变压器应启动全部冷却装置，进行循环4h以上，放完残留空气。

13）变压器的全部电气试验应合格；保护装置整定值符合规定；操作及联动试验正确。

（3）变压器试运行时应按下列规定进行检查：

1）接于中性点接地系统的变压器，在进行冲击合闸时，其中性点必须接地。

2）变压器第一次投入时，可全电压冲击合闸，如有条件时应从零起升压；冲击合闸时，变压器宜由高压侧投入；对发电机变压器组结线的变压器，当发电机与变压器间无操作断开点时，可不作全电压冲击合闸。

3）变压器应进行五次空载全电压冲击合闸，应无异常情况；第一次受电后持续时间不应少于10min；励磁涌流不应引起保护装置的误动。

4）变压器并列前，应先核对相位。

5）带电后，检查本体及附件所有焊缝和连接面，不应有渗油现象。

（4）在验收时，应移交下列资料和文件：

1）变更设计部分的实际施工图。

2）变更设计的证明文件。

3）制造厂提供的产品说明书、试验记录、合格证件及安装图纸等技术文件。

4）安装技术记录、器身检查记录、干燥记录等。

5）试验报告。

6）备品备件移交清单。

第4章　变压器本体及各附件的检修与维护

通过对变压器本体及各附件的了解，对其结构特点有更感性的认识，能为其检修维护奠定基础。然而掌握本体及各附件的检修步骤、要点及注意事项，才能更有效地开展变压器检修工作。

4.1　变压器检修的基本知识

1. 检修周期及检修项目

（1）检修周期。

1）大修周期。变压器的检修分为大修和小修，以吊芯与否为分界线。变压器大修是指变压器吊芯或吊开钟罩的检查和维修，小修是指不吊芯或吊开钟罩的检查和维修。

a. 一般在投入运行后5年内和以后每间隔10年大修一次。

b. 箱沿焊接的全密封变压器或制造厂另有规定者，若经过试验与检查并结合运行情况，判定有内部故障或本体严重渗漏油时，才进行大修。

c. 在电力系统中运行的主变压器当承受出口短路后，经综合诊断分析，可考虑提前大修。

d. 运行中的变压器，当发生异常状况或经试验判明有内部故障时，应提前进行大修；运行正常的变压器经综合诊断分析良好，总工程师批准，可适当延长大修周期。

2）小修周期。

a. 一般每年一次。

b. 安装在2～3级污秽地区的变压器，其小修周期应在现场规程中予以规定。

（2）检修项目。

1）大修项目。

a. 吊开钟罩检修器身，或吊出器身检修。

b. 绕组、引线及磁（电）屏蔽装置的检修。

c. 铁芯、铁芯紧固件、压钉、压板及接地片的检修。

d. 油箱及附件的检修，包括套管、吸湿器等。

e. 冷却器、油泵、水泵、风扇、阀门及管道等附属设备的检修。

f. 安全保护装置的检修。

g. 油保护装置的检修。

h. 测温装置的校验。

i. 操作控制箱的检修和试验。

j. 无励磁分接开关和有载分接开关的检修。

k. 全部密封垫的更换和组件试漏。

l. 必要时对器身绝缘进行干燥处理。

m. 变压器油的处理或换油。

n. 清扫油箱并进行喷涂油漆。

o. 大修的试验和试运行。

2）小修项目。

a. 处理已发现的缺陷。

b. 放出储油柜积污盒中的污油。

c. 检修油位计，调整油位。

d. 检修冷却装置。

e. 检修安全保护装置。

f. 检修油保护装置。

g. 检修测温装置。

h. 检修调压装置、测量装置及控制箱，并进行调试。

i. 检查接地系统。

j. 检修全部阀门和塞子，检查全部密封状态，处理渗漏油。

k. 清扫油箱和附件，必要时进行补漆。

l. 清扫外绝缘和检查导电接头。

m. 按有关规程进行测量和试验。

2. 检修前的准备工作

（1）查阅档案了解变压器的运行状况。

（2）编制大修方案、组织措施。

（3）施工场地要求。

（4）备品备件和所有密封件的清单。

（5）常用工器具和材料准备。

3. 器身暴露空气中时间的规定

器身暴露空气时间是指从变压器放油时起至开始抽真空注油时为止。器身暴露空气中的时间不应超出如下的规定：空气相对湿度不大于65%时为16h，空气湿度不大于75%时为12h。

4. 试验项目

变压器试验项目可分为绝缘试验和特性试验两类。

（1）绝缘试验。绝缘试验有绝缘电阻和吸收比试验、测量介质损耗因数、泄漏电流试验、变压器油试验及工频耐压和感应耐压试验，对220kV及以上变压器应做局部放电试验，330kV及以上变压器应做全波及操作波冲击试验。

1）绝缘电阻和吸收比试验。绝缘电阻试验是对变压器主绝缘性能的试验，主要诊断变压器由于机械、电场、温度、化学等作用及潮湿污秽等影响程度，能灵敏反映变压器绝缘整体受潮、整体劣化和绝缘贯穿性缺陷。

对同一绝缘材料来说：受潮或有缺陷时的吸收曲线也会发生变化，这样就可以根据吸收曲线来判定绝缘的好坏，通常用兆欧表在15s与60s的绝缘电阻之比值来进行（这就是吸收比，用K值来表示）。因为绝缘介质受潮程度增加时，漏导电流的增加比吸收电流起始值的增加多得多，表现在绝缘电阻上就是：兆欧表在15s与60s的绝缘电阻基本相等，所以K值就接近于1；当绝缘介质干燥时，由于漏导电流小，电流吸收相对大，所以K值就大于1。根据试验经验：当K值大于1.3时，绝缘介质为干燥。这样通过测量绝缘介质的吸收比，可以很好的判定绝缘介质是否受潮，同时K为一个比值，它消除了绝缘结构的几何尺寸的影响，而且它为同一温度下测得的数值，无须经过温度换算，对比较测量结果很方便。

2）测量介质损耗因数。油纸绝缘是有损耗的，在交流电压作用下有极化损耗和电导损耗，通常用$\tan\delta$来描述介质损耗的大小，且$\tan\delta$与绝缘材料的形状、尺寸无关，只决定于绝缘材料的绝缘性能，所以$\tan\delta$作为判断绝缘状态是否良好的重要手段之一。绝缘性能良好的变压器的$\tan\delta$值一般较小，若变压器存在着绝缘缺陷，则可将变压器绝缘分为绝缘完好和具有绝缘缺陷两部分。当有绝缘缺陷部分的体积（电容量）占变压器总体积（电容量）的比例较大时，测量的$\tan\delta$也较大，说明试验反映绝缘缺陷灵敏，反之不灵敏。所以$\tan\delta$试验能较好地反映出分布性绝缘缺陷或缺陷部分体积较大的集中性绝缘缺陷，例如变压器整体受潮或绝缘老化、变压器油质劣化以及较大面积的绝缘受潮或老化等。由于套管的体积远小于变压器的体积，在进行变压器$\tan\delta$试验时，即使套管存在明显的绝缘缺陷，也无法反映出来，所以套管需要单独进行$\tan\delta$试验。

3）泄漏电流试验。测量泄漏电流的作用与测量绝缘电阻相似，但由于试验电压高，测量仪表灵敏度高，相比之下更灵敏、更有效。能灵敏地反映瓷质绝缘的裂纹、夹层绝缘的内部受潮及局部松散断裂绝缘油劣化、绝缘的沿面碳化等。

4）工频耐压试验。工频耐压试验是在高电压下鉴定绝缘强度的一种试验方法，它能反映出变压器部分主绝缘存在的局部缺陷，如绕组与铁芯夹紧件之间的主绝缘、同相不同电压等级绕组之间的主绝缘存在缺陷，引线对地电位金属件之间、不同电压等级引线之间的距离不够，套管绝缘不良等。而绕组纵绝缘（匝间、层间、饼间绝缘）缺陷、同电压等级不同相引线之间距离不够等，由于试验时这些部位处于同电位，所以无法反映出这些绝缘缺陷。另外，对分级绝缘的绕组，由于中性点的绝缘水平较低，绕组工频耐压试验的试验电压决定于中性点的绝缘水平，如110kV绕组的中性点绝缘水平为35kV，试验电压为72kV。这时更多是考核绕组中性点附近对地和中性点引出线对地的主绝缘。

5）感应耐压试验。变压器工频耐压试验时，电压是加在被试绕组与非被试绕组及接地部位（油箱、铁芯等）之间，而被试绕组的所有出线端子是短接地，因此被试绕组各点电位相等，是对主绝缘进行了试验。但变压器相间主绝缘以及匝间、层间和饼间等纵绝缘却没有经受试验电压的考核。感应耐压试验时采用对变压器进行励磁，感应产生高电压，对工频耐压试验未能进行考核到的绝缘部分进行试验。对于全绝缘变压器，工频耐压试验只考核了主绝缘的电气强度，而纵绝缘则由感应耐压试验进行检验。对于分级绝缘变压器，工频耐压试验只考核中性点的绝缘水平，而绕组的纵绝缘即匝间、层间和饼间绝缘以及绕组对地及对其他绕组和相间绝缘的电气强度仍需感应耐压试验进行考核。因此，感应耐压试验是考核变压器主绝缘和纵绝缘电气强度的重要手段。

6）局部放电试验。局部放电是指在高压电器内部绝缘的局部位置发生的放电。这种放电只存在于绝缘的局部位置，而不会立即形成整个绝缘贯穿性的击穿或闪络。

高压电气设备的绝缘内部常存在气隙。另外，变压器油中可能存在着微量的水分及杂质。在电场的作用下，杂质会形成小桥，泄漏电流的通过会使该处发热严重，促使水分汽化形成气泡，同时也会使该处的油发生裂解产生气体。绝缘内部存在的这些气隙（气泡），其介电常数比绝缘材料的介电常数要小，故气隙上承受的电场强度比邻近的绝缘材料上的电场强度要高。另外，气体（特别是空气）的绝缘强度却比绝缘材料低。这样，当外施电压达到某一数值时，绝缘内部所含气隙上的场强就会先达到使其击穿的程度，从而气隙先发生放电，这种绝缘内部气隙的放电就是一种局部放电。

还有绝缘结构中由于设计或制造上的原因，会使某些区域的电场过于集中。在此电场集中的地方，就可能使局部绝缘（如油隙或固体绝缘）击穿或沿固体绝缘表面放电。另外，产品内部金属接地部件之间、导电体之间电气连接不良，也会产生局部放电。

由此可知，如果高电压设备的绝缘在长期工作电压的作用下，产生了局部放电，并且局部放电不断发展，就会造成绝缘的老化和破坏，降低绝缘的使用寿命，从而影响电气设备的安全运行。为了高电压设备的安全运行，就必须对绝缘中的局部放电进行测量，并保证其在允许的范围内。

7）空载合闸冲击试验。做空载合闸冲击试验的目的是：

a. 检查变压器及其回路的绝缘是否存在弱点或缺陷。拉开空载变压器时，有可能产生操作过电压。在电力系统中性点不接地或经消弧线圈接地时，过电压幅值可达4～4.5倍相电压；在中性点直接接地时，过电压幅值可达3倍相电压。为了检验变压器绝缘强度能否承受全电压或操作过电压的作用，故在变压器投入运行前，需做空载全电压冲击试验。若变压器及其回路有绝缘弱点，就会被操作过电压击穿而暴露。

b. 检查变压器差动保护是否误动。带电投入空载变压器时，会产生励磁涌流，其值可达6～8倍额定电流。励磁涌流开始衰减较快，一般经0.5～1s即可减至25%～50%额定电流，但全部衰减完毕时间较长，中小变压器约几秒，大型变压器可达10～20s，故励磁涌流衰减初期，往往使差动保护误动，造成变压器不能投入。因此，空载冲击合闸时，在励磁涌流作用下，可对差动保护的接线、特性、定值进行实际检查，并做出该保护可否投入的评价和结论。

c. 考核变压器的机械强度。由于励磁涌流产生很大的电动力，为了考核变压器的机械强度，故需做空载冲击试验。全电压空载冲击试验次数为：新产品投运前应连续做5次，每次冲击试验间隔不少于5min，操作前应派人到现场对变压器进行监视，检查变压器有无异响异状，如有异常应立即停止操作。并且，变压器送电前，其保护应全部投入。

一般要求空载合闸5次，因为每次合闸瞬间电压的幅值都不一样，这样每次的励磁涌流也不同，有时大，有时小。所以一般要求空载合闸5次来全面的检测变压器的绝缘、机械强度以及差动保护的动作情况。

8）变压器油试验。

a. 外观：检查运行油的外观，可以发现油中不溶性油泥、纤维和脏物存在。在常规试验中，应有此项目的记载。

b. 颜色：新变压器油一般是无色或淡黄色，运行中颜色会逐渐加深，但正常情况下这种变化趋势比较缓慢。若油品颜色急剧加深，则应调查是否设备有过负荷现象或过热情况出现。如其他有关特性试验项目均符合要求，可以继续运行，但应加强监视。

c. 水分：水分是影响变压器设备绝缘老化的重要原因之一。变压器油和绝缘材料中含水量增加，直接导致绝缘性能下降并会促使油老化，影响设备运行的可靠性和使用寿命。对水分进行严格的监督，是保证设备安全运行必不可少的一个试验项目。

d. 酸值：油中所含酸性产物会使油的导电性增高，降低油的绝缘性能，在运行温度较高时（如80℃以上）还会促使固体纤维质绝缘材料老化和造成腐蚀，缩短设备使用寿命。由于油中酸值可反映出油质的老化情况，所以加强酸值的监督，对于采取正确的维护措施是很重要的。

e. 氧化安定性：变压器油的氧化安定性试验是评价其使用寿命的一种重要手段。由于国产油氧化安定性较好，且又添加了抗氧化剂，所以通常只对新油进行此项目试验，但对于进口油，特别是不含抗氧化剂的油，除对新油进行试验外，在运行若干年后也应进行此项试验，以便采取适当的维护措施，延长使用寿命。

f. 击穿电压：变压器油的击穿电压是检验变压器油耐受极限电应力情况的一项非常重要的监督手段，通常情况下，它主要取决于油被污染的程度，但当油中水分较高或含有杂质颗粒时，对击穿电压影响较大。

g. 介质损耗因数：介质损耗因数对判断变压器油的老化与污染程度是很敏感的。新油中所含极性杂质少，所以介质损耗因数也甚微小，一般仅有0.01%～0.1%数量级。但由于氧化或过热而引起油质老化时，或混入其他杂质时，所生成的极性杂质和带电胶体物质逐渐增多，介质损耗因数也就会随之增加，在油的老化产物甚微，用化学方法尚不能察觉时，介质损耗因数就已能明显地分辨出来。因此介质损耗因数的测定是变压器油检验监督的常用手段，具有特殊的意义。

h. 界面张力：油水之间界面张力的测定是检查油中含有因老化而产生的可溶性极性杂质的一种间接有效的方法。油在初期老化阶段，界面张力的变化是相当迅速的，到老化中期，其变化速度也就降低。而油泥生成则明显增加，因此，此方法也可对生成油泥的趋势做出可靠的判断。

i. 油泥：检查运行油中尚处于溶解或胶体状态下在加入正庚烷时，可以从油中沉析出来的油泥沉积物。由于油泥在新油和老化油中的溶解度不同，当老化油中渗入新油时，油泥便会沉析出来，油泥的沉积将会影响设备的散热性能，同时还对固体绝缘材料和金属造成严重的腐蚀，导致绝缘性能下降，危害性较大，因此，以大于5%的比例混油时，必须进行油泥析出试验。

j. 闪点：闪点对运行油的监督是必不可少的项目。闪点降低表示油中有挥发性可燃气体产生；这些可燃气体往往是由于电气设备局部过热，电弧放电造成绝缘油在高温下热裂解而产生的，通过闪点的测定可以及时发现设备的故障。同时，对新充入设备及检修处理后的变压器油来说，测定闪点也可防止或发现是否混入了轻质馏分的油品，从而保障设备的安全运行。

k. 油中气体组分含量：油中可燃气体一般都是由于设备的局部过热或放电分解而产

生的。产生可燃气体的原因如不及时查明和消除，对设备的安全运行是十分危险的。因此采用气相色谱法测定油中气体组分，对于消除变压器的潜伏性故障十分有效。该项目是变压器油运行监督中一项必不可少的检测内容。

l. 水溶性酸：变压器油在氧化初级阶段一般易生成低分子有机酸，如甲酸、乙酸等，因为这些酸的水溶性较好，当油中水溶性酸含量增加（即 pH 值降低），油中又含有水时，会使固体绝缘材料和金属产生腐蚀，并降低电气设备的绝缘性能，缩短设备的使用寿命。

m. 凝点：根据我国的气候条件，变压器油是按低温性能划分牌号。如 10、25、45 三种牌号分别指凝点为－10℃、－25℃、－45℃。所以对新油的验收以及不同牌号油的混用，凝点的测定是必要的。

n. 体积电阻率：变压器油的体积电阻率同介质损耗因数一样，可以判断变压器油的老化程度与污染程度。油中的水分、污染杂质和酸性产物均可使电阻率的降低。

（2）特性试验。特性试验有电压比、接线组别、直流电阻、空载、短路、温升及突然短路试验。

1）电压比试验。变压器在空载情况下，高压绕组的电压与低压绕组的电压之比称为变比。三相变压器的变压器通常按线电压计算。变压器试验是在变压器一侧施加电压，用仪表或仪器测量另一侧电压，然后根据测量结果计算变比。其目的为：

a. 检查电压比是否与铭牌值相符，以保证达到要求的电压变换。

b. 检查分接开关位置和分接引线的连接是否正确。

c. 检查各绕组的匝数比，可判断变压器是否存在匝间、层间及饼间短路。

d. 提供变压器实际的电压比，以判断变压器能否并列运行。

2）接线组别试验。变压器的接线组别是变压器的重要技术参数之一。变压器并联运行时，必须组别相同，否则会造成变压器台与台之间的电压差，形成环流，甚至烧毁变压器。接线组别的试验方法有直流法、双电压法和变比电桥法等。目前常用的是变比电桥法，在测量变比的同时，验证了绕组接线组别的正确性。

3）直流电阻试验。直流电阻试验可以检查出绕组内部导线的焊接质量，引线与绕组的焊接质量，绕组所用导线的规格是否符合设计要求，分接开关、引线与套管等载流部分的接触是否良好，三相电阻是否平衡等。直流电阻试验的现场实测中，能够发现诸如变压器接头松动、分接开关接触不良、挡位错误等许多缺陷，对保证变压器安全运行起到了重要作用。

4）空载试验。变压器的空载试验一般从电压较低的绕组施加正弦波形、额定频率的额定电压，其他绕组开路的情况下测量其空载电流和空载损耗。

其目的是检查磁路故障和电路故障，检查绕组是否存在匝间短路故障，检查铁芯叠片间的绝缘情况以及穿心螺杆和压板的绝缘情况等。当发生上述故障时，空载损耗和空载电流都会增大。

5）短路试验。变压器的短路试验就是将变压器的一侧绕组短路，从另一端绕组（分接头在额定电压位置上）施加额定频率的交流试验电压，当变压器绕组内的电流为额定值时，测定所加电压和功率，这一试验就称为变压器的短路试验。现场试验时，考虑到低压侧加电压因电流大，选择试验设备有困难，一般均将低压侧绕组短路，从高压侧绕组施加电压。调整电压使高压侧电流达到额定电流值时，记录此时的功率和电压值，即分别为短路阻抗电压值和短路损耗。

变压器的短路损耗包括电流在绕组电阻上产生的电阻损耗和磁通引起的各种附加损耗，它是变压器运行的重要经济指标之一。同时，阻抗电压是变压器并联运行的基本条件之一，通常用额定电压的百分数来表示。用百分数表示的阻抗电压和短路阻抗是完全相等的。

6）温升试验。变压器的温升计算（或实际）值，是考核变压器技术性能的一个重要指标，不仅关系到变压器的安全性、可靠性、使用寿命，也关系到变压器的制造成本。所以在变压器标准中，都有明确的规定。

不同绝缘等级的变压器，其线圈、铁芯、油的温升都有严格的规定。设计人员必须进行仔细地、反复地计算。在满足标准的前提下，尽可能降低材料成本。因此，也可以说，对变压器进行温升计算，就是在找一种平衡点。既满足变压器的寿命要求，又不浪费材料资源。

现在的计算都是一个平均值，由平均值来推算最热点的温度（较粗略），因为最热点的温度，才是影响变压器使用寿命的主要因素。

7）突然短路试验。电力输电系统在运行中不可避免地会出现短路故障，这就要求电力变压器应具有一定的短路承受能力，而突然短路试验正是考核该能力的特殊项目，同时也是对变压器制造的综合技术能力和工艺水平的考核。利用试验中强短路电流产生的电动力检验变压器和各种导电部件的机械强度，考核变压器的动稳定性。因此，突然短路试验是保证变压器抗短路能力的一项十分重要的试验。

5．大修试验

变压器大修时的试验，可分为大修前、大修中、大修后三个阶段进行，其试验项目如下：

（1）大修前的试验。

1）测量绕组的绝缘电阻和吸收比或指化指数。

2）测量绕组连同套管的泄漏电流。

3）测量绕组连同套管的 $\tan\delta$。

4）本体及套管中绝缘油的试验。

5）测量绕组连同套管的直流电阻（所有分接头位置）。

6）套管试验。

7）测量铁芯对地绝缘电阻。

8）必要时可增加其他试验项目（如特性试验、局部放电试验等）以供大修后进行比较。

（2）大修中的试验。大修过程中应配合吊罩（或器身）检查，进行有关的试验项目。

1）测量变压器铁芯对油箱、夹件、穿心螺栓（或拉带）、钢压板及铁芯的电（磁）屏蔽之间的绝缘电阻。

2）必要时测量无励磁分接开关动触头和定触头之间的接触电阻及其传动杆的绝缘电阻。

3）必要时做套管电流互感器的特性试验。

4）有载分接开关的测量与试验。

5）必要时单独对套管进行额定电压下的 $\tan\delta$、局部放电和耐压试验（包括套管绝缘油）。

（3）大修后的试验。

1）测量绕组的绝缘电阻和吸收比或指化指数。

2）测量绕组连同套管的泄漏电流。

3）测量绕组连同套管的 $\tan\delta$。

4）冷却装置的检查和试验。

5）本体、有载分接开关和套管中的变压器油试验。

6）测量绕组连同套管的直流电阻（所有分接头位置）。

7）检查有载调压装置的动作情况及顺序，并测量切换波形。

8）测量铁心（夹件）外引接地线对地绝缘电阻。

9）总装后对变压器油箱和冷却器作整体密封油压试验。

10）绕组连同套管的交流耐压（有条件时）。

11）测量绕组所有分接头的变比及连接组别。

12）检查相位。

13）必要时进行变压器的空载特性试验、短路特性试验、绕组变形试验、局部放电试验。

14）额定电压下的冲击合闸。

15）空载试运行前后变压器油的色谱分析。

6. 变压器大修后交付验收

变压器在大修竣工后应及时清理现场，整理记录、资料、图纸、清退材料进行核算，提交竣工、验收报告，按照验收规定组织现场验收，并向运行部门移交以下资料：

（1）变压器大修总结报告。

（2）附件检修工艺卡。

（3）现场干燥、检修记录。

（4）全部试验报告。

4.2 变压器本体及各附件检修

1. 铁芯的检修

铁芯的检修主要是检查铁芯的绝缘、夹紧程度及漏磁发热等情况。用兆欧表测量铁芯对油箱、紧固结构件等金属接地件之间的绝缘电阻，判断铁芯的绝缘情况，同时应检查铁芯有无片间短路现象，并作针对性处理。对有接地屏和磁屏蔽的铁芯，还要检查其与铁芯的绝缘和接地情况。检查铁芯紧固结构件中螺栓的紧固情况，必要时进行紧固。检查铁芯紧固件有无漏磁发热现象。

（1）检修工艺。

1）检查铁芯外表是否平整，有无片间短路或变色、放电烧伤痕迹，绝缘漆膜有无脱落，上铁轭的顶部和下铁轭的底部是否有油垢杂物，可用沾净的白布或泡沫塑料擦拭。若叠片有翘起或不规整之处，可用木槌或铜槌敲打平整。

2）检查铁芯上下夹件、方铁、绕组压板的紧固程度和绝缘状况，绝缘压板有无爬电烧伤和放电痕迹。为便于监测运行中铁芯的绝缘状况，可在大修时在变压器箱盖上加装一小套管，将铁芯接地线（片）引出接地。

3）检查压钉、绝缘垫圈的接触情况，用专用扳手逐个紧固上下夹件、方铁、压钉等各部位紧固螺栓。

4）用专用扳手紧固上下铁芯的穿心螺栓，检查与测量绝缘情况。

5）检查铁芯间和铁芯与夹件间的油路。

6）检查铁芯接地片的连接及绝缘状况。

7）检查无孔结构铁芯的拉板和钢带。

8）检查铁芯电场屏蔽绝缘及接地情况。

（2）质量标准。

1）铁芯应平整，绝缘漆膜无脱落，叠片紧密，边侧的硅钢片不应翘起或成波浪状，铁芯各部表面应无油垢和杂质，片间应无短路、搭接现象，接缝间隙符合要求。

2）铁芯与上下夹件、方铁、压板、底脚板间均应保持良好绝缘。

3）钢压板与铁芯间要有明显的均匀间隙；绝缘压板应保持完整、无破损和裂纹，并有适当紧固度。

4）钢压板不得构成闭合回路，同时应有一点接地。

5）打开上夹件与铁芯间的连接片和钢压板与上夹件的连接片后，测量铁芯与上下夹件间和钢压板与铁芯间的绝缘电阻，与历次试验相比较应无明显变化。

6）螺栓紧固，夹件上的正、反压钉和锁紧螺帽无松动，与绝缘垫圈接触良好，无放电烧伤痕迹，反压钉与上夹件有足够距离。

7）穿心螺栓紧固，其绝缘电阻与历次试验比较无明显变化。

8）油路应畅通，油道垫块无脱落和堵塞，且应排列整齐。

9）铁芯只允许一点接地，接地片用厚度0.5mm，宽度不小于30mm的紫铜片，插入3～4级铁芯间，对大型变压器插入深度不小于80mm，其外露部分应包扎绝缘，防止短路铁芯。

10）应紧固并有足够的机械强度，绝缘良好不构成环路，不与铁芯相接触。

11）绝缘良好，接地可靠。

2. 绕组及引线的检修

根据绕组最外层是否包有围屏，可分为有围屏绕组和无围屏绕组两种结构。对于有围屏绕组正常吊芯检修时，只能看见围屏，不能看到绕组的实际结构。所以重点应检查围屏有无变形、发热、树枝状放电和受潮痕迹，围屏清洁有无破损，绑扎紧固是否完整等。而无围屏的绕组，能检查到高压绕组的外层部分，除了检查绕组有无变形，绕组各部垫块有无位移和松动情况外，还应检查高压绕组的绝缘状况，绕组绝缘有无局部过热、放电痕迹，绕组外观绝缘是否整齐清洁有无破损等。不管绕组有无围屏，都要检查压钉紧压绕组情况。

引线的绝缘主要决定于绝缘距离，检修中应检查引线与各部分的绝缘距离是否符合要求。为了保证引线的绝缘距离不改变，同时应检查夹持件的紧固情况，另外还应检查引线表面的绝缘情况，检查引线焊接、连接不良及引线有无断股等。

检修工艺及质量标准为：

1）检查相间隔板和围屏。

a. 围屏清洁无破损，绑扎紧固完整、分接引线出口处封闭良好，围屏无变形、发热和树枝状放电痕迹。

b. 围屏绑扎应用收缩带加固或改用收缩带。

c. 相间隔板完整并固定牢固，如发现异常应打开围屏进行检查。

2）检查绕组和匝绝缘。

a. 绕组应清洁，表面无油垢，无变形，整个绕组无倾斜、位移，导线辐向无明显弹出现象。

b. 匝绝缘无破损。

3）检查绕组各可见部位的垫块。各可见部位垫块应排列整齐，辐向间距相等。轴向成一直线，支撑牢固有适当压紧力，垫块外露出绕组的长度至少应超过绕组导线的厚度。

4）检查绕组可见绕组、油道。

a. 油道保持畅通，无绝缘油垢及其他杂物（如硅胶粉末）积存，必要时可用软毛刷（或用绸布、泡沫塑料）轻轻擦拭。

b. 外观整齐清洁，绝缘及导线无破损，绕组线匝表面如有破损裸露导线处，应进行包扎处理。

c. 特别注意导线的统包绝缘，不可将油道堵塞，以防局部发热、老化。

5）用手指按压绕组表面检查其绝缘状态。

a. 一级绝缘：绝缘有弹性，用手指按压后无残留变形，属良好状态。

b. 二级绝缘：绝缘仍有弹性，用手指按压后无裂纹、脆化，属合格状态。

c. 三级绝缘：绝缘脆化，呈深褐色，用手指按压时有少量裂纹和变形，属勉强可用状态。

d. 四级绝缘：绝缘已严重脆化，呈黑褐色，用手指按压时即酥脆、变形、脱落，甚至可见裸露导线，属不合格状态。

6）对绝缘性能有怀疑时可进行聚合度和糠醛试验。对照《运行中变压器变压器油质量标准》（GB 7595—2008）判定。

3. 油箱的检修

油箱的检修主要是检查和处理渗漏油，同时对油箱底部、密封面、管路等进行清洗，对有磁屏蔽油箱的磁屏蔽进行检修。

检修工艺及质量标准为：

1）对油箱上焊点和焊缝中存在的砂眼等渗漏点进行补焊，消除渗漏点。

2）清扫油箱内部，清除寄存在箱底的油污杂质。油箱内部洁净，无锈蚀，漆膜完整。

3）清扫强油循环管路，检查固定于下夹件上的导向绝缘管，连接是否牢固，表现有无放电痕迹。强油循环管路内部清洁，导向管连接牢固，绝缘管表面光滑，漆膜完整、无破损、无放电痕迹。

4）检查钟罩和油箱法兰结合面是否平整，发现沟痕，应补焊磨平；法兰结合面清洁平整。

5）检查器身定位钉。防止定位钉造成铁心多点接地，定位钉无影响不可退出。

6）检查磁（电）屏蔽装置，有无放电现象，固定是否牢固。磁（电）屏蔽装置可靠接地。

7）检查内部油漆情况，对局部脱漆和锈蚀部位应处理，重新补漆。内部漆膜完整，附着牢固。

8）更换钟罩与油箱间的密封胶垫。胶垫接头粘合牢固，并放置在油箱法兰直线部位的两螺栓中间，搭接面平放，搭接面长度不少于胶垫宽度的2～3倍。在胶垫接头处严禁用白纱带或尼龙带等物包扎加固。

9）油箱外部检修。

a. 油箱的强度足够，密封良好，如有渗漏应进行补焊，重新喷漆。

b. 密封胶垫全部予以更换。

c. 箱壁或顶部的铁芯定位螺栓退出与铁芯绝缘。

d. 油箱外部漆膜喷涂均匀、有光泽、无漆瘤。

e. 铁芯（夹件）外引接地套管完好。

4. 冷却装置的检修

冷却装置的检修主要是检查其密封情况、油泵和风扇的工作状况，并进行针对性的处理，对冷却装置进行清扫，检查冷却装置的阀门是否全部开启等。

检修工艺及质量标准为：

1）校核冷却器的油路管径，使油注进变压器本体时，油流的线速度不得大于2m/s，导向冷却装配喷出口的油流线速度不得大于1m/s；否则，必需接纳加大出口口径等改良措施。

2）运行15年及以上的散热器、冷却器应解体检修。处置渗漏点，清洗内外概况，更换密封垫。

3）潜油泵的检修：现场对运转次数到达检修周期和有过热、异响的潜油泵必需实时放置更换检修。潜油泵的解体检修应在检修车间的工作台上进行，应依照制造厂提供的维护检修要求或参照变压器现场检修导则的指导进行。新潜油泵在回装到冷却器上之前，应先不带电做转动实验。可从吸进口拨动泵叶，检查转动是否灵活，然后按规程要求进行电气实验。电念头亦应先手动使其旋转，检查有无卡涩现象。

4）回装到本体上的冷却器（含散热器）必须注重放气，且不得将气赶进本体，危害变压器绕组的绝缘。

5）风扇、电念头的检修：电念头转子不得有跨越1.5mm及以上的串轴现象，没法修复者，应予更换。检查风扇叶片与机电轴上的防雨罩是否无缺。装配回原位后，检查转动标的目的是否准确。

6）检查并清扫总控制箱、分控制箱。应内外清洁，密封优秀，密封条无老化现象，接线无松动、发烧迹象；否则应予处置。

7）检查所有电缆和毗连线，发现已有老化迹象的一概更换。

5. 套管的检修

在变压器大修过程中，一般对油纸电容式套管不作解体检修。对经试验结果判明电容芯子有轻度受潮时，可用热循环法进行轻度干燥驱潮，以使其 tanδ 值符合规定。具体操作方法是：将送油管接到套管顶部的油塞孔上，回油管接到套管尾端的放油孔上，通过不高于 80℃±5℃的热油循环，使套管的 tanδ 值达到合格为止。一般这种处理时间不超过 10h。

而当那些本身深度受潮或电容芯子存在严重缺陷或已发现套管电容芯子存在有树枝状放电痕迹时，则都需要在具有专用处理设备的检修场所或在制造厂中进行检修处理，通常的方法是更换套管。

（1）油纸电容式套管的检修工艺和质量标准。

1）检查和清扫瓷套外表和导电管内壁，检查套管的油位；套管外表和导电管内壁应清洁，油位正常，无渗漏油、无裂纹、破损及放电痕迹。

2）更换升高座法兰上的密封胶垫，应密封良好，无渗漏。更换套管上放油塞、放气塞等可调换的密封胶垫；密封胶垫压缩量："O"形为 1/2，条形为 1/3。

3）检查均压球的紧固状况和小套管的连接情况。均压球应与导电管连接紧固，小套管与套管末屏连接可靠，试验结束后应恢复接地。

4）对套管进行绝缘电阻、介损试验，必要时取油样试验。绝缘电阻值、介损值和油试验应合格。

5）回装时穿缆式的套管引线不能硬拉，引线锥形部分进入均压球内，对各密封面重新密封；引线锥形部分应圆滑地进入均压球，确保引线绝缘和引线的完好，引线与导电管同心，密封面密封良好。

（2）套管型电流互感器的检修工艺和质量标准。

1）检查引出线的标记是否齐全。引出线的标记应与铭牌相符。

2）更换引出线接线柱的密封胶垫。胶垫更换后不应有渗漏，接线柱螺栓止动帽和垫圈应齐全。

3）检查引线是否完好，包扎的绝缘有无损伤，引线连接是否可靠。引线和所包扎的绝缘应完好无损，引接线螺栓紧固连接可靠。

4）检查线圈外绝缘是否完好，并用 2500V 兆欧表测量线圈的绝缘电阻。线圈外表绝缘应完好，绝缘电阻应大于 1MΩ。

5）检查电流互感器固定是否牢固。电流互感器固定应牢固无松动现象。

6）测量伏安特性、检查变比（必要时）。应与铭牌相符。

6. 储油柜的检修

（1）胶囊式储油柜的检修。

1）放出储油柜内的存油，取出胶囊，倒出积水，清扫储油柜，内部洁净无水迹。

2）检查胶囊密封性能，进行气压试验，压力 0.02～0.03MPa，时间 12h（或浸泡在水池中检查有无气泡）应无渗漏，胶囊无老化开裂现象，密封性能良好。

3）用白布擦净胶囊，从端部将胶囊放入储油柜，防止胶囊堵塞气体继电器连接管，连管口应加焊挡罩，胶囊洁净，连接管口无堵塞。

4）将胶囊挂在挂钩上，连接好引出口。为了防止油进入胶囊，胶囊出口应高于油位计与安全气道连管，且三者应相互连通。

5）更换密封胶垫，装复端盖，密封良好、无渗漏。

（2）隔膜式储油柜的检修。

1）解体检修前可先充油进行密封试验，压力0.02～0.03MPa，时间2h，隔膜密封良好、无渗漏。

2）拆下各部连接管，清扫干净，妥善保管，管口密封，防止进入杂质。

3）拆下指针式油位计连杆，卸下指针式油位计，隔膜应保持清洁，完好。

4）分解中节法兰螺栓，卸下储油柜上节油箱，取出隔膜清扫，隔膜应保持清洁、完好。

5）清扫上下节油箱，储油柜内外壁应整洁有光泽、漆膜均匀。

6）更换密封胶垫，密封良好无渗漏。

7）检修后按相反顺序进行组装。

（3）磁力式油位计的检修。

1）打开储油柜手孔盖板，卸下开口销，拆除连杆与密封隔膜项链的铰链，从储油柜上整体拆下磁力式油位计。

2）检查传动机构是否灵活，有无卡轮、滑齿现象。

3）检查主动磁铁、从动磁轭是否耦合和同步，指针是否与表盘刻度相符；否则应调节后紧固螺栓锁紧，以防松脱。

4）检查限位报警装置动作是否正确，否则应调节凸轮或开关位置。

5）更换密封胶垫进行复装。

7. 在线滤油装置的检修

由于北京颇尔生产的LTC7500在线滤油装置目前使用较广泛且缺陷发生率较高，故着重介绍LTC7500装置检修要点。

（1）为确保设备的使用寿命和运行安全，在初次运行的1周内应每日检查一次，1周后应每月检查两次。主要检查系统是否有渗漏、异常的运转声音。

（2）日常维护包括补油、取油样、滤芯更换。

（3）当压差报警装置报警时必须及时更换相应的滤芯。

注意：如发现油含水量一直居高不下时，即使未报警，也应及时查明原因，排除故障，必要时更换除水滤芯。

（4）取油样操作。打开设备控制箱，先切断滤油设备的电源，打开取样阀，按取样操作要求取样，取样结束后关闭阀，合上电源开关，关闭箱门。

（5）滤芯更换。切断滤油设备的电源，关闭切换油室进出油管的阀门，卸除在线滤油装置箱壳，旋下滤芯。更换新密封圈，待换滤芯注满油后，旋上新滤芯。打开油室进出油阀，旋松放气溢油螺栓，逐个放气直至溢油。完成以上工作后，旋紧放气溢油螺栓，复装箱壳，恢复滤油装置电源。

更换两种滤芯的操作程序相同，但注意不要混淆。

（6）EASY 使用及时间整定。接通电源，EASY－C 显示 RUN 状态，见图 4－1（a）；按 OK 显示见图 4－1（b），按∧或∨使 PARAMETER 闪烁；按 OK 显示见图 4－1（c），T1 闪烁；再按<显示见图 4－1（d），N 行 00.00 闪烁，按∧或∨调节所需时间，确定后按两次 ESC。

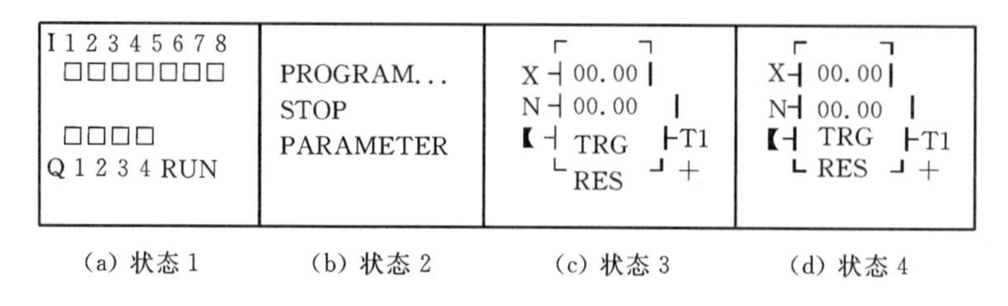

（a）状态 1　（b）状态 2　（c）状态 3　（d）状态 4

图 4－1　EASY 使用

8. 压力释放阀的检修

（1）从变压器油箱上拆下压力释放阀，拆下零件妥善保管，孔洞用盖板封好。

（2）清扫护罩和导流罩，清除积尘，保持清洁。

（3）检查各部连接螺栓及压力弹簧，各部连接螺栓及压力弹簧应完好，无锈蚀，无松动。

（4）进行动作试验，开启和关闭压力应符合规定。

（5）检查微动开关动作是否正确，触点接触良好，信号正确。

（6）更换密封胶垫，应密封良好不渗油。

（7）升高座如无放气塞应增设，防止积聚气体因温度变化发生误动。

（8）检查信号电缆，应采用耐油电缆。

9. 呼吸器的检修

（1）将吸湿器从变压器上卸下，倒出内部硅胶，检查玻璃罩完好，并进行清扫，玻璃罩应清洁完好。

（2）把干燥的硅胶装入吸湿器内，并在顶盖下面留出 1/6～1/5 高度的空隙，新装吸附剂应干燥，颗粒不小于 3mm。

（3）失效的硅胶由蓝色变为粉红色，可置入烘箱干燥，还原后再用，还原后应呈蓝色。

（4）更换胶垫，胶垫质量符合标准规定。

（5）下部的油封罩内注入变压器油，并将罩拧紧，加油至正常油位线，能起到呼吸作用。

（6）为防止吸湿器摇晃，可用卡具将其固定在变压器油箱上，运行中吸湿器安装牢固，不受变压器振动影响。

（7）吸湿器的外形尺寸及容量可根据实际部位采用合适的类型。

10. 气体继电器的检修

（1）将气体继电器拆下，检查容量器、玻璃窗、放气阀门、放油塞、接线端子盒、小套管等是否完整，接线端子及盖板上箭头标示是否清晰，各接合处是否渗漏油。继电器内充满变压器油，在常温下加压0.15MPa，持续30min无渗漏。

（2）气体继电器密封检查合格后，用合格的变压器油冲洗干净，内部应清洁无杂质。

（3）气体继电器应由专业人员检验，动作可靠，绝缘、流速检验合格，流速应符合要求。

（4）气体继电器连接管径应与继电器管径相同，其弯曲部分应大于90°，管径应符合要求。

（5）气体继电器先装两侧连管，连管与阀门、连管与油箱顶盖间手工艺连接螺栓暂不完全拧紧，此时将气体继电器安装于其间，用水平尺找准位置并使入、出口连管和气体继电器三者处于同一中心位置，后再将螺栓拧紧。气体继电器应保持水平位置，连管朝储油柜方向应有1%～1.5%的升高坡度，连管法兰密封胶垫的内径应大于管道的内径，气体继电器至储油柜间的阀门应安装于靠近储油柜侧，阀的口径与管径相通，并有明显的开关标志。

（6）复装完毕后打开连管上的阀门，使储油柜与变压器本体油路连通，打开气体继电器的放气塞排气。气体继电器的安装，应使箭头指向储油柜，继电器的放气塞应低于储油柜最低油面50mm，并便于气体继电器的抽芯检查。

（7）连接气体继电器的二次引线，并作传动试验。二次线采用耐油电缆，并防止漏水和受潮，气体继电器的轻、重瓦斯保护动作正确。

11. 分接开关（无励磁）的检修

（1）检查开关各部件是否齐全完整无缺损。

（2）松开上方头部定位螺栓，转动操作手柄，检查动触头转动是否灵活，若转动不灵活应进一步检查卡滞的原因。检查绕组实际分接是否与上部指示位置一致，否则应进行调整；机械转动灵活，转轴密封良好，无卡滞，上部指示位置与下部实际接触位置应相一致。

（3）检查动静触头间接触是否良好，触头表面是否清洁，有无氧化变色、镀层脱落及碰伤痕迹，弹簧有无松动，发现氧化膜用碳化钼和白布带穿入触柱来回擦拭触柱。触柱如有严重烧损时应更换，触头接触电阻小于500$\mu\Omega$，触头表面应保持光洁，无氧化变质，碰伤及镀层脱落，触头接触压力符合要求，接触严密。

（4）检查触头分接线是否紧固，发现松动应拧紧、锁住；开关所有紧固件均应拧紧，无松动。

（5）检查分接开关绝缘件有无受潮、剥裂或变形，表面是否清洁，发现表面脏污应用无绒毛的白布擦拭干净，绝缘筒如有严重剥裂变形时应更换。操作杆拆下后，应放入油中或用塑料布包上；绝缘筒应完好，无破损、剥裂、变形，表面清洁无油垢；操作杆应绝缘良好，无弯曲变形。

（6）检查分接开关，拆前做好明显标记。拆装前后指示位置必须一致，各相手柄及传动机构不得互换。

（7）检查单相开关绝缘操作杆下端槽形插口与开关转轴上端圆柱销的接触是否良好，如有接触不良或放电痕迹应加装弹簧片。

12. 有载分接开关的检修

（1）有载分接开关的检修周期。

1）随变压器检修进行相应检修。

2）运行中切换开关或选择开关油室绝缘油，每 6 个月至 1 年或分接变换 2000～4000 次，至少采样一次。

3）分接开关新投运 1～2 年或分接变换 5000 次，切换开关或选择开关应吊芯检查一次。

4）运行中分接开关累计分接变换次数达到所规定的检修周期分接变换次数限额后，应进行大修。一般分接变换 1 万～2 万次，或 3～5 年亦应吊芯检查。

5）运行中分接开关，每年结合变压器小修，操作 3 个循环分接变换。

（2）有载分接开关大修项目。

1）分解开关芯体吊芯检查、维修、调试。

2）分接开关油室的清洗、检漏与维修。

3）驱动机构检查、清扫、加油与维修。

4）储油柜及其附件的检查与维修。

5）瓦斯继电器、压力释放装置的检查。

6）自动控制箱的检查。

7）储油柜及油室中绝缘油的处理。

8）电动机构及其他器件的检查、维修与调试。

9）各部位密封检查，渗漏油处理。

10）电气控制回路的检查、维修与调试。

11）分接开关与电动机构的连接校验与调试。

（3）有载分接开关的安装及检修中的检查与调整。

1）检查分接开关各部件，包括切换开关或选择开关、分接选择器、转换选择器等无损坏与变形。

2）检查分接开关各绝缘件，应无开裂、爬电及受潮现象。

3）检查分接开关各部位紧固件应良好紧固。

4）检查分接开关的触头及其连线应完整无损、接触良好、连接牢固，必要时测量接触电阻及触头的接触压力、行程。检查铜编织线应无断股现象。

5）检查过渡电阻有无断裂、松脱现象，并测量过渡电阻值，其值应符合要求。

6）检查分接开关引线各部位绝缘距离。

7）分接引线长度应适宜，以使分接开关不受拉力。

8）检查分接开关与其储油柜之间阀门应开启。

9）分接开关密封检查。在变压器本体及其储油柜注油的情况下，将分接开关油室中的绝缘油抽尽，检查油室内是否有渗漏油现象，最后进行整体密封检查，包括附件和所有管道，均应无渗漏油现象。

10）清洁分接开关油室与芯体，注入符合标准的绝缘油，储油柜油位应与环境温度相适应。

11）在变压器抽真空时，应将分接开关油室与变压器本体联通，分接开关作真空注油时，必须将变压器本体与分接开关油室同时抽真空。

12）检查电动机构，包括驱动机构、电动机传动齿轮、控制机构等应固定牢固，操作灵活，连接位置正确，无卡塞现象。转动部分应该注入符合制造厂规定的润滑脂。刹车皮上无油迹，刹车可靠。电动机构箱内清洁，无脏污，密封性能符合防潮、防尘、防小动物的要求。

13）分接开关和电动机构的连接必须做连接校验。切换开关动作切换瞬间到电动机构动作结束之间的圈数，要求两个旋转方向的动作圈数符合产品说明书要求。连接校验合格后，必须先手摇操作一个循环，然后电动操作。

14）检查分解开关本体工作位置和电动机构指示位置应一致。

15）油流控制继电器或气体继电器动作的油流速度应符合制造厂要求，并应校验合格；其跳闸触点应接变压器跳闸回路。

16）手摇操作检查。手摇操作一个循环，检查传动机构是否灵活，电动机构箱中的连锁开关、极限开关、顺序开关等动作是否正确，极限位置的机械制动及手摇与电动闭锁是否可靠，水平轴与垂直轴安装是否正确，检查分接开关和电动机构连接的正确性，正向操作和反向操作时，两者转动角度与手摇转动圈数是否符合产品说明书要求，电动机构和分解开关每个分接变换位置及分接变换指示灯的显示是否一致，计数器动作是否正确。

17）电动操作检查。先将分接开关手摇操作置于中间分接位置，接入操作电源，然后进行电动操作，判别电源相序及电动机构转向。若电动机构转向与分接开关规定的转向不相符合，应及时纠正，然后逐级分接变换一个循环，检查启动按钮、紧急停车按钮、电气极限闭锁动作、手摇操作电动闭锁、远方控制操作均应准确可靠。每个分接变换的远方位置指示、电动机构分接位置显示与分接开关分接位置指示均应一致，动作计数器动作正确。

详细说明见本书第2部分——有载分接开关检修。

4.3 变压器大修工艺流程及相关要求

1. 变压器大修工艺流程

修前准备→办理工作票，拆除引线→电气、油务试验、绝缘判断→排部分油，拆卸附件并检修→排尽油并处理，拆除分接开关连接件→吊钟罩（器身）器身检查，检修并测试绝缘→受潮则干燥处理→按规定注油方式注油→安装套管、冷却器等附件→密封试验→油位调整→电气、油务试验→交付验收，终结工作票。

2. 变压器大修前的准备工作

（1）查阅历年大小修报告及绝缘预防性试验报告（包括油的化验和色谱分析报告），了解绝缘状况。

（2）查阅运行档案了解缺陷、异常情况，了解事故和出口短路次数，变压器的负荷。

（3）根据变压器状态，编制大修技术、组织措施，并确定检修项目和检修方案。

（4）变压器大修应安排在检修间内进行。当施工现场无检修间时，需做好防雨、防潮、防尘和消防措施，清理现场及其他准备工作。

（5）大修前进行电气试验，测量直流电阻、介质损耗、绝缘电阻及油试验。

（6）准备好备品备件及更换用密封胶垫。

（7）准备好滤油设备及储油罐。

3. 大修现场条件及工艺要求

（1）吊钟罩（或器身）一般宜在室内进行，以保持器身的清洁；如在露天进行时，应选在晴天进行；器身暴露在空气中的时间作如下规定：空气相对湿度不大于65%时不超过16h；空气相对湿度不大于75%时不超过12h；器身暴露时间从变压器放油时起计算直至开始抽真空为止。

（2）为防止器身凝露，器身温度应不低于周围环境温度，否则应用真空滤油机循环加热油，将变压器加热，使器身温度高于环境温度5℃以上。

（3）检查器身时应由专人进行，着装符合规定。照明应采用安全电压。不许将梯子靠在线圈或引线上，作业人员不得踩踏线圈和引线。

（4）器身检查所使用的工具应由专人保管并编号登记，防止遗留在油箱内或器身上；在箱内作业需考虑通风。

（5）拆卸的零部件应清洗干净，分类妥善保管，如有损坏应检修或更换。

（6）拆卸顺序：首先拆小型仪器、仪表和套管，后拆大型组件；组装时顺序相反。

（7）冷却器、压力释放阀（或安全气道）、净油器及储油柜等部件拆下后，应用盖板密封，对带有电流互感器的升高座应注入合格的变压器油（或采取其他防潮密封措施）。

（8）套管、油位计、温度计等易损部件拆后应妥善保管，防止损坏和受潮；电容式套管应垂直放置。

（9）组装后要检查冷却器、净油器和气体继电器阀门，按照规定开启或关闭。

（10）对套管升高座，上部管道孔盖、冷却器和净油器等上部的放气孔应进行多次排气，直至排尽，并重新密封好并擦油迹。

（11）拆卸无励磁分接开关操作杆时，应记录分接开关的位置，并做好标记；拆卸有载分接开关时，分接头位置中间位置（或按制造厂的规定执行）。

（12）组装后的变压器各零部件应完整无损。

4. 现场起重注意事项

（1）起重工作应分工明确，专人指挥，并有统一信号，起吊设备要根据变压器钟罩（或器身）的重量选择，并设专人监护。

（2）起重前先拆除影响起重工作的各种连接件。

（3）起吊铁芯或钟罩（器身）时，钢丝绳应挂在专用吊点上，钢丝绳的夹角不大于60℃，否则应采用吊具或调整钢丝绳套。吊起离地100mm左右时应暂停，检查起吊情况，确认可靠后再继续进行。

（4）起吊或降落速度应均匀，掌握好重心，并在四角系缆绳，由专人扶持，使其平稳起降。高、低压侧引线，分接开关支架与箱壁间应保持一定的间隙，以免碰伤器身。当钟罩（器身）因受条件限制，起吊后不能移动而需在空中停留时，应采取支撑等防止坠落措施。

(5) 吊装套管时，其倾斜角度应与套管升高座的倾斜角度基本一致，并用缆绳绑扎好，防止倾倒损坏瓷件。

5. 大修流程中涉及的试验项目

变压器大修时的试验，可分为大修前、大修中、大修后三个阶段进行，其试验项目如下：

(1) 大修前的试验。

1) 测量绕组的绝缘电阻和吸收比或指化指数。

2) 测量绕组连同套管的泄漏电流。

3) 测量绕组连同套管的 $\tan\delta$。

4) 本体及套管中绝缘油的试验。

5) 测量绕组连同套管的直流电阻（所有分接头位置）。

6) 套管试验。

7) 测量铁芯对地绝缘电阻。

8) 必要时可增加其他试验项目（如特性试验、局部放电试验等）以供大修后进行比较。

(2) 大修中的试验。

大修过程中应配合吊罩（或器身）检查，进行有关的试验项目。

1) 测量变压器铁芯对油箱、夹件、穿心螺栓（或拉带），钢压板及铁芯的电（磁）屏蔽之间的绝缘电阻。

2) 必要时测量无励磁分接开关动、静触头之间的接触电阻及其传动杆的绝缘电阻。

3) 必要时做套管电流互感器的特性试验。

4) 有载分接开关的测量与试验。

5) 必要时单独对套管进行额定电压下的 $\tan\delta$、局部放电和耐压试验（包括套管绝缘油）。

(3) 大修后的试验。

1) 测量绕组的绝缘电阻和吸收比或指化指数。

2) 测量绕组连同套管的泄漏电流。

3) 测量绕组连同套管的 $\tan\delta$。

4) 冷却装置的检查和试验。

5) 本体、有载分接开关和套管中的变压器油试验。

6) 测量绕组连同套管的直流电阻（所有分接头位置）。

7) 检查有载调压装置的动作情况及顺序，并测量切换波形。

8) 测量铁芯（夹件）外引接地线对地绝缘电阻。

9) 总装后对变压器油箱和冷却器作整体密封油压试验。

10) 绕组连同套管的交流耐压（有条件时）。

11) 测量绕组所有分接头的变比及连接组别。

12) 检查相位。

13) 必要时进行变压器的空载特性试验、短路特性试验、绕组变形试验、局部放电试验。

14）额定电压下的冲击合闸。

15）空载试运行前后变压器油的色谱分析。

6. 各部件检修后的整体组装

（1）整体组装前应做好下列准备工作。

1）彻底清理冷却器（散热器）、储油柜、压力释放阀（安全气道）、油管、升高座、套管及所有附件，用合格的变压器油冲洗与油直接接触的部件。

2）各油箱内部和器身、箱底进行清理，确认箱内和器身上无异物。

3）各处接地片已全部恢复接地。

4）箱底排油塞及油样阀门的密封状况已检查处理完毕。

5）工器具、材料准备已就绪。

（2）整体组装注意事项。

1）在组装套管、储油柜、安全气道（压力释放阀）前，应分别进行密封试验和外观检查，并清洗涂漆。

2）有安装标记的零部件，如气体继电器、分接开关、高压、中压、套管升高座及压力释放阀（安全气道）等与油箱的相对位置和角度需按照安装标记组装。

3）变压器引线的根部不得受拉、扭及弯曲。

4）对于高压引线，所包绕的绝缘锥部分必须进入套管的均压球内，不得扭曲。

5）在装套管前必须检查无励磁分接开关连杆是否已插入分接开关的拨叉内，调整至所需的分接位置上。

6）各温度计座内应注以变压器油。

7）器身检查、试验结束后，即可按顺序进行钟罩、散热器、套管升高座、储油柜、套管、安全阀、气体继电器等整体组装。

7. 真空注油

110kV 及以上变压器必须进行真空注油，其他变压器有条件时也应采用真空注油。真空注油应按下述方法（或按制造厂规定）进行。操作步骤如下：

（1）油箱内真空度达到规定值保持 2h 后，开始向变压器油箱内注油，注油温度宜略高于器身温度。

（2）以 3～5t/h 速度将油注入变压器，距箱顶约 220mm 时停止，并继续抽真空保持 4h 以上。

8. 补油及油位调整

变压器真空注油顶部残存空间的补油应经储油柜注入，严禁从变压器下部阀门注入。对于不同型式的储油柜，补油方式有所不同，现分述如下：

（1）胶囊式储油柜的补抽方法。

1）进行胶囊排气，打开储油柜上部排气孔，对储油柜注油，直至排气孔出油。

2）从变压器下部油阀排油，此时空气经吸湿器自然进入储油柜胶囊内部，使油位计指示正常油位为止。

（2）隔膜式储油柜的补油方法。

1）注油前应首先将磁力油位计调整至零位，然后打开隔膜上的放气塞，将隔膜内的气体排除，再关闭放气塞。

2）对储油柜进行注油并达到高于指定油位置，再次打开放气塞充分排除隔膜内的气体，直到向外溢油为止，并反复调整达到指定位置。

3）如储油柜下部集气盒油标指示有空气时，应经排气阀进行排气。

（3）油位计带有小胶囊的储油柜的补油方法。

1）储油柜未加油前，先对油位计加油，此时需将油表呼吸塞及小胶囊室的塞子打开，用漏斗从油表呼吸塞座处加油，同时用手按动小胶囊，以使囊中空气全部排出。

2）打开油表放油螺栓，放出油表内多余油量（看到油表内油位即可），然后关上小胶囊室的塞子。

9. 变压器干燥

（1）变压器是否需要干燥的判断。变压器大修时一般不需要干燥，只有经试验证明受潮，或检修中超过允许暴露时间导致器身绝缘下降时，才考虑进行干燥，其判断标准如下：

1）$\tan\delta$ 在同一温度下比上次测得的数值增高30%以上，且超过部分预防性试验规程规定时。

2）绝缘电阻在同一温度下比上次测得数值降低30%以上，35kV及以上的变压器在10～30℃的温度范围内吸收比低于1.3，极化指数低于1.5。

（2）干燥的一般规定。

1）设备进行干燥时，必须对各部温度进行监控。当不带油利用油箱发热进行干燥时，箱壁温度不宜超过110℃，箱底温度不得超过110℃，绕组温度不得超过95℃；带油干燥时，上层油温不得超过85℃，热风干燥时，进风温度不得超过100℃。

2）采用真空加温干燥时，应先进行预热，抽真空时先将油箱内抽成0.02MPa，然后按0.0067MPa/h的速率均匀抽至真空度为99.7%以上为止，泄漏率不得不大于27Pa/h。抽真空时应监视箱壁的弹性变形，其最大值不得超过壁厚的两倍。预热时，应使各部分温度上升均匀，温差应控制在10℃以下。

3）在保持温度不变的情况下，绕组绝缘电阻值的变化应符合绝缘干燥曲线，并持续12h保持稳定，且无凝结水产生时，可以认为干燥完毕，也可采用测量绝缘件表面的含水量来判断干燥程度，其含水量应不大于1%。

4）干燥后的变压器应进行器身检查，所有螺栓压紧部分应无松动，绝缘表面应无过热等异常情况，如不能及时检查时，应先注以合格油，油温可预热至50～60℃，绕组温度应高于油温。

10. 滤油

（1）压力式滤油。

1）采用压力式滤油机可过滤油中的水分和杂质，为提高滤油速度和质量，可将油加温至50～60℃。

2）滤油机使用前应先检查电源/稳压器情况、滤油机及滤网是否清洁，滤油纸必须经干燥，滤油机转动方向必须正确。

3）启动滤油机应先开出油阀门，后开进油阀门，停止时操作顺序相反；当装有加热器时，应先启动滤油机，当油流通过后，再投入加热器，停止时操作顺序相反。滤油机压力一般为0.25～0.4MPa，最大不超过0.5MPa。

（2）真空滤油。真空滤油机将油罐中的油抽出，经加热器加温，并喷成油雾进入真空罐。油中水分蒸发后被真空泵抽出排除，真空罐下部的油抽入储油罐再进行处理，直至合格为止。操作步骤如下：

1）开启储油罐进、出油阀门，投入电源。

2）启动真空泵开启真空泵处真空阀，保持真空罐的高真空度。

3）打开进油阀，启动进油泵，真空罐油位观察窗可见油位时，打开出油泵阀门启动出油泵使油循环，并达到自动控制油位。

4）根据油温情况可投入加热器。

5）停机时，先停加热器5min，待加热器冷却后停止真空泵，然后关闭进油阀，停止进油泵，关闭真空泵，开启真空罐空气阀，破坏其真空，待油排净后，停油泵并关出油阀。

11. 变压器大修后交付验收

变压器在大修竣工后应及时清理现场，整理记录、资料、图纸、清退材料进行核算，提交竣工、验收报告，并按照验收规定组织现场验收，并向运行部门移交以下资料：①变压器大修总结报告；②附件检修工艺卡；③现场干燥、检修记录；④全部试验报告。

第5章　变压器状态检修

随着科学水平不断提高，变电站高压技术逐渐得到完善，状态检修成电气设备发展趋势。变压器检修工作除了本身的检修维护以外，对设备的状态作出准确客观的评价也是促进设备健康运行的重要手段。尤其当下电力设备实行状态检修策略，更是需要掌握其状态评价方法，以迎合目前的检修形势。

5.1　状态检修概述

设备是电网的主要构成部分，设备管理是电网坚强的基础。随着新技术的不断发展，电气设备性能与质量也不断提高，部分设备在正常的使用年限之内已经达到了可以不进行维修的水平，如果依然使用传统模式下的检修管理，就存在一定程度的不契合。因此，将电气设备从定期的检修逐步向着状态检修转变已经成为当今的趋势。

1. 定期检修模式存在的问题

长期以来，检修体制主要实行的是以事后维修、预防性检修为主的计划检修体制。这种检修体制一般采取定期维护形式，检修项目、工期安排和检修周期均由管理部门根据相应的规程或经验确定。设备运行到了规定的检修周期，不论设备处于何种运行工况，也不论设备供应商的差异、设计材质的优劣、工艺质量的好坏、运行方式的区别、有无影响安全运行的缺陷等，都必须一律“到期必修”。从维护设备正常运行的视角看，定期检修有利于消除检修设备的隐含故障或缺陷，但对于运行状况良好的设备并不能有效提高设备运行率；同时，会造成检修单位人力、物力的浪费，有时还会把好的设备修坏。该检修模式使设备运行维护单位对于设备检修没有自主权，不能根据设备实际状况决定检修项目。随着电力体制的改革，定期检修制度已不能完全适应形势发展的要求，迫切需要探索新的设备检修技术，以适应电网日新月异的发展变化。状态检修技术应运而生，它是以设备状态为基础，以预测设备状态发展趋势为依据的检修方式，能有效地避免故障检修和周期性定期检修带来的弊端，是较为理想的检修方式，也是今后设备检修模式发展的趋势。

2. 状态检修的优点

状态检修的定义是：将基础定格在设备的状态评价，然后对分析诊断以及设备状态的结果进行考察，再安排进行状态检修的项目以及时间，从而确定好检修的实施方式。定期检修属于一种预防性的检修，其参考依据是时间，而状态检修的参考依据则是状态，从而将固定的检修周期转换成为实际的运行状态。电气设备的状态检修主要优势表现在以下几个方面：

（1）考虑到电气设备的机构特点、试验结果以及在正常运行的状态，可以进行详细的分析，然后再考虑是否需要进行检修，并且分析出哪一部分的项目需要检修。也就是状态检修具备较强的针对性，其检修效果就会更加良好。

（2）如果设备的状态良好，就能够使检修周期在一定程度上延长，减少停电次数，减少线损，而且减少维护工作量，从而在财力、人力以及物力上节省成本。

（3）减少现场的工作量，特别是减少变电站全停的次数，使供电可靠性显著提高；同时提高了设备的安全性能，有效避免了检修时的盲目性。

（4）减少倒闸操作。在实施状态检修的情况下，调度在安排计划时，对有两台变压器的110kV、35kV重要变电站，一般采用设备轮流停电检修而不安排全站停电。编制计划时，协调有关单位将定检预试任务和全年的变电设备治理工作有机地结合起来，及早进行设备摸底调查，做到心中有数。要求有关单位提报设备停电定检预试计划的同时，统筹考虑设备治理的具体内容，做到一次停电，一次完成。

（5）提高人身安全保障。通过状态检修减少了大量的停电检修和带电检修工作量，减少了发生人身事故的概率。由于计划检修时间比较集中，在2～3个月的时间内进行，有时每天都有停电检修，工人很疲劳，在实际工作中，发生人身事故的险情在系统内时有发生。

3. 状态检修的实施

开展状态检修的关键是必须抓住设备的状态，需要从以下几个环节入手。

（1）抓住设备的初始状态。这个环节包括设计、订货、施工等一系列设备投入运行前的各个过程。也就是说状态检修不是单纯的检修环节的工作，而是设备整个生命周期中各个环节都必须予以关注的全过程的管理。需要特别关注的有两个方面的工作：一方面是保证设备在初始时处于健康的状态，不应在投入运行前具有先天性的不足。状态检修作为一种设备检修的决策技术，其工作的目标是确定检修的恰当时机。另一方面，在设备运行之前，对设备就应有比较清晰的了解，掌握尽可能多的信息。包括设备的铭牌数据、型式试验及特殊试验数据、出厂试验数据、各部件的出厂试验数据及交接试验数据和施工记录等信息。

（2）注重设备运行状态的统计分析。对设备状态进行统计，指导状态检修工作，对保证系统和设备的安全举足重轻。

应用新的技术对设备进行监测和试验，准确掌握设备的状态。开展状态检修工作，大量地采用新技术是必要的。但在线监测技术的开发是一项十分艰难的工作，不是一朝一夕就可以解决的。在目前在线监测技术还不够成熟，不足以满足状态检修需要的情况下，我们要充分利用成熟的离线监测装置和技术，如红外热成像技术、变压器油气像色谱测试等，对设备进行测试，以便分析设备的状态，保证设备和系统的安全。

从设备的管理上狠下工夫，努力做到管理与技术紧密结合。建立健全设备缺陷分类定性汇编，及时进行内容完整、准确的修订工作，充分考虑新设备应用、新的运行情况的出现及先进检测设备的应用等；各部门每月对本部门管理工作的缺陷进行一次分析，每年进行总结，分析的重点是频发性缺陷产生的原因，必要时经单位技术主管领导批准，上报相应的技术改造项目。

基于上述基础，应用现有的生产管理信息系统，在生产管理上要有所创新、有所突破。生产管理系统是以设备资产为核心，以设备安全可靠运行为主线，涵盖变电运行管理、检修、试验、继电保护、调度和安全监察等专业，涉及设备定级管理、变电设备和保护装置的检修计划与管理、各类操作票和工作票管理、设备缺陷管理等的综合管理信息系统。而且要利用系统所具有的分析和统计功能，为设备的状态检修提供较为高效的信息。比如变压器经受短路冲击的次数、断路器切断短路电流的次数、设备检修的时间、历史上设备试验结果的发展趋势等。

4. 正确认识状态检修

(1) 对状态检修的复杂性、长期性、艰巨性及其蕴藏的巨大潜力缺乏足够的认识。从事状态检修工作的专业人员缺乏对其理论的学习及深入的研究，认为减少停电次数，拉长检修周期不仅可以少干活，也能保证安全，对状态检修如果存在以上片面的看法，是对状态检修的认识处在一个肤浅的状态，认为状态检修就是少干活，没有意识到这项工作的艰巨性和复杂性。

(2) 技术水平跟不上实际的需要。从检修技术的发展历史看，无论事故后检修还是预防性检修都是与技术发展的水平相联系的，状态检修也是一样。实施状态检修，是有技术基础的。只有把这个基础夯实，我们的状态检修工作才能够健康地发展，获得长期的利益。

(3) 实施状态检修管理是设备管理的一场重大变革。它不仅有利于保证安全生产、降低检修费用、提高设备利用率和供电可靠性，还可使广大基层的设备管理者从过去指令性计划的单纯执行跃升为自主决策者，有利于增强他们的主人翁责任感和使命感。实施状态检修制度不仅是电力企业自身的需要，也是时代的需要、形势发展的需要。

5.2 基于状态评价的变压器状态检修

1. 总则

(1) 状态检修实施原则。状态检修应遵循“应修必修，修必修好”的原则，依据设备状态评价的结果，考虑设备风险因素，动态制定设备的检修计划，合理安排状态检修的计划和内容。

变压器（电抗器）状态检修工作内容包括停电、不停电测试和试验以及停电、不停电检修维护工作。

(2) 状态评价工作的要求。状态评价应实行动态化管理。每次检修或试验后应进行一次状态评价。同时，设备评价应实行动态评价与定期评价相结合，即每次获得设备状态量后，均应根据状态量对设备进行评价，并保证每年至少进行一次对设备的总体评价，设备定期评价应安排在年度检修计划制定前。设备日常运行巡视及维护所获得的状态量，如属正常可不录入状态评价系统，当上述工作中发现状态量异常时，应有选择地录入。

由于相关导则涉及的状态量较多，且有些状态量（如运行巡视的状态量）会经常变化。如果完全采用手工评价，工作量较大，宜尽快根据《国网公司状态检修辅助决策系统编制导则》编制相应的计算机辅助决策系统，将相应的过程信息化，以减少人工工作量。如果在具备计算机辅助决策系统且大多数状态量可实现自动采集的情况下，设备状态评价应实时进行，即每个设备状态量变化时系统自动完成设备状态的更新。

（3）新投运设备状态检修。新投运设备投运初期按国家电网公司《输变电设备状态检修试验规程》（Q/GDW 168—2008）规定，110kV 的新设备投运后 1～2 年，220kV 及以上的新设备投运后 1 年，应安排例行试验，同时还应对设备及附件（包括电气回路及机械部分）进行全面检查，收集各种状态量，并进行一次状态评价。

（4）老旧设备状态检修。对于运行 20 年以上的设备，宜根据设备运行及评价结果，对检修计划及内容进行调整。

2. 检修分类

按工作性质内容及工作涉及范围，变压器（电抗器）检修工作分为四类：A 类检修、B 类检修、C 类检修、D 类检修。其中 A、B、C 类是停电检修，D 类是不停电检修。

（1）A 类检修。A 类检修是指变压器（电抗器）本体的整体性检查、维修、更换和试验。

其项目包括吊罩、吊芯检查，本体油箱及内部部件的检查、改造、更换、维修，返厂检修以及相关试验等。

（2）B 类检修。B 类检修是指变压器（电抗器）局部性的检修，部件的解体检查、维修、更换和试验。

其项目包括：

1）油箱外部主要部件更换，包括：

a. 套管或升高座。

b. 油枕。

c. 调压开关。

d. 冷却系统。

e. 非电量保护装置。

f. 绝缘油。

g. 其他。

2）主要部件处理，包括：

a. 套管或升高座。

b. 油枕。

c. 调压开关。

d. 冷却系统。

e. 绝缘油。

f. 其他。

3）现场干燥处理。

4）停电时的其他部件或局部缺陷检查、处理、更换工作。

5）相关试验。

（3）C 类检修。C 类检修是对变压器（电抗器）的常规性检查、维修和试验，检修正常周期宜与试验周期一致。其项目包括：

1）按 Q/GDW《输变电设备状态检修试验规程》规定进行试验。

2）清扫、检查、维修。

（4）D类检修。D类检修是对变压器（电抗器）在不停电状态下进行的带电测试、外观检查和维修。其项目包括：

1）带电测试（在线和离线）。

2）维修、保养。

3）带电水冲洗。

4）检修人员专业检查巡视。

5）冷却系统部件更换（可带电进行时）。

6）其他不停电的部件更换处理工作。

3. 变压器的状态检修策略

变压器（电抗器）状态检修策略既包括年度检修计划的制定，也包括缺陷处理、试验、不停电的维修和检查等。检修策略应根据设备状态评价的结果动态调整。

年度检修计划每年至少修订一次。根据最近一次设备状态评价结果，考虑设备风险评估因素，并参考厂家的要求确定下一次停电检修时间和检修类别。在安排检修计划时，应协调相关设备检修周期，尽量统一安排，避免重复停电。

对于设备缺陷，根据缺陷性质，按照缺陷管理有关规定处理。同一设备存在多种缺陷，也应尽量安排在一次检修中处理，必要时，可调整检修类别。

不停电维护和试验根据实际情况安排。

根据设备评价结果，制定相应的检修策略，变压器（电抗器）检修策略见表5-1。

表5-1　油浸式变压器（电抗器）检修策略表

设备状态	正常状态	注意状态	异常状态	严重状态
检修策略	C类检修	C类检修	D类检修	D类检修
推荐周期	正常周期或延长1年	不大于正常周期	适时安排	尽快安排

（1）“正常状态”检修策略。被评价为“正常状态”的变压器（电抗器），执行C类检修。根据设备实际状况，C类检修可按照正常周期或延长1年执行。在C类检修之前，可以根据实际需要适当安排D类检修。

（2）“注意状态”检修策略。被评价为“注意状态”的变压器（电抗器），执行C类检修。如果单项状态量扣分导致评价结果为“注意状态”时，应根据实际情况提前安排C类检修；如果仅由多项状态量合计扣分导致评价结果为“注意状态”时，可按正常周期执行，并根据设备的实际状况，增加必要的检修或试验内容。注意状态的设备应适当加强D类检修。

（3）“异常状态”检修策略。被评价为“异常状态”的变压器（电抗器），根据评价结果确定检修类型，并适时安排检修。实施停电检修前应加强D类检修。

（4）“严重状态”的检修策略。被评价为“严重状态”的变压器（电抗器），根据评价结果确定检修类型，并尽快安排检修。实施停电检修前应加强D类检修。

关于变压器的状态检修策略有很多观点，每个单位都应该结合自身的情况进行。对于干式变压器而言，基本上是免维护的，在此就不进行详细论述。对于油浸式变压器而言，状态检修如何进行？日常的维护消缺和大修如何进行？以上问题均应具体问题具体分析。

有的变压器可能20年不用大修，有的变压器不到10年就必须大修，因此应该根据具体情况来制定检修策略。

（1）日常巡视检查分析变压器的状态是否良好，如果有问题，是什么样的问题，要分析其是否需要大修才能解决。

（2）预防性试验结果是否正常。有人认为有些试验应尽量少做，比如交流耐压试验，因为这种试验会对变压器的绝缘造成伤害，不利于设备的安全运行。关于这个问题，应以《电力设备交接和预防性试验规程》为准。对于大型变压器来说，预防性试验是不会对变压器的绝缘造成伤害的。例如变压器油的色谱和微水分析、绕组的直流电阻测量、介质损失测量等，都能够及时及早地发现设备隐患，这在变压器的维护实践中已得到了充分的证明。

有些试验方法、手段是非常有效的，如变压器油的色谱分析。在变压器运行中，对变压器绝缘油中所含气体进行分析，通过所含气体的成分就能够分析出其存在哪些故障，从而使变压器的一些早期故障被提前发现，然后通过总体数据分析判断出变压器应坚持带病运行还是停电检修，这种方法在近20年来被广泛应用。此类试验方法在今后的状态检修中应该被不断加强而不是被弱化，检测周期应该从1次/年缩短为1次/季度。一旦变压器外部发生短路等故障时或者是色谱分析检测发现异常，还应该缩短检测周期。

（3）变压器所在系统是否发生过短路故障、接地故障、是否受到过过电流、过电压的冲击。据国网统计，变压器绕组抗短路强度不够是造成变压器损坏事故的第一大原因，而出口或近区短路是诱发变压器短路损坏事故的首要原因。

这对变压器来说也是非常重要的环节，要具体问题具体分析。如果变压器的短路绕组线圈在外侧，发生变形的可能性就比较大。如果变压器不方便停电，就要加强色谱分析试验并缩短周期，一旦有停电检修的机会，中型变压器应吊罩检查，大型变压器应放油后进入变压器罩内检查。如果变压器的短路绕组线圈在内侧，变压器绕组发生变形的可能性不大，在停电检修时应该做变形试验进行确定。

（4）与厂家及时沟通。了解所用变压器型式在其他单位的运用情况，出现过什么问题。如果有同类型变压器出现过设计方面的缺陷，应及早做好大修的准备。

（5）变压器的状态监测问题。对于变压器的状态监测设备，比如色谱分析仪、局部放电仪等，目前安装应用还不太广泛。一是因为这些仪器的检测项目平时都能做到，比如色谱分析，日常也能做，而且比在线仪器精确度要高很多；二是安装维护费用也比较高，增加额外投资。

随着观念的转变和技术的进步，以往对变压器“到期必修，修必修好”的指导思想已逐渐被状态检修所取代。实行变压器的状态检修，可使运行部门全面地、动态地掌握运行中变压器的健康状况，防止突发事故，避免目的不明的解体检修，对变压器的安全运行、延长设备的寿命、提高可用率等方面，都有着显著的作用。

4. 实施状态检修应注意的几个问题

（1）状态检修实施原则。状态检修的实施，应以保证设备安全、电网可靠性为前提，安排设备的检修工作。在具体实施时，应根据各单位实际情况（设备评价情况、检修能力、电网可靠性指标、资金情况、风险情况等）综合考虑检修计划编制。

（2）新投运设备状态检修。国网公司《输变电设备状态检修试验规程》（Q/GDW 168—2008）规定：新设备投运满1年（220kV及以上）、或满1～2年（110kV/66kV）以及停运6个月以上重新投运前的设备，应进行例行试验。大修的设备可参照新设备要求执行。

在具体执行时，对新投运设备安排首次试验时，宜不受规程“例行试验”项目限制，根据情况安排检修内容，适当增加“诊断试验”或交接试验项目，以便全面掌握设备状态信息。

（3）老旧设备状态检修。导则中的老旧设备是指运行时间达到一定年限，故障或发生故障概率明显增加的设备。由于各设备制造厂的设计裕度不同，因而在讨论老旧变压器时，单纯以运行年限确定存在较大争议，综合各家意见，对老旧变压器的运行年限暂定为20年，实际操作中，各单位可根据本单位设备运行实际情况，参照状态评价结果，对不同厂家的设备确定不同的老旧设备运行年限规定。各单位对老旧设备应根据情况考虑适当缩短试验周期和安排检修内容。

5. 提高状态检修水平

（1）做好管理工作。变电站高压设备运行状态原始记录数据对日后维修起到举足轻重作用，只有做好基础设备维修记录工作，才能更好地管理设备。进行设备维修时，要对该设备进行详细分析，深入研究设备运行规律。另外，还可以使用高科技手段对设备进行维修，不断改善传统维修方式，提升设备维修质量，保障设备符合验收标准。该方式具有巨大优势，能够起到管理作用，也可以为设备维修奠定技术基础。

（2）把握质量关。电气设备系统都比较稳定，都能拥有一个良好的状态。进行新旧设备更换时，为了保障新设备进行更新之后，能够在一个小时工作量内，这对电流要求比较高，新变电设备应该避免电流运行故障出现。而且，高压设备一定要具有良好的运行环境，应保障安装和生产环境，还需要及时改善检测手段，提升应对能力，这能够避免出现变电设备疏漏现象。变电设备对应的维修方式不尽相同，应该根据不同设备选择不同的维修手段。

（3）变电设备的状态监测。设备状态检测一般包含离线检测、在线检测以及定期检测三种检测方法。在线监测使用的是变电所装设的系统，这些系统可以提供准确数据，显示设备设备运行状况和设备参数变动。离线监测使用的是油液分析仪、超声波监测仪以及震动监测仪等等，对电力运行设备进行定期检查，从而获取准确的设备参数。定期解体点检，是在设备停止运行期间，根据设备解体点标准不同，解析设备运行标准以及作业流程，从而判断出设备运行状态。不同的设备所选等级不同，可以使用一种或者多种结合监测手段进行检测，保障设备运行安全和企业社会经济效益。一般设备故障会影响设备运行效率和安全性，应该根据不同的指标，选择合适设备等级。

（4）提高设备检测人员（点检员）的素质。开展高压变电设备维修之前，应该对设备环境进行监控，保障设备在正常运行的情况下，提升工作效率。人员进行检测时，需要明确这个设备是否可以顺利开展施工，是否能够保障设备在良好运行状态中。一些细微部分也应该得到监控，这样才能保障设备运行效益。为了实现设备高效运行，保障设备拥有良好的发展环境，应该执行定点维修工作，随着电力企业不断发展，该维修制度成为电力企业发展趋势。而且，定点检查已经成为高压电器运行核心技术基础，使用中能够较好维护设备，提升运行效率。定点维修人员被称为点检员，该技术人员对电力运行应该熟悉，掌握电力运行知识、电力维护知识以及检修能力，拥有丰富的电力知识，开展电力维修工作时，能够顺利上手，并详细记录电力保护。另外，点检员不仅需要掌握电力知识，对计算机使用也应该熟悉，才能在实际操作中提升电力运行效率。

6. 变压器的状态评价

变压器的状态评价分为部件评价和整体评价两部分。具体评价标准依照《油浸式变压器（电抗器）状态评价导则》（Q/GDW 169—2008）。

（1）状态评价任务。

1）为设备的运行情况积累资料和数据，建立设备运行的历史档案。

2）对设备运行处于正常状态还是异常状态做出判断，根据历史档案、运行状态等级和已出现的故障特征或征兆，预测或者诊断故障的性质和程度。

3）对设备的运行状态进行评价，并对这种评价进行分类或对变压器的健康状况分级。

4）当形成一定的标准后，可为变压器状态检修的实施提供依据。状态评价是在变压器积累完整和科学的运行记录资料之上完成的，对变压器运行状态的分类可以作为维修管理变压器的根据。这样，可以从根本上克服目前定期维修的旧的管理体制的缺陷，对有故障隐患的设备及时检修，提高设备运行的安全性和可靠性。

（2）状态评价分析手段。

1）在线监测。进行维修时，对高压电气设备执行在线监测，对设备进行初步监测，再根据详细点数值开展有效且准确的故障检测。进入在线监测环节时，其检测核心目的是设备运行状态检测，基于固定安置的设备，收集设备运行有效数据，提升在线测量工作效率；根据相关数据进行分析处理，得出在线测量标准结果。该测量方式摒弃传统失误维修结果，操作人员可以实时掌握设备运行情况，能够及早发现问题、处理问题，及早发现问题对电网运行起到重要作用，应有效地收集监测设备运行状态数据，对潜在问题进行分析，保障设备运行状态，这是在线监测的最终目的。

2）故障诊断。进行故障检测不仅为决策提供精准的数据，而且是设备状态检修核心工作。开展维修时，应该做好更加具体和专业维修，而且还需预测这些故障出现原因，根据收集数据进行分析，明确故障所在。众所周知，电力运行比较复杂，如果简单凭借在线监测数据对设备进行分析，最终得出监测结果的方法存在缺陷。简单依靠这些数据，无法判断故障所在，而且也很难精确分析出故障程度。在进行管理时，想要获得精准结果应该获取更多数据，根据每种设备运行状态，寻找应对方式。对于那些已经发现有故障存在的高压电设备，应该根据相关需求做出精准定位，提高诊断准确性。根据设备状态分析，再结合在线监测数据，就可以对高压电气设备做出客观的评价，利用现代高科技技术、设备人员积累的维护经验，并根据设备常出现问题进行维修。

（3）变压器部件状态评价。变压器部件分为：本体、套管、分接开关、冷却系统以及非电量保护（包括轻重瓦斯、压力释放阀以及油温油位等）五个部件。

当状态量（尤其是多个状态量）变化，且不能确定其变化原因或具体部件时，应进行分析诊断，判断状态量异常的原因，确定扣分部件及扣分值。

经过诊断仍无法确定状态量异常原因时，应根据最严重情况确定扣分部件及扣分值。

变压器（电抗器）部件的评价应同时考虑单项状态量的扣分和部件合计扣分情况，部件状态评价标准见表5-2。

表5-2　　各部件评价标准

部件	正常状态		注意状态		异常状态	严重状态
	合计扣分	单项扣分	合计扣分	单项扣分	单项扣分	单项扣分
本体	≤30	≤10	>30	12～20	>20～24	>30
套管	≤20	≤10	>20	12～20	>20～24	>30
冷却系统	≤12	≤10	>20	12～20	>20～24	>30
分接开关	≤12	≤10	>20	12～20	>20～24	>30
非电量保护	≤12	≤10	>20	12～20	20～24	>30

当任一状态量单项扣分和部件合计扣分同时达到表5-2正常状态规定时，视为正常状态；当任一状态量单项扣分或部件合计扣分达到表5-2注意状态规定时，视为注意状态；当任一状态量单项扣分达到表5-2异常状态或严重状态规定时，视为异常状态或严重状态。

（4）变压器整体状态评价。变压器（电抗器）的整体评价应综合其部件的评价结果。当所有部件评价为正常状态时，整体评价为正常状态；当任一部件状态为注意状态、异常状态或严重状态时，整体评价应为其中最严重的状态。

5.3　变压器巡检项目及要求

为了更好地促进状态检修工作，除了掌握状态评价方法，对运行中变压器的巡视检查（简称巡检）也是非常必要的，可以从检修角度进行更专业的设备巡检，及时发现设备缺陷和隐患。变压器在运行中处于负荷情况下，为了了解变压器的运行情况，及时发现运行中的异常情况，必须对运行中的变压器进行监视。这种监视的方法是依靠仪表、继电保护装置、信号设备等将变压器运行情况反映给运维管理人员，更重要的是要靠运维人员观察、监听、巡视发现一些仪表、继电保护装置、信号设备所不能反映的问题，如运行环境、接点、声响等。即使是仪表装置所反映的情况，也需要通过巡视检查来掌握和分析。

根据规程规定，巡检的项目包括以下内容。

1. 变压器外观检查

（1）检查变压器有无漏油和渗油，油标管所反映的油色即油量。

（2）检查瓷套管是否清洁，有无破损裂纹及放电烧伤等情况。

（3）检查变压器声响是否正常，有无变化、杂音等。

（4）检查变压器一次、二次母线连接是否正常；有无接触不良过热兹火等现象。

（5）检查变压器运行的温度及温升。

（6）检查瓦斯继电器运行是否正常，有无动作。

（7）检查防爆管隔膜是否完好，应无裂纹及存油。

（8）检查呼吸器应畅通，硅胶吸潮不应达到饱和（通过观察硅胶是否变色来鉴别）。

(9) 检查变压器外壳应接地良好。

(10) 检查冷却装置运行情况是否正常。

2. 变压器负荷情况的检查

(1) 室外安装的变压器，应测量最大负荷及代表性负荷。

(2) 室内安装的变压器，应记录小时负荷，并应画出日负荷曲线。

(3) 测量三相电流的平衡情况。

(4) 变压器的运行电压不应超过额定电压的±5%。如超出允许范围，应调整变压器分接开关的位置，使二次电压保持正常。

3. 变压器巡检周期要求

(1) 变压器容量在560kVA及以上而且无人值班的，应每周巡视检查一次，变压器容量在560kVA及以下的可适当延长巡视检查周期，但变压器在每次合闸前及拉闸后应检查一次。

(2) 有人值班的，每班应检查变压器的运行情况。

(3) 风冷变压器，有无值班人员，均应每小时巡视检查一次。

(4) 负荷急剧变化或变压器短路故障后，及室外变压器运行条件恶化，应进行特殊巡视检查及增加巡视检查次数。

4. 变压器异常运行及常见故障

变压器在电力系统中属于重要设备，一旦发生事故，造成停电损失巨大，所以，在运行工作中一个主要内容是及时发现运行中的异常现象，通过分析，找出原因，从而防止异常现象扩大为事故，可以及时采取措施，防止事故发生或缩小发生事故的影响。

(1) 变压器异常运行的现象分析。

1) 运行声音不正常。正常的运行声音是平淡、低沉的交流震动声，运行声随电压高低有变化，但变化不大。如发现运行声音有突然变化，应当认为是不正常的，需要及时分析原因，运行中突然声调升高，可能原因有：运行电压升高，电压波形有变化，大容量电力设备启动、过载。运行中声音由低沉变为嘶哑声，可能原因有：铁心松动，结构上有螺丝或其他配件松动，有放电声音则是绝缘损坏。此外，系统短路或接地时，很大的短路电流将使变压器有很大的噪声；系统上发生铁磁谐振时，变压器发出粗细不均的噪声。

2) 在正常运行情况下，油温不断升高，以致超过允许值，原因有：绕组局部有层间或匝间短路；分接开关接触不良，接触电阻加大；冷却系统故障，或缺油；铁心片间绝缘或穿芯螺丝绝缘败坏，铁损增大；运行环境发生突然变化，通风情况不利，二次回路中有大电阻的短路；油本身发生故障等。

3) 三相电压不平衡，变压器运行中三相电压超过允许值或一相、二相电压有升高或降低现象，而不是正常的负荷压降原因有：一相断路，保险丝熔断或一相断线；绕组局部发生匝间短路，造成三相电压不平衡；三相负载不平衡，引起中性点位移，使三相电压不平衡；系统发生铁磁谐振，造成三相电压不平衡等。

4) 变压器呼吸器或防暴管喷油，是由于二次系统突然短路，而保护拒动使变压器温度升高，以致油箱内压力增大而喷油，喷油后使油面降低，有可能引起瓦斯保护动作；另外变压器内部有短路，油枕出气孔有堵塞现象，油的正常呼吸作用不能正常进行，造成喷油。

5）油面降低，在油位上看不见油面时，则无法判断油面的实际高度，油的缺少可能危及到运行的安全，应当把这种情况列为不正常情况予以注意、解决。油面降低的原因有：油箱缺陷渗漏油，油节门关闭不紧，采取油样时忽视及时检查油面情况，油面计的假象，取油后未加油。

6）油色显著变化，这种情况在取油样时或检查时发现，油含有碳粒和水分，油的酸值增加，闪点降低，随之绝缘强度下降，易引起绕组与外壳击穿。发现后应作为不正常现象处理，其原因是：运行中多次发生短路或经常过负荷运行，油温经常较高，油的老化现象加剧，油质劣化的结果。

7）继电保护动作：无论是一次或二次的保护设备动作，均表明设备存在问题，要认真对待检查运行情况，找出动作原因，特别是瓦斯动作时，更应认真分析原因。有时可能是保护设备本身误动，但在没有充分理由时，不能盲目分析为误动，以免发生事故，造成故障扩大和不必要的损失。

(2) 瓦斯动作的原因分析。

1）因滤油、加油和冷却系统不严密致使空气进入变压器。

2）油面下降或漏油致使油面缓慢降低。

3）变压器内部故障，产生少量气体。

4）变压器内部短路。

5）保护装置二次回路故障。

6）过负荷或过电压运行。

瓦斯动作后当外部检查未发现变压器有异常现象时，应查明瓦斯继电器中气体的性质：如气体不燃，而且是无色无味的，而混合气体中大部分是惰性气体，氧气含量大于16%，油的闪点不低，则说明是空气进入继电器内，此时变压器可继续运行；如气体可燃，则说明变压器内部有故障，应根据瓦斯继电器内积聚的气体性质来鉴定变压器的内部故障性质，如气体的颜色为：

a. 黄色不易燃的，其中一氧化碳含量大于1%～2%、为木质绝缘损坏。

b. 灰色和黑色易燃的，其中氢气含量在30%以下，有焦油气味，油的闪点降低，则说明有因油过热分解或油过热发生过闪络故障。

c. 浅灰色带有强烈臭味可燃气体，是纸或纸绝缘损坏。

如上述分析对变压器内的潜伏性故障还不能作出正确判断时，则可采用相色分析，分析时从氢、烃类，一氧化碳、二氧化碳、乙炔等的含量变化判断变压器内部故障：

a. 当氢、烃类含量剧增，而一氧化碳、二氧化碳含量变化不大，为裸金属过热性故障（分接开关接点过热）。

b. 当一氧化碳、二氧化碳含量剧增时，为固体绝缘过热（木质、纸、纸板）。

c. 当除氢、烃类含量增加外，乙炔含量很高，为匝间短路或铁芯多点接地等放电性故障。

当变压器的差动保护和瓦斯保护同时动作时，在未查明原因和消除故障前不准合闸送电。

(3) 瓷套管闪络放电和爆炸，原因有：瓷套管密封不严，进水受潮而损坏；套管的电容芯子质量不过关，内部游离放电；或瓷套管表面严重污秽，及瓷套管有裂纹等，均会造成瓷套管闪络放电和爆炸等事故。

(4) 分接开关故障。变压器油箱有异常声音，温度高，瓦斯保护发出信号，测量绕组直流电阻阻值不平衡，油的闪点降低，上述原因都可能是分接开关故障所致，分接开关故障有以下原因：

1) 分接开关触头弹簧压力不足，触头滚轮压力不均，使有效接触面积减小，以及因镀银层的机械强度不够严重磨损而引起分接开关烧毁。

2) 分接开关接触不良，经受不住短路电流冲击而发生故障。

3) 分接开关长期未切换，表面产生氧化油膜，造成触头切换时接触不良。

4) 切换分接开关挡位时，由于分接位置切换错误，产生电弧，造成开关烧毁。

5) 分接开关间距离不够，或绝缘材料性能降低，在过电压情况下发生放电或短路烧毁。

为防止分接开关故障，在切换挡位或变压器检修时，应测量分接开关分接头电阻。

5. 变压器运行异常时的处理

(1) 渗漏油处理。通常在巡检中，油浸式变压器最常见的问题便是渗漏油。渗漏油原因有很多，解决方法也很多，应仔细分析其具体的渗漏原因，找出准确的渗漏点，从而采取相应的解决方法，慎重处理。

1) 找出原因和位置。处理渗油之前必须认真分析，查明渗漏的原因和确切渗漏点，并根据缺陷严重情况以及处理方案确定是否需要停运主变。如若处理，对存在的油污点，先用小扁铲、钢丝刷清理，再用二甲苯清洗，用干净水冲洗，最后用净布反复清擦，找到渗漏点的准确位置。

2) 处理方案。变压器的渗漏大致可分为密封渗漏和焊接渗漏。处理密封渗漏，主要是改善密封质量，如对于套管、油标、散热器阀门、大盖、有载开关等含密封件处，若紧固螺丝无效，可更换密封圈或重新上胶密封；处理焊接渗漏，可采取补焊办法进行。无论在处理哪种渗漏油的过程中，均应禁止采用厚料法或绑扎法。

a. 密封件。密封橡胶的承压面积应与螺钉的力量相适应，否则难以压紧；更换油塞橡胶密封环时，应将该部件各进口处的阀门和通道关闭，在自身负压保持至大量出油的情况下进行更换，密封件应有良好的耐油和抗老化性能，较好的弹性和机械性能，密封材料尽可能避免使用石棉盘根和软木垫等材料。

结构不良或密封方法不合理的部件，如散热器、滤油器连接法兰强度不够，在拧紧螺栓时易变形，使法兰压不紧衬垫，应予以改造或更换。密封处的压接平面要光洁，放置胶垫时，最好先涂一层黏合胶液，如聚氯乙烯、清漆等。

b. 焊接。变压器油箱上部发现渗漏时，只需排出少量的油即可焊接处理；油箱下部发现渗漏时，由于吊芯放油浪费太大且受现场条件限制，可采用带油焊接处理。带油补焊应在漏油不显著的情况下进行，否则应采用抽真空排油法造成负压后焊接，负压的真空度不宜过高，以内外压力相等为宜，避免吸入铁水。

带油补焊一般禁止使用气焊；焊接选用较细的焊条如 422、425 焊条为宜；补焊时应将施焊部位的油迹清除干净，最好用碱水冲洗再擦干；施焊过程中要注意防止穿透和着火，施焊部位必须在油面以下；施焊时采用断续、快速点焊，燃弧时间应控制在10～20s之内，绝对不允许长时间连续焊接。

补焊渗漏油较严重的孔隙时，可先用铁线等堵塞或铆后再施焊；在靠近密封橡胶垫圈或其他易损部件附近施焊时，应采取冷却和保护措施。

c. 砂眼。铸件上的砂眼可用狄尤一号堵漏胶加压堵塞，堵塞好后要注意补强，然后用电吹风吹烤5～15min直到固化，堵漏时应先将油迹擦净。

（2）油温超过规定时的处理。

1）检查变压器负载和冷却介质的温度，并与在同一负载和冷却介质温度下正常地进行温度核对。

2）核对温度测量装置。

3）检查变压器冷却装置。

4）若温度升高的原因是由于冷却系统的故障，且运行中无法修理，应将变压器停运修理；若不能立即停运修理，则值班人员应按现场规程的规定调整变压器的负载至允许温度下的相应容量。

5）在正常负载和冷却条件下，变压器温度不正常并不断上升，且经检查证明温度指示正确，则认为变压器已发生内部故障，应立即将变压器停运。

6）变压器在各种超额定电流方式下运行，若顶层油温超过105℃时，应立即降低负载。

（3）当发生以下情况时，值班人员应立即将变压器停运：

1）变压器内部声响异常或声响明显增大。

2）套管有严重的破损和放电现象。

3）变压器冒烟、着火、喷油。

4）变压器已出现故障，而保护装置拒动或动作不正确。

5）变压器附近着火、爆炸，对变压器构成严重威胁。

6. 变压器事故处理

（1）变压器自动跳闸的处理。为了保证变压器的安全运行及操作方便，变压器高、中、低压各侧都装有断路器及必要的继电保护装置。当变压器的断路器（高压侧或高、中、低压三侧）跳闸后，运行人员应采取下列措施：

1）如有备用变压器，应立即将其投入，以恢复向用户供电，然后再查明故障变压器的跳闸原因。

2）如无备用变压器，则应尽快转移负荷、改变运行方式，同时查明何种保护动作。在检查变压器跳闸原因时，应查明变压器有无明显的异常现象，有无外部短路、线路故障、过负荷，有无明显的火光、怪声、喷油等现象。如确实证明变压器各侧断路器跳闸不是由于内部故障引起，而是由于过负荷、外部短路或保护装置二次回路误动造成的，则变压器可不经内部检查重新投入运行。如果不能确认变压器跳闸是上述外部原因造成的，则应对变压器进行事故分析，如通过电气试验、油化分析等与以往数据进行比较分析。如经以上检查分析能判断变压器内部无故障，应重新将保护系统气体继电器投到跳闸位置，将变压器重新投入，整个操作过程应慎重行事。如经检查判断为变压器内部故障，则需对变压器进行吊壳检查，直到查出故障并予以处理。

(2) 变压器瓦斯保护动作后的处理。

1) 轻瓦斯动作后的处理。轻瓦斯动作后，复归音响信号，查看信号继电器，分清是变压器本体轻瓦斯动作还是有载调压开关轻瓦斯动作。不要急于恢复继电器掉牌，要查看变压器本体或有载调压开关油枕的油位是否正常，气体继电器内充气量多少，以判断动作原因。查明动作原因后复归信号继电器掉牌及光字牌。这时应尽快收集气体以便分析原因。

新装或大修的变压器在加油、滤油时，将空气带入变压器内部，且没有能够及时排出，当变压器运行后油温逐渐上升，形成油的对流，内部储存的空气逐渐排出，使气体继电器动作。气体继电器动作的次数，与变压器内部储存的气体多少有关。遇到此种情况时，应根据变压器的音响、温度、油面以及加油、滤油工作情况作综合分析。

a. 非变压器故障的动作原因，例如气体继电器内油中有较多空气集聚，瓦斯继电保护回路线路错接，端子排二次电缆短路等引起轻瓦斯误动。

b. 轻瓦斯频繁动作时，每次都应监视记录，注意气体特征。若油气分析判断为空气，应不断进行放气，并要注意不得误碰气体继电器的跳闸试验探针。

c. 若不能确定动作原因为非变压器故障，也不能确定为外部原因，而且又未发现其他异常，则应将瓦斯保护投入跳闸回路，并加强对变压器的监视，认真观察其发展变化。

2) 重瓦斯保护动作后的处理。运行中的变压器发生瓦斯保护动作跳闸，或轻瓦斯信号和瓦斯跳闸同时出现，则首先应想到该变压器有内部故障的可能，对变压器的这种处置应谨慎。故障变压器内产生的气体，是由于变压器内不同部位、不同的过热形式甚至金属短路、放电造成的。因此判明气体继电器内气体的性质、气体集聚的数量及集聚速度，对判断变压器故障的性质及严重程度是至关重要的。

一般若集聚气体为非可燃性、无色、无味，色谱分析判断为空气，则变压器可继续运行。若气体是可燃的，应进一步分析属于哪一种故障原因，主要手段还是按有关规程及导则进行油化分析（包括最普遍有效的色谱三比值法分析)、电试分析、吊壳检查三方面的检查分析。

如果一时分析不出原因，在未经检查处理和试验合格前，不允许将变压器投入运行，以免造成故障或事故扩大。尤其应当注意的是，分接开关（无载及有载）和线圈绝缘方面的故障是分析的重点。应强调变压器瓦斯保护动作是内部故障的先兆或内部故障的反映。因此，对这类变压器的强送、试送、监督运行，都应特别小心从事，事故原因未查明前不得强送。

(3) 变压器差动保护动作后的处理。差动保护则是反映纵差范围内（包括变压器内部和套管引线间短路的）的电气故障。因此，凡差动保护动作，则变压器各侧的断路器同时跳闸。此时运行人员应采取如下措施：

1) 向调度及上级主管领导汇报，并复归事故音响、信号。

2) 拉开变压器跳闸各侧隔离开关，检查变压器外部（如油温、油色、防爆玻璃、绝缘套管等）有无异常情况。

3）对变压器差动保护范围内所有一次、二次设备进行检查，即观察变压器高、中、低压侧所有设备、引线、母线、穿墙套管等有无异常及短路放电现象，二次保护回路有无异常，以便发现差动保护区范围内故障点。

4）对变压器差动保护回路进行检查，观察用于差动保护的电流互感器端子有无短路放电、击穿现象，二次回路有无开路、误碰、误接线等情况。

5）测量变压器绝缘电阻，检查有无内部绝缘故障。

6）检查直流系统有无接地现象。

经过上述检查后，如判断确认差动保护是由于非内部故障原因（如保护误碰、穿越性故障）引起误动，则变压器可在瓦斯保护投跳闸位置情况下试投。如不能判断为非内部故障原因时，则应对变压器进行进一步的测量、检查分析（如测试直流电阻、油的简化分析或油的色谱分析），以确定故障性质及差动保护动作原因。如果发现有内部故障的特征，则须进行吊壳或返厂进行检查处理。

（4）重瓦斯与差动保护同时动作后的处理。重瓦斯与差动保护同时动作跳闸后，将变压器退出至检修状态，并立即向调度汇报，不得强送，待检查处理。这时应尽快收集气体以便分析原因。

（5）电流速断保护动作后的处理。电流速断保护动作跳闸时，其处理过程参照差动保护动作处理。

（6）定时限过流保护动作跳闸后的处理。定时过电流保护为后备保护，可做下属线路保护的后备，或做下属母线保护的后备，或做变压器主保护的后备。所以，过电流保护动作跳闸，应根据其保护范围、保护信号动作情况、相应断路器跳闸情况、设备故障情况等予以综合分析判断，然后再分别进行处理。据统计分析，引起过流保护动作跳闸，最常见的原因是下属线路故障拒跳而造成的越级跳闸；其次是下属母线设备故障（主要在110kV及以下变电所内）造成的跳闸。

当变压器由于定时限过流保护动作跳闸时，应先复归事故音响，然后检查判断有无越级跳闸的可能，即检查各出线开关保护装置的动作情况，各信号继电器有无掉牌，各操作机构有无卡涩现象。

1）由于下属线路设备发生故障，未能及时切除，而越级跳主变压器侧相应断路器，造成母线失电。

a. 检查失电母线上各线路保护信号动作情况：若有线路保护信号动作的、属线路故障保护动作断路器未跳闸造成的越级，则应拉开拒跳的线路断路器，切除故障线路后，将变压器重新投入运行，同时，恢复向其余线路送电。

b. 经检查，若无线路保护动作信号，可能属线路故障因保护未动作断路器不能跳闸造成的越级，则应拉开母线上所有的线路断路器，将变压器重新投入运行，再逐路试送各线路断路器，当合上某一线路断路器又引起主变压器跳闸时，则应将该线路断路器改冷备用后再恢复变压器和其余线路的送电。

上述故障线路未经查明原因，在处理前不得送电。

2）由于下属母线设备发生故障，主变压器侧断路器跳闸造成母线失电。110kV及以下变电所各电压等级的母线，一般都没有单独的母线保护，由过流保护兼作母线保护，若母线上的设备发生故障，仅靠过流保护动作跳闸，因此，当过流保护动作跳闸后，需检查母线及所属母线设备，检查中若发现某侧母线或所属母线设备有明显的故障特征时，则应切除故障母线后再恢复送电。

3）过流保护动作跳闸，主变压器主保护如瓦斯保护也有动作反映，则应对主变压器本体进行检查，若发现有明显的故障特征时，不可送电。

（7）零序保护动作后的处理。

1）零序保护动作，一般讲是由中性点直接接地的三相系统中发生单相接地故障而引起的。事故发生后，应立即与调度联系、汇报，听候处理。

2）三相电压不平衡零序保护动作，原因有：①三相负载不平衡，引起中性点位移，使三相电压不平衡；②系统发生铁磁谐振，使三相电压不平衡；③绕组局部发生匝间和层间短路，造成三相电压不平衡。

（8）变压器着火的处理。变压器着火时，不论何种原因，应首先拉开各侧断路器，切断电源，停用冷却装置，并迅速采取有效措施进行灭火。同时汇报消防部门、调度和上级主管领导协助处理。如果油在变压器顶盖燃烧，应从故障放油阀把油面放低，并向外壳浇水（注意不要让水溅到着火的油上）使油冷却而不易燃烧。如外壳爆炸时，必须将油全部放到油坑或储油槽中去。若是变压器内部故障而引起着火时，则不能放油，以防变压器发生严重爆炸。变压器因喷油引起着火燃烧时，应迅速用黄砂覆盖、隔离、控制火势蔓延，同时用灭火设备灭火。变压器灭火时，最好用泡沫式灭火器，必要时可用干燥的砂子灭火。

7. 变压器的投用和停用

（1）变压器投入运行之前，值班人员应仔细检查，确认变压器及其保护装置在良好状态，具备带电运行条件，并注意外部有无异物，临时接地线是否已拆除，分接开关位置是否正确，各阀门开闭是否正确。变压器在低温投运时，应防止呼吸器因结冰被堵。

（2）运行中的备用变压器应随时可以投入运行。长期停运者应定期充电，同时投入冷却装置。如强迫油循环变压器充电后不带负载运行时，应轮流投入部分冷却器，其数量不超过制造厂规定空载时的运行台数。

（3）变压器投运和停运的操作程序：

1）强油循环变压器投运时应逐台投入冷却器，并按负载情况控制投入冷却器的台数。

2）变压器的充电应在有保护装置的电源侧用断路器操作，停运时应先停负载侧，后停电源侧。

第6章　变压器C级检修作业流程及相关要求

C级检修是一种标准化检修，是以公司系统统一规范的检修作业流程及工艺要求为准则而开展的一种检修模式。其目的是通过对作业流程及工艺要求的严格执行，更好地开展检修工作，确保检修工艺和设备投运质量，使得检修作业专业化和标准化。C级检修项目与小修比较接近，但C级检修更重视作业流程的规范性。在目前的检修形势下，采取定期检修与状态检修相结合的检修模式，而定期检修通常采用C级检修，具体流程及工艺要求各单位可能存在差异。

6.1　修　前　准　备

1. 检修前的状态评估
2. 检修前的红外测温和现场摸底
3. 材料和工器具准备（见表6-1）

表6-1　　材料和工器具

名　称	规　格	数　量	备　注
变压器油/kg		若干	油种、油重以设备参数为准
汽油/kg		10	
润滑机油/kg		1	
油漆/听	黄、绿、红、银灰	1	每种规格各1听
漆刷/把		4	
变色硅胶/kg		若干	
电力复合脂（导电膏）/罐		1	
砂纸/张	0号	2	
路灯吊/辆		1	根据检修前现场摸底决定

4. 危险点分析及预控措施

(1) 人身触电。

1) 高压触电伤害。

a. 确认安全措施到位，所有检修人员必须在明确的工作范围内进行工作。

b. 检修人员在工作开始、间断后工作前必须确认检修设备各侧接地线。

c. 路灯吊吊臂回转时保证与带电设备有足够的安全距离。

d. 高压试验前，非试验人员必须撤离至试验围栏以外。试验后被试设备须短接对地放电。

e. 严禁使用金属梯子，梯子必须放倒水平搬运、并与带电设备保持足够的安全距离。

2）感应电伤害。

a. 路灯吊、吊车等必须可靠接地。

b. 拆接引线时，套管侧引线必须有可靠接地措施。

3）低压触电伤害。

a. 电动工器具使用前外壳必须可靠接地。

b. 检修电源必须装有触电保安器，设备（触电保安器、电源盘、电缆等）合格、无破损。

c. 拆接检修电源时必须有专人监护，试送电时受电侧有人监护。

d. 冷却风机、油泵检修前，必须切断动力电源，冷却控制柜必须悬挂“禁止合闸，有人工作”标示牌。

（2）高空坠落。

1）梯子上跌落。

a. 使用合适且合格的梯子（牢固无破损、防滑等）。

b. 梯子必须架设在牢固基础上，与地面夹角60°为宜；顶部必须绑扎固定，无绑扎条件时必须有专人扶持。

c. 禁止两人（及以上）在同一梯子上工作。

2）升高设备上跌落。

a. 作业前确认升高设备正常、支腿放置牢固。

b. 工作人员必须使用安全带。

c. 工作时人员重心不得偏出斗外。

3）设备上滑跌。

a. 设备上工作人员必须穿着合格劳保用品。

b. 及时清除设备上的油污。

c. 高处作业必须使用安全带。

4）其他。严禁上下抛接工器具等物品。

（3）机械伤害（起重设备伤害）。

a. 作业前确认起重设备正常、支腿放置牢固，严禁置于电缆沟及孔洞盖板上。

b. 起重工作时必须有专人监护、指挥。起重人员必须持证上岗，应严格按照指挥人员的指令操作，禁止超负荷吊运（负荷含钢丝绳、吊带等吊具）。

c. 吊臂下严禁站人。

d. 起吊物品不得长时间在空中滞留。

（4）设备损坏。

1）套管损坏。

a. 吊车、升高车作业时有防碰撞措施：吊斗或套管用厚海绵包扎，吊臂、吊钩与套管保持一定距离，使用完毕及时移开，吊运物品有牵引绳导向。

b. 套管上部作业，工器具及物品有防跌落措施：用专用工具袋，必要时用吊带牵引工具，防止下跌损坏设备。

c. 紧固螺栓用死扳手或套筒扳手等专用工具，严禁扳手打滑损坏设备，安装紧固套管螺栓应均匀紧固。

2）附件损坏。温度计、压力释放阀、瓦斯继电器等附件检修应严格按工艺标准检修。

3）其他。禁止梯子靠在电缆上，严禁工作人员踩踏电缆、温度计温包细管及集气管。

（5）火灾（人身动火伤害）。作业现场禁止吸烟，如需动火作业必须执行动火工作票。

（6）废弃物（环境污染）。废变压器油统一保存，严禁污染环境。现场所有固体废弃物应分类放置在垃圾筒内。

6.2 拆除套管引线

（1）拆除套管一次引线时，应使用路灯吊并系安全带。

（2）引线拆除后，将引线用绝缘绳固定，拆卸的螺丝零件应妥善保管。线夹及导线无开裂发热迹象，导线无断股、散股现象。

（3）套管做好防碰撞措施。路灯吊作业应有人监护。

6.3 储油柜检修

（1）外观检查。无渗漏、锈蚀，油漆应完好。

（2）油位检查。判断油位高低参照变压器铭牌上的油位-温度曲线，油位高低在允许范围内。

（3）油位计检查。油位计无渗漏，指示应清晰。

（4）积污盒检查。带油拧开时应做好防范措施，防止跑油。积污盒中无杂物、油垢。

6.4 压力释放阀检修

（1）外观检查。清扫护罩和导流罩密封良好无渗漏。

（2）连接螺栓及压力弹簧检查。连接螺栓及压力弹簧应完好，无锈蚀、无松动。

（3）微动开关检查。微动开关引线接触良好，电缆外壳绝缘良好，动作正确。压力释放阀动作试验后应及时复归。

6.5 气体继电器检修

（1）外观检查。盖板上箭头标示清晰，无渗漏油，继电器内无残留空气。

（2）二次引线检查。二次引线端子盒无积水、积油，孔洞封堵良好，防雨罩固定牢固。二次引线电缆外壳绝缘良好。

（3）微动开关检查。轻、重瓦斯保护动作正确。气体继电器动作后应及时复归。

6.6 吸 湿 器 检 修

（1）外观检查。油杯清洁完好，密封良好。油杯内油位应在刻度范围内。新装吸湿器，应将油杯密封垫拆除。

（2）硅胶检查。

1）硅胶变色超过2/3应更换。

2）新硅胶颗粒不小于3mm，在顶盖下面留出1/6～1/5高度的空间。

3）更换硅胶后，油杯拧紧后往回倒半圈。

6.7 套 管 检 修

（1）外观检查。密封良好，无渗漏油，油位在正常范围内。作业中吊斗与套管保持必要距离，防止误碰套管。

（2）外绝缘清扫。清扫绝缘表面积尘和污垢，必要时使用洗涤剂清洗，涂有RTV涂料的瓷套表面如积灰严重，可用鸡毛掸掸净。绝缘表面应无放电痕迹、无裂纹。清洁瓷套不得刮伤釉面。

（3）套管末屏检查。套管末屏接地可靠，无渗漏。小瓷套管表面应清洁，无积灰垢。

（4）套管升高座检查。紧固二次接线时防止螺杆转动，防止二次接线之间短路。套管电流互感器二次引出线应接触良好并无渗漏油。

6.8 有载开关检修（详见本书有载开关部分）

（1）外观检查。油位指示正常，无渗漏油。

（2）操作机构检查。控制回路正常，手动和电动操作正常。手动操作时必须将操作电源开关断开。

（3）在线滤油装置检查。无渗漏、动作正常，滤芯压力表指示正常。

6.9 变压器油色谱在线监测装置检修

外观检查应无渗漏。

6.10 无 载 开 关 检 修

外观检查。无锈蚀、无渗漏。操作过无载开关后必须进行直流电阻试验。

6.11 测 温 装 置 检 修

（1）外观检查。

1）温度表计内应无水气，指示正确。

2）测温插管密封良好，无进水及渗漏现象。金属软管无损伤。

（2）温度计校验。温度计整定值按整定单执行，并做好记录。温度计应校验合格，模拟传动正确。

6.12 油箱检修

（1）外观检查。整体密封良好，无渗漏油。

（2）油箱清扫。清扫油箱外部，清除积存在箱面的油垢杂物。

（3）补漆。对局部脱漆和锈蚀部位进行处理，重新补漆。补漆前应先清除外部油垢及污秽。

6.13 冷却系统检修

1. 散热器检修

（1）外观检查。散热器表面无渗漏。

（2）散热器冲洗。用高压水枪冲洗散热器，直至散热器表面无灰尘。用水冲洗散热器时应注意防止风扇电机接线盒进水。

2. 冷却器检修

（1）风扇运行检查。风扇转动正常无卡涩，转向正确。

（2）风扇电机检查。检查风扇前应先拉开电源，取下控制熔丝。电源引线接触良好，电缆外壳绝缘电阻不小于0.5MΩ。

（3）对风扇电机添加润滑油。电机润滑良好。

（4）潜油泵检查。潜油泵转动正常无卡涩，转向正确。电源引线接触良好，电缆外壳绝缘电阻不小于0.5MΩ。

3. 冷却器控制箱检修

（1）外观检查。检查前拉开空气开关，取下控制回路上的熔丝，防止误碰带电二次接线。控制箱内部应无灰尘及杂物，无漏水现象，控制箱外表油漆应完好无锈蚀。

（2）电气元件检查。电气元件的触点完好，螺丝紧固、二次接线接触良好，端子排无松动、无锈蚀。必要时用500V兆欧表测量二次回路（含电缆）的绝缘电阻，绝缘电阻应不小于0.5MΩ。

（3）联动试验。Ⅰ、Ⅱ段电源互为备用，辅用、备用冷却器投切正确。

6.14 阀门检修

（1）外观检查。阀门转动灵活，密封面及阀芯无渗漏。

（2）指示位置检查。阀门开、闭位置正确，指示清晰。

6.15 接地系统检修

（1）本体接地检查。本体接地、铁芯、夹件外引接地可靠，油漆色标正确清晰。

（2）附件接地检查。附件外壳接地可靠。

（3）例行试验。确认试验结束、数据合格。

6.16 套管引线搭接

（1）接触表面处理。清除导电接触面间的污垢及氧化膜，并均匀地涂抹上导电膏。如发现接头有过热现象，应清除氧化物，涂导电膏后重新组装紧固。搭接套管头部引线时，应使用路灯吊并系安全带。

（2）螺栓连接。螺栓无锈蚀，紧固可靠。

（3）清场验收。

1）确认所有检修项目已完成，缺陷已消除。

2）清理现场，确认现场无遗留物件。

3）现场安全措施恢复至工作许可状态。设备恢复到原状态。

第7章　反事故技术措施要求

除了对设备的运行状态进行把控，针对设备常见或典型事故采取相应的反事故技术措施也是保证设备安全可靠运行的重要举措。

反事故技术措施是在总结了长期以来电网运行管理，特别是安全生产管理方面经验教训的基础上，针对影响电网安全生产的重点环节和因素，根据各项电网运行管理规程和近年来在电网建设、运行中的经验，集中提炼所形成的指导当前电网安全生产的一系列防范措施。有助于各单位按照统一的安全性标准，建设和管理好电力系统，提升电力系统的安全稳定性。

7.1　预防110～500kV变压器事故措施

7.1.1　预防变压器绝缘击穿事故

1. 防止水分及空气进入变压器

（1）变压器在运输和存放时必须密封。对于充氮或干燥空气运输的变压器、现场存放期按基建验收规范，在安装前应测定密封气体的压力及露点（压力＞1N，露点－40℃），以判断固体绝缘中的含水情况，当已知受潮时必须进行干燥处理，合格后才能投入运行。必须严格防止变压器在安装以及运行中进水，要特别注意高于储油柜油面的部件，如套管顶部、安全气道、储油柜顶部和呼吸管道等处的密封，对这些部位应进行检漏试验。

（2）变压器本体及冷却系统各连接部位的密封性，是防止渗油、进潮的关键。这些部位的金属部件尺寸应正确，密封面平整光洁，密封垫应采用优质耐油橡胶或其他材料，要特别注意潜油泵、油阀门等部件。禁止使用过期失效或性能不明的胶垫。

（3）水冷却器和潜油泵在安装前应按照制造厂的安装使用说明书逐台进行检漏试验，必要时解体检查。并列运行的冷却器，应在每台潜油泵出口加装逆止阀。运行中的冷却器必须保证油压大于水压。潜油泵进油阀应全部打开，出油阀调节油的流量避免形成负压。运行中应定期监视压差继电器和压力表的指示以及出水中有无油花（每台冷却器应装有监测水中有无油花的放水阀门）。在冬季应防止停用及备用冷却器钢管冻裂。对冷却器的油管应结合大、小修进行检漏。

（4）安全气道应与储油柜连通或经呼吸器与大气连通，定期排放储油柜内部积水。闲压力释放阀取代安全气道有利于提高变压器的密封性能，应逐步更换。

（5）呼吸器的油封应注意加油和维修，切实保证畅通，干燥剂应保持干燥。

（6）对新安装或大修后的变压器应按厂家说明书规定进行真空处理和注油。真空度、抽空时间、注油、真空范围均应达到要求。装有有载调压开关的油箱要同时抽真空，避免造成开关油箱渗油。

(7) 变压器投入运行前要特别注意排除内部空气，如套管升高座、油管道中的死区、冷却器顶部等处都应多次排除残存气体。强油循环变压器在安装（或检修）完毕投运前，应启动全部冷却设备将油循环，使残留气体逸出。

(8) 从储油柜带电补油或带电滤油时，应先将储油柜中的积水放尽。不应自变压器下部补油，以防止空气或箱底杂质带入器身中。

(9) 当轻瓦斯保护发出讯号时，要及时取气进行检验以判明成分，并取油样作色谱分析，查明原因，及时排除。

(10) 对套管将军帽无论是新的还是改造后的结构应定期检查其密封性，以杜绝水分自套管顶部进入器身中。

2. 防止焊渣及铜丝等杂物进入变压器

(1) 除制造厂有特殊规定外，变压器在安装时应进行吊罩或进入检查，必要时吊芯，彻底清除箱底杂物。

(2) 安装前必须将油管道、冷却器和潜油泵的内部除锈清理干净并用合格油冲洗。

(3) 滤油器应安装正确，防止活性氧化铝或硅胶冲入变压器内。对已发生冲入氧化铝或硅胶的变压器，应尽早检修。

(4) 潜油泵的轴承，应采用E级或D级。有条件时，上轴承应改用向心推力球轴承，禁止使用无铭牌、无级别的轴承。运行中如出现过热、振动、杂音及严重渗、漏油等异常时，应立即停运并及时检修。大修后的潜油泵应使用千分表检查叶轮上端密封外切的径向跳动公差，不得超过0.07mm.

(5) 变压器内部故障跳闸后应尽快切除油泵，避免故障中产生的游离碳、金属微粒等杂物进入变压器的非故障部分。

(6) 要特别注意防止真空滤油机轴承磨损或滤网损坏造成的金属末或杂物进入变压器内部。

(7) 对质量有怀疑的潜油泵、滤油器在安装及大修时应解体检查。大修时应逐步将高速油泵改为低速（≤1000r/min），并注意改装前后的冷却效率是否一致。

3. 防止绝缘受伤

(1) 变压器在r71检时应防止绝缘受伤，在安装变压器套管时应注意勿使引线扭结，勿过分用力吊拉引线而使引线根部和线圈绝缘损伤。如引线过长或过短应予处理。套管下部的绝缘筒、500kV引线结构应按厂家图纸说明安装、检查并校核绝缘距离。检修、检立时严禁蹬踩引线和绝缘支架，防止碰拉引线导致改变引线间距离，严禁用力抓扯引线。

(2) 进行变压器内部检查时，应拧紧夹件的螺栓、压钉以及各绝缘支架的螺栓，防止在运行中受到电流冲击时发生变形及损坏。

(3) 安装或检修中需更换绝缘部件时，必须采用试验合格的材料和部件，并经干燥处理。

4. 防止线圈温度过高，绝缘劣化或烧坏

(1) 对负荷能力有怀疑或经改造的变压器，必要时应进行温升试验来确定负荷能力。

对早期生产的换位导线统包绝缘的线圈，怀疑有局部过热时，可酌情降低出力。

(2) 强油循环变压器的冷却系统故障时，容许的负荷和时间应符合厂家的规定。

(3) 强油循环的冷却系统必须有两个可靠的电源，应装有自动切换装置，并定期进行切换试验。信号装置齐全、可靠。

(4) 为防止风冷器的风扇电动机大量损坏，风扇叶片应校平衡并调整角度，电动机铸铝端盖磨损严重的可改为铸铁端盖，应定期维护以保证正常运行。

(5) 对强油循环的风冷却器散热面每1～3年用压缩空气或水进行一次清洗，保证冷却效果。

(6) 对运行年久（15年及以上）的变压器应进行油中糠醛含量测定来确定绝缘老化程度，必要时可取纸样作聚合度测定。

5. 防止过电压击穿事故

(1) 中性点有效接地系统的中性点不接地运行的变压器，在投运和停运以及事故跳闸过程中应限制出现中性点位移过电压，必须装设可靠的过电压保护。当单独对变压器充电时，其中性点必须接地。

(2) 薄绝缘变压器宜逐步改造，对于主变压器应用氧化锌避雷器保护。

(3) 变压器中性点接地刀闸应定期检查，校核铜辫连接的截面是否符合要求，以免烧断引起中性点悬浮。

6. 防止工作电压下的击穿事故

(1) 对新装和大修后（220kV更换线圈）变压器，应进行局部放电试验，并要求感应试验电压达到1.3倍或1.5倍最大工作相电压。

(2) 对110kV及以上变压器油中一旦出现乙炔，应缩短检测周期，跟踪变化趋势。

(3) 运行中的变压器油色谱出现异常，怀疑有放电性故障时，应进行局部放电试验进一步判断。

(4) 对220kV及以上的三相变压器，根据运行经验和检测结果怀疑存在围屏树枝状放电故障时，应解开围屏进行直观检查。

(5) 220kV及以上变压器投运时，不宜启动多台冷却器，而应逐台启动，以免发生油流带电。

7. 防止保护装置误动、拒动

(1) 变压器的保护装置必须完善可靠并应定期进行校验。严禁将无主保护的变压器投入运行。如因工作需要将保护短时停用时，应有相应的措施，事后应立即恢复。

(2) 瓦斯保护应安装、调整正确，定期检验，消除各种误动因素。

(3) 跳闸电源必须可靠。当变压器发生出口或近区短路时，应确保开关正确跳闸，以防短路时间过长损坏变压器。

(4) 发生过出口、近区短路的变压器（尤其是铝线圈结构）或运输冲撞时，应根据具体情况进行绕组状态的测试和检查，有条件时可进行绕组变形测量，以判明变压器中各部件有无变形和损坏。

7.1.2 预防铁芯多点接地和短路故障

（1）在吊罩检查时，应测试铁芯绝缘。如有多点接地，应查清原因，消除故障。

（2）安装时注意检查钟罩顶部与铁芯上夹件的间隙。如有碰触，应及时消除。

（3）供运输时固定变压器铁芯的连接件，应在安装时将其脱开。

（4）穿心螺栓绝缘应良好，应注意检查铁芯穿心螺杆绝缘套外两端的金属座套，防止因座套过长触及铁体造成短路。

（5）线圈压钉螺栓应紧固，防止螺帽和座套松动掉下造成铁芯短路。铁芯及铁轭静电屏导线应紧固完好，防止出现悬浮放电。

（6）铁芯和夹件通过小套管引出接地的变压器，应将接地线引至适当的位置，以便在运行中监视接地线中是否有环流。当有环流又无法及时消除时，作为临时措施可在接地回路中串入电阻限流，电流一般控制在300mA以下。

7.1.3 预防套管闪络及爆炸事故

（1）定期对套管进行清扫，保持清洁，防止污闪和大雨时的闪络。在严重污秽地区运行的变压器，可考虑采用加强防污型套管或涂防污涂料。

（2）注意油纸电容式套管的介损、电容量和色谱分析结果的变化趋势，发现问题时及时处理。

（3）对110kV及以上的套管，如发现缺陷较大需进行解体检修时，组装后应该真空注油，真空度及抽空时间应符合制造厂要求，检修后应进行高电压下的介损和局部放电试验。

（4）当发现套管中缺油时，应查找原因并进行补油。对有渗漏油的套管应及时处理。

（5）电容型套管的抽压或接地运行的末屏小套管的内部引线，如有损坏应及时处理，运行中应保证末屏有良好的接地。

（6）运行、检修中应该注意检查引出线端子的发热情况并定期用红外线检测，防止因接触不良或引线开焊过热引起套管爆炸。引线钢头是锡焊的应改为铜焊。

（7）110kV及以上的套管上部注油孔的螺栓胶垫容易老化开裂，应结合小修予以更换，防止进水。

（8）变压器出厂试验时，所用的套管应和供货套管相同，防止未经试验的套管装于产品上。

7.1.4 预防引线事故

（1）在安装或大修时，应注意检查引线、均压环（球）、木支架、胶木螺钉等部件是否变形、操作松脱。注意去掉裸露引线上的毛刺及尖角，防止在运行过程中发生放电击穿。发现引线绝缘有损伤的应予修复。对500kV变压器，要注意检查分接引线绝缘状况，对高压出线要检查各绝缘结构件的位置及其电位连接引线的正确连接。

（2）各引线头应焊接良好，对套管及分接开关的引线接头如发现缺陷要及时处理。

（3）在线圈下面水平排列的裸露引线应全包绝缘，以防止杂物引起短路。

（4）35kV及以下的套管导杆上引线两侧的螺母都应有锁母和碟形弹簧垫，以防止松动。

（5）对35kV及以上的穿缆引线应包扎半叠绕白布带一层，以防裸电缆与套管导杆相碰，分流烧坏引线。

7.1.5 预防分接开关事故

（1）变压器安装投运前及无载分接开关改变分接位置后，必须测量使用分接的直流电阻，合格后方能投入运行。

（2）对有载调压开关应按出厂说明书规定在安装时及运行中定期对操作机构、切换开关及过渡电阻和选择开关等进行检查和调试。要特别注意分接引线距离、固定状况、动触头和定触头间的接触情况，判明操作机构指示位置的正确性。为防止开关箱内油渗入变压器本体影响色谱分析对故障的判断，应保持其密封良好。对220～500kV变压器必要时应进行切换开关电木筒的密封试验。

（3）无载调压开关应注意检查弹簧状况，触头表面镀层及接触情况，分接引线是否断裂及紧固件是否松动。为防止拨叉产生悬浮电位放电，应注意作等电位连接。

7.1.6 防止变压器油劣化

（1）加强油务管理监督工作，定期进行绝缘油的色谱分析和化学监督，保持变压器油质良好。220～500kV变压器的变压器油应严格控制含水量、含气量、油耐压强度和$\tan\delta$四大指标。

（2）运行中发现变压器油$\tan\delta$等指标增大并影响变压器整体绝缘水平下降时，应及时查明原因和进行油处理。

（3）装有隔膜密封的大容量变压器，注油应严格按厂家说明书规定的工艺要求进行，防止出现假油位和进入空气。

（4）开启试运行的变压器，有条件时可改为隔膜密封，也可采用半导体致冷干燥器驱潮。

（5）新投变压器的油中溶解气体色谱试验取样周期应按部颁规程执行，应从实际带电起就纳入色谱监视范围，按实际情况确定取样监测时间间隔，油样应及时进行分析。

7.1.7 防止变压器火灾事故

（1）加强变压器的防火工作，应特别注意对套管的质量检查和运行监视，防止运行中发生爆炸喷油，引起变压器着火。运行中应有事故预想。变压器周围应有可靠的消防设施，一旦发生事故时能尽量缩小事故范围。

（2）进行变压器干燥时，应事先作好防火等安全措施，防止加热系统故障或线圈过热烧毁变压器。

（3）变压器放油后（器身暴露在空气中）进行电气试验（如测量直流电阻或通电试验）时，严防因感应高压打火或通电时发热引燃油。

（4）在处理变压器引线及在器身周围进行明火作业时，必须事先作好防火措施，现场应设置一定数量的消防器材。

（5）事故储油坑应保持在良好状态，卵石厚度符合要求。储油坑及排油管道应畅通，事故时应能迅速将油排出（例如排入事故总储油池），防止油排入电缆沟内。室内变压器也应有储油池或挡油矮墙，防止火灾蔓延。

（6）变压器应设法安装自动遥控水喷雾或其他灭火装置。

7.2 防止大型变压器损坏和爆炸事故

（1）加强对变压器类设备从选型、定货、验收到投运的全过程管理，明确变压器专责人员及其职责。

（2）严格按有关规定对新购变压器类设备进行验收，确保改进措施落实在设备制造、安装、试验阶段，投产时不遗留同类型问题。

1）订购前，应向制造厂索取做过突发短路试验变压器的试验报告和抗短路能力动态计算报告；在设计联络会前，应取得所订购变压器的抗短路能力计算报告。

2）220kV 及以上电压等级的变压器应赴厂监造和验收，按变压器赴厂监造关键控制点的要求进行监造，监造验收工作结束后，赴厂人员应提交监造报告，并作为设备原始资料存档。

3）出厂局部放电试验的合格标准。

a. 220kV 及以上变压器，测量电压为 $1.5U_m/\sqrt{3}$时，自耦变中压端不大于 200pC，其他不大于 100pC。

b. 110kV 变压器，测量电压为 $1.5U_m/\sqrt{3}$时，不大于 300pC。

c. 中性点接地系统的互感器，测量电压为 $1.0U_m/\sqrt{3}$时，液体浸渍不大于 10pC，固体型式不大于 50pC。测量电压为 $1.2U_m/\sqrt{3}$时，液体浸渍不大于 5pC，固体型式不大于 20pC。

d. 对 220kV 及以上电压等级互感器应进行高电压下的介损试验。

4）向制造厂索取主要材料和附件的工厂检验报告和生产厂家出厂试验报告；工厂试验时应将供货的套管安装在变压器上进行试验；所有附件在出厂时均应按实际使用方式整体预装过。

5）认真执行交接试验规程。对 110kV 及以上电压等级变压器在出厂和投产前应做低电压短路阻抗测试或用频响法测试绕组变形以留原始记录。220kV 及以上电压等级和 120MVA 及以上容量的变压器在新安装时必须进行现场局部放电试验。220kV 及以上电压等级变压器在大修后，必须进行现场局部放电试验。

6）大型变压器在运输过程中应按规范安装具有时标且有合适量程的三维冲击记录仪，到达目的地后，制造厂、运输部门和用户三方人员应共同验收，记录纸和押运记录应提供用户留存。

（3）设备采购时，应要求制造厂有可靠、密封措施。对运行中的设备，如密封不良，应采取改进措施，确保防止变压器、互感器进水或空气受潮。加强运行巡视，应特别注意变压器冷却器潜油泵负压区出现的渗漏油。防止套管、引线、分接开关引起事故。套管的伞裙间距低于标准的，应采取加硅橡胶伞裙套等措施，防止雨闪事故。

（4）潜油泵的轴承，应采用E级或D级，禁止使用无铭牌、无级别的轴承。油泵应选用转速不大于1000r/min的低速油泵。为保证冷却效果，风冷却器应定期进行水冲洗。

（5）变压器的本体、有载开关的重瓦保护应投跳闸，若需退出重瓦斯保护时，应预先制定安全措施，并经总工程师批准，并限期恢复。

（6）对220kV及以上电压等级变电设备还需每年进行至少一次红外成像测温检查。在技术和管理上采取有效措施，尽可能防止或减少变压器的出口短路，改善变压器的运行条件。变压器在遭受近区突发短路后，应做低电压短路阻抗测试或用频响法测试绕组变形，并与原始记录比较，判断变压器无故障后，方可投运。

（7）新建或扩建变压器一般不采用水冷却方式，对特殊场合必须采用水冷却系统的，应采用双层铜管冷却系统。对目前正在正常使用的单铜管水冷却的变压器，应始终要保持油压大于水压，并要加强维护，采取有效的运行监视方法，及时发现冷却系统泄漏故障。

（8）对薄绝缘变压器，可按一般变压器设备进行技术监督，如发现严重缺陷，变压器本体不宜再进行改造性大修，对更换下来的薄绝缘变压器也不应再迁移安装。

（9）对新的变压器油要加强质量控制，用户可根据运行经验选用合适的油种。油运抵现场后，应取样试验合格后，方能注入设备。加强油质管理，对运行中油应严格执行有关标准，对不同油种的混油应慎重。

（10）按规定完善变压器的消防设施，并加强管理，重点防止变压器着火时的事故扩大。

（11）防止套管存在的问题。

1）套管安装就位后，带电前必须静放。500kV套管静放时间不得少于36h，110～220kV套管不得少于24h。

2）对保存期超过1年的110kV及以上套管，安装前应进行局部放电试验、额定电压下的介损试验和油色谱分析。

3）事故抢修所装上的套管，投运后的3个月内，应取油样做一次色谱试验。

4）作为备品的110kV及以上套管，应置于户内且竖直放置。如水平存放，其抬高角度应符合制造厂要求，以防止电容芯子露出油面而受潮。

5）套管渗漏油时，应及时处理，防止内部受潮而损坏。

7.3 提高主变压器安全运行补充措施

7.3.1 选型定货

（1）原则上尽量少用自耦变压器；除300MW及以上大机组厂用变外，不宜选用分裂变压器；对三绕组变压器，除非必要，一般情况中压绕组不设调压绕组。

（2）110kV变压器应选用通过突发性短路试验的厂家；220kV变压器应提供抗短路能力计算书，优先选择通过突发性短路试验的厂家。

(3) 原则上应选用有2年及以上运行经验的定型成熟的产品。

(4) 标书和技术协议应有针对性，并经有关变压器专业人员会签。评标时应适当提高技术权重。

(5) 签订合同时应给制造厂留有合理的生产周期。

(6) 110kV/31500kVA及以上双线圈降压变压器，短路阻抗宜提高到14%～15%；其他变压器应按GB 6451—2008《油浸式电力变压器技术参数和要求》规定范围高限选取。

(7) 绕组的铜导线电流密度一般不大于2.8A/mm^2。

(8) 以下容量变压器的低压绕组宜用自黏性换位导线：升压变220kV/150MVA及以上、110kV/63MVA及以上；降压变500kV/750MVA三相一体、220kV/120MVA及以上、110kV/50MVA及以上，低压绕组为半容量的三绕组变压器。

(9) 110kV及以上主变要求采用环烷基变压器油。

(10) 可推广应用金属波纹式油枕。

(11) 110kV/31.5MVA及以下变压器的有载调压开关可选用V型，110kV/31.5MVA以上可选用M型，对110kV重要变电站及220kV的变压器可选用进口MR或ABB公司产品。

(12) 油封干燥器应选用性能良好的产品。

(13) 宜选用性能好的不锈钢或铜质的蝶阀。

(14) 220kV及以上变压器，应提供零序阻抗出厂实测值。

7.3.2 设备监造、验收和运输

(1) 监造人员应选派责任心强、富有经验的专业人员参加。在前往监造之前，应编写监造、验收大纲，监造结束时提交监造报告。

(2) 监造主要内容。

1) 绕组总装过程。

2) 出厂试验全过程，重点是耐压值、感应耐压接线方式和局部放电（包括起始放电电压、熄灭电压）。

3) 出厂应提交用频响法测定绕组变形的试验报告（频谱图）和绕组半成品的直流电阻实测值。

(3) 对充氮（或空气）运输的变压器，其内部压力应保持在0.02～0.03MPa。充入气体湿度应小于30μL/L。在设备就位后，应测定其箱内气体湿度，推算出内部绝缘材料的含水量，其值应小于1%。

7.3.3 设备安装和交接验收试验

(1) 钟罩式变压器一般应吊罩检查，油箱焊死、吊芯式和短途运输的变压器应打开所有人孔、升高座，进入检查。

(2) 抽真空时，麦式真空计应该安装在油箱的侧面，严防误操作引起水银倒灌。

(3) 对出厂局部放电试验曾有多次不合格史或运输中有异常的110kV变压器，投运

前应进行局部放电试验。

（4）新安装的35kV及以上变压器的压力释放阀、瓦斯继电器应检测合格。10kV及以下变压器的压力释放阀宜安排检测。

（5）验收时对变压器的油质进行全分析。

7.3.4 运行维护

（1）严防变压器出口短路和减少近区短路故障。

1）变压器低压侧电气设备，应选用全工况（如经凝露等试验合格）、性能好的设备。

2）加强主变各侧套管、引线、母排支持绝缘子、出线电缆头及电缆中间接头等设备的维护检修工作，消除隐患，防止主变遭受近区短路冲击。

3）避免变压器低压侧母线小动物短路。

4）避免高压线路接地短路。

5）杜绝带地线合闸等误操作。

6）严防变电站6～35kV母线谐振过电压。可采取装设性能好的消谐装置。

7）35kV及以下中性点绝缘系统，电容电流超过规定值时应装设消弧线圈或其他接地方式。

（2）变压器低压侧必须有一段不大于2s的电流保护。

1）对已投运且低压侧无母差的变电站，采用以下针对性措施：

a. 原低压侧复压过流时限应不大于2s，如不满足要求，需加装限时速断保护，该保护在最小方式下满足对低压母线有1.5倍以上灵敏度，在最大运行方式下和下级的电流速断保护配合，其动作时间取0.5～2s跳主变低压侧开关。

b. 经计算在大小方式下无法同时满足灵敏度及选择性要求时，可采取低压母线分裂和牺牲下级保护选择性的办法，同样满足主变低压侧跳闸时间不大于2s。

c. 各厂局变压器专责每年初向继电保护专责提供本厂局变压器绕组变形测试情况及最大运行方式下三相出口短路时短路电流有效值，当短路电流达到变压器额定电流5倍时，应引起足够重视并采取措施，同时，继电保护专责据以考虑主变保护及低压系统保护的配合。

d. 以上临时更改措施报省公司安监部及调通中心备案。

2）对新建变电站，设计单位还可以考虑适当的措施，如：主变低压侧装设母线差动保护；采用微机保护减少保护配合时差，使主变低压侧保护动作时间不大于2s，或仍采用旧站方案，以彻底解决问题。

（3）对于主变低压10（35）kV侧的TA在开关内侧的主变保护，其10（35）kV侧复合电压过流保护要求有跳主变三侧开关的时间段，并控制其动作时间不大于2.5s。本段保护在不同的运行方式下与主变110kV和220kV侧复合电压过流保护、主变低压10（35）kV侧的出线保护可能失配。此两种情况应报省公司安监部备案并抄报调通中心。

（4）当发生因短路引起主变开关跳闸后，应尽快进行频响法或低电压阻抗法绕组变形测试。

1）当绕组中度变形且油中故障气体含量明显增多时，应安排感应耐压、局部放电试验，可考虑安装变压器油中气体连续在线监测装置。

2）当绕组中度变形并再次发生短路后，应尽快放油进人或吊罩检查。

(5) 变压器出口短路3次后，应结合绕组变形、油色谱等测试结果进行综合诊断，并采取放油进人或吊罩检查等措施。

(6) 一般情况，应安排首次（5年）吊罩大修，以后可结合状态检修进行。大修中对压力释放阀、瓦斯继电器应检测。

(7) 加强防潮防老化工作。

1）油枕密封要可靠，应结合年检进行检查。若胶囊或隔膜已老化失效，可改造为金属波纹式油枕。

2）每年3月和10月应检查维护油封干燥器，使其保持良好。年检时应排放油枕集污槽中沉积物。

3）一般情况，变压器不选用水冷却方式。对已采用水冷却方式的变压器每月应测定油中水分含量，并创造条件开展油中水分连续在线监测。

4）投运10年以上的变压器，每1～2年测定油中糠醛含量。

(8) 对1985年以前生产的变压器，应尽快向厂家确认其绝缘结构。若为薄绝缘结构，应安排退役更新；在退役前应加强油中气体含量测试，当发现有异常时，应进行吊罩检查，以便进一步确定能否继续运行。

(9) 在大修吊罩或进入内部检查时，应使用合格的变压器油擦洗低压角接线木支架和相间层压纸板。

(10) 结合年检，应开展有载调压开关切换录波。加强对自耦变压器有载调压开关油的质量监督维护。

(11) 对220kV重要变电站的主变有载调压开关每日操作超过5次和110kV直供负荷的主变有载调压开关每日操作超过10次的，可安装在线滤油装置。

(12) 对间断出现乙炔的变压器，也应引起足够重视，创造条件吊罩检查。

(13) 应加强主变大修过程的质量监督，并认真组织大修质量验收。

(14) 应建立完整的变压器台账及设备档案材料（包括变压器缺陷及故障记录、检修记录等）。

(15) 积极创造条件开展变压器在线监测与状态检修。

第8章　变压器及各附件常见缺陷和故障的分析与处理

变压器在长期运行下，会出现各种各样的缺陷和故障，而引起这些问题的原因也十分繁杂，包括设备制造和设计问题、设备老化与维护问题、设备运行管理等，缺陷严重者直接威胁电网安全稳定运行。为了确保变电安全，避免由设备缺陷而导致的异常事故，除了加强设备检修工艺外，还应掌握常见缺陷和故障的分析与处理方法，及时消除设备缺陷，随时保证运行设备的安全系数，使电网安全运行始终处于可控、能控、在控状态。

8.1　变压器常见故障

变压器故障可分为内部故障和外部故障，内部故障是指变压器本体内部绝缘或绕组出现的故障，外部故障是指变压器辅助设备出现的故障。

变压器常见的故障有：变压器过热、冷却装置故障、油位异常、轻瓦斯继电器动作、变压器跳闸和变压器的紧急停运。

在变压器过热时应重点检查变压器是否过负荷、冷却装置是否正常和是否投入、变压器三相中某一相的温度是否过高等，并采取相应的措施进行处理。若冷却装置故障，则根据故障停运的范围查找相应的故障点。若油位异常，则检查负荷和油温，冷却系统是否正常，所有阀门位置是否正确，注意变压器本身有无故障迹象等进行判断处理。若轻瓦斯继电器动作，首先检查变压器外观、声音、温度、油位、负荷情况，并抽取气样进行分析判断。若是变压器跳闸则应根据保护动作情况、现场设备情况判断故障跳闸原因，采取不同的措施进行处理。当遇到威胁变压器本身安全运行的情况时，则应立即停运变压器，以确保变压器本身的安全。

1. 变压器过热

过热对变压器是极其有害的，变压器绝缘损坏大多是由过热引起，温度的升高降低了绝缘材料的耐压和机械强度。《变压器运行负载导则》（IEC 354）指出变压器最热点温度达到140℃时，油中就会产生气泡，气泡会降低绝缘或引发闪络，造成变压器损坏。

变压器的过热对变压器的使用寿命影响极大，根据变压器运行的6℃法则，在80～140℃的温度范围内，温度每增加6℃，变压器绝缘有效使用寿命降低的速度会增加一倍。国标GB 1094《电力变压器》中也有规定，油浸变压器绕组平均温升限值65K，顶部油温升限值55K，铁芯和油箱温升限值80K。

变压器过热主要表现为油温异常升高，其主要原因可能有：①变压器过负荷；②冷却装置故障（或冷却装置未完全投入）；③变压器内部故障；④温度指示装置误指示。

当发现变压器油温异常升高时，应对以上可能的原因逐一进行检查，作出准确判断，检查和处理要点如下：

（1）若运行仪表指示变压器已过负荷，单相变压器组三相各温度计指示基本一致（可能有几度偏差），变压器及冷却装置正常，则油温升高由过负荷引起，应加强对变压器监视（负荷、温度、运行状态），并立即向上级调度部门汇报，建议转移负荷以降低过负荷倍数和缩短过负荷时间。

（2）若是冷却装置未完全投入引起的，应立即投入；若是冷却装置故障，应迅速查明原因，立即处理，排除故障；若故障不能立即排除，则必须密切监视变压器的温度和负荷，随时向上级调度部门和有关生产管理部门汇报，降低变压器运行负荷，按相应冷却装置冷却性能与负荷的对应值运行。

（3）若远方测温装置发出温度告警信号，且指示温度值很高，而现场温度计指示并不高，变压器又没有其他故障现场，可能是远方测温回路故障误告警，这类故障可在适宜的时候予以排除。

（4）如果三相变压器组中某一相油温升高，明显高于该相在过去同一负荷，同样冷却条件下的运行油温，而冷却装置、温度计均正常，则可能是由变压器内部的某种故障引起，应通知专业人员立即取油样作色谱分析，进一步查明故障。若色谱分析表明变压器存在内部故障，或变压器在负荷及冷却条件不变的情况下，油温不断上升，则应按现场规程规定将变压器退出运行。

2. 冷却装置故障

冷却装置通过变压器油帮助绕组和铁芯散热。大型主变压器多采用强迫油循环强力风冷方式。冷却装置正常与否，是变压器正常运行的重要条件。冷却设备故障是变压器常见的故障，当冷却设备遭到破坏，变压器运行温度迅速上升，变压器绝缘的寿命损失急剧增加。在冷却设备故障期间，运行人员应密切监视变压器的温度和负荷，随时向上级调度部门和运行负责人汇报，如变压器负荷超过冷却设备故障条件下规定的限值时，应按现场规程的规定申请减负荷。

需注意的是，在油温上升过程中，绕组和铁芯的温度上升快，而油温上升较慢。可能从表面上看油温上升不多，但铁芯和绕组的温度已经很高了，特别是油泵故障时，绕组对油的温升远远超过铭牌规定的正常数值，可能从表面上看油温似乎上升不多甚至没有明显上升，而铁芯和绕组的温度已经远远超过容许值。以后随着油温逐渐升高，绕组和铁芯的温度将按一定负载和冷却条件下保持对油温升为一定值的规律，继续上升到更高数值。所以，在冷却装置存在故障时，不但要观察油温、绕组温度，而且要按照制造厂说明和现场规程规定的冷却设备停运情况下变压器容许运行的容量和时间，注意变压器运行的其他变化，综合判断变压器的运行状况。

检查冷却设备的故障，应根据故障停运的范围（是个别油泵风扇停转还是整组停转，是一相停转还是三相停转），对照冷却设备控制回路图查找故障点，尽量缩短冷却设备停运时间。

如果变压器个别风扇或油泵故障停转，而其他运行正常，可能的原因有：①该风扇或油泵三相电源有一相断路（熔断器熔断、接触不良或断线），使电动机运行电流增大，热继电器动作或切断电源，或使电机烧坏；②风扇或油泵轴承或机械故障；③该风扇或油泵控制回路中相应的控制继电器、接触器或其他元件故障，或者回路断线（如端子松动，接触不良）；④热继电器定值过小而误动。

如查明原因属于电源或回路故障时，应迅速修复断线，更换熔断器，恢复电源及回路正常工作。如控制继电器损坏，应用备品更换。若风扇或油泵损坏，应立即申请检修。

如果变压器有一组（或若干台）风扇或油泵同时停转，可能原因是该组电源故障，熔断器熔断或热继电器动作，或控制继电器损坏。应立即投入备用风扇或备用油泵，然后处理恢复。

主变压器有一组或三相油泵风扇全部停止运转，必然是主变压器该相或三相冷却总电源故障引起，此时应查看备用电源是否自动投入；若未能自动投入，应迅速手动投入备用电源，查明故障原因，予以消除。

在处理电源故障，恢复电源时应注意以下几点：

（1）重装熔断器时，应先拉开回路电源和负荷侧开关刀闸。因为在带电逐相换装熔断器的过程中，当装上第二相熔断器时，三相电动机加上两相电源，会产生很大电流，使装上的熔断器又熔断。

（2）应使用合乎设计规格容量的熔断器。

（3）恢复电源重新启动冷却设备时，尽可能采取分步分组启动的步骤，避免所有风扇油泵同时启动，造成电流冲击，可能使熔断器再次熔断。

（4）三相电源恢复正常后，风扇或油泵仍不启动，可能是由于热继电器动作未复归所致，应复归热继电器。冷却设备若无故障，可重新启动。

3. 油位异常

变压器油位不正常，包括本体油位不正常和有载调压开关油位不正常两种情况。大型主变压器一般采用带有隔膜或胶囊的油枕，用指针式油位计反映油位。通过油位计，可以观察两者的油位。

（1）变压器油位低，应查其原因。如果由于低气温、低负载，油温下降，使油位降低到最低油面线，应及时加油。如果变压器严重漏油引起油位降低，应立即采取措施制止漏油，并加油。

（2）变压器油位过高，可能的原因有：①注油量过多，在高气温、高负载时，油位随温度上升；②冷却器装置故障；③变压器本身故障。变压器油位过高时，应检查负荷和油温，冷却系统是否正常，所有阀门位置是否正确，注意变压器本身有无故障迹象。若油位过高，或出现溢油，而变压器无其他故障现象，可适当放出少量变压器油。

（3）变压器有载调压开关油枕油位过高，除油温等因素影响外，还可能是有载调压切换开关的油箱由于电气接头过热或其他原因致使密封破坏，变压器本体绝缘油渗漏进入有载调压切换开关油箱内，导致有载调压开关油位异常上升。当有载调压开关油位异常并不断上升，甚至从有载调压开关油枕呼吸器通道向外溢出时，应立即向调度部门汇报，请有关专业人员进行检测分析，申请将故障变压器退出运行，进行检修。

（4）带有隔膜或胶囊的油枕，采用指针式油位计，按照隔膜或胶囊底部的位置来指示油位，在下列情况下会出现指针指示与实际不相符的现象：①隔膜或胶囊下面储积有气体，使隔膜或胶囊高于实际油位，油位指示将偏高；②呼吸器堵塞，使油位下降时空气不能进入，油位指示将偏高；③胶囊或隔膜破裂，使油进入胶囊或隔膜以上的空间，油位计指示可能偏低。对上述三种情况，可能导致油位指示不正确，需要依靠运行人员在正常的运行中，细心观察，认真分析。

4. 轻瓦斯继电器动作

变压器轻瓦斯继电器动作，表明变压器运行异常，应立即进行检查处理，方法如下：

（1）对变压器外观、声音、温度、油位、负荷进行检查。

若发现变压器温度异常升高或运行声音异常，则变压器内部可能存在故障。变压器的异常噪声有两种类型，一种是机械振动引起的，一种是局部放电引起的。可以用测听棒（或者手电筒）一端顶紧在外壳上，另一端用耳朵倾听内部声响进行判断。若噪声来自变压器内部，应根据其音质判断是内部元件机械震动还是局部放电，放电噪声的节拍规律一般与高压套管上的电晕噪声类似。若发现可疑内部放电噪声，应立即进行变压器油的色谱分析并加强监视。

若发现漏油严重，油位在油位指示计0刻度以下，可能油位已降低至作用于信号的气体继电器以下，这时应立即使变压器退出运行，并尽快处理漏油。

（2）抽取气样进行分析判断。一般情况下采用现场定性判断和在实验室进行定量分析并用。

取气时，最好使用适当容积的注射器进行。取下注射器的针尖，换上一小段塑料或耐油橡胶细管。取气前注射器和软管内应先吸满变压器油，排出空气，然后将注射器活塞推到底，排出注射器内的油。将软管接在瓦斯继电器的排气阀上（要求接口严密不漏气）。打开瓦斯继电器排气阀，缓缓抽回注射器活塞，气体即进入注射器内。

在吸有气体的注射器针尖前点火，缓缓推入活塞，观察气体是否可燃。同时必须将气体送化验部门进行含气成分分析，以便进一步作出准确的判断。

若气体的可燃性检查发现气体可燃或色谱分析确认变压器内部存在故障，应立即设法将变压器退出运行。

若气体无色无臭不可燃，色谱分析判断为空气，那么作用于信号的气体继电器动作可能是由于二次回路故障造成误报警，应迅速检查并处理。

在抽取气体的过程中还应注意：注射器应当用无色透明的，便于观察气体的颜色。同时还应在严格的监护下进行，严格保持与带电部分的安全距离。

5. 变压器跳闸

变压器自动跳闸时，应立即进行全面检查，查明跳闸原因再作处理。具体的检查内容有：

（1）根据保护的动作信号、故障录波及其他监测装置的显示或打印记录，判断保护动作的类型。

（2）检查变压器跳闸前的负荷、油位、油温、油色，变压器有无喷油、冒烟、瓷套管闪络、破裂，压力释放阀是否动作或其他明显的故障迹象，瓦斯继电器有无气体等。

（3）分析故障录波的波形。

（4）了解系统情况，如保护区内外有无短路故障、系统内有无操作，是否有操作过电压、合闸励磁涌流等。

若检查结果表明变压器自动跳闸不是变压器故障引起，则在外部故障排除后，变压器可重新投入运行。

若检查发现下列情况之一，应认为变压器内部存在故障，必须进一步查明原因，排除故障，并经电气试验、色谱分析以及其他针对性的试验证明故障确已排除后，方可重新投入运行。①瓦斯继电器中抽取的气体经分析判断为可燃气体；②变压器有明显的内部故障特征，如外壳变形、油位异常、强烈喷油等；③变压器套管有明显的闪络痕迹或破损、断裂等；④差动、瓦斯、压力等继电保护装置有两套或两套以上动作。

6. 变压器紧急停运

运行中的变压器如发现以下任何情况，应立即停止变压器的运行。

（1）变压器内部声响异常或声响明显增大。

（2）套管有严重的破损和放电现象。

（3）变压器冒烟、着火、喷油。

（4）变压器已出现故障，而保护装置拒动或动作不正确。

（5）变压器附近着火、爆炸，对变压器构成严重威胁。

变压器着火，应立即断开电源，并停风扇和油泵，与此同时，立即召唤消防人员，并立即启动灭火装置进行灭火。如着火原因是绝缘油溢出在顶盖上引起燃烧，可打开下部放油阀门放油至适当油位，即不再溢油为止，防止油位低于大盖，引起箱内起火。如为变压器内部故障致使变压器内部着火，则不能放油，以防空气进入形成爆炸性混合气体导致严重爆炸。

总之，在变压器出现故障时，需判断准确，处理得当，既要防止故障扩大，又不可轻率停止变压器的运行，这就需要我们提高判别能力，积累运行经验，使变压器的故障得到正确判断和及时处理，防止事故的扩大。

8.2 变压器各附件常见故障

以上针对变压器总体讲述了几种常见故障，下面将变压器进行分解，针对每个（套）附件，对一些典型常见故障及其处理方法进行详细介绍，同时配以部分实际案例，以此可更好地结合现场实际工作。

8.2.1 铁芯的常见故障

铁芯及其相关部件包括：铁芯片、紧固结构件、接地部件等。这些部件在变压器中都起着举足轻重的作用，因此无论哪个部件出现故障都将影响到变压器的可靠运行。一般来说它的故障过程通常都比较缓慢，且这种类型的故障大都属于过热性质，如铁芯多点接地、铁芯片间短路、漏磁发热等。当然也有放电性质的，如接地接触不良、间歇性多点接地、磁屏蔽接地不好等，另外若铁芯片没有夹紧将会产生较大的噪声。

1. 铁芯多点接地故障

铁芯只能一点接地，若出现两点及以上接地时，就会在这些接地点之间形成环流，造成铁芯局部过热，严重时会烧毁铁芯。所以运行中的变压器要求能及时发现铁芯多点接地故障，并进行针对性的处理，保证变压器正常安全运行。

（1）铁芯多点接地的判断。

1）测铁芯外引接地线中的环流。运行中的变压器，用钳形电流表测量铁芯外引接地线中的环流，正常时该电流很小，一般在0.3A以下或为零。当铁芯存在多点接地时，铁芯主磁通周围存在短路匝，感应出的环流大小取决于主磁通被包围的多少（即短接铁芯片的多少），最大可达几十安培。使用钳形电流表时应当注意，由于变压器油箱壁周围存在漏磁通，会使测量结果产生很大的误差，往往造成误判断。消除测量误差的方法之一是进行两次测量，第一次将钳形电流表靠近铁芯外引接地线，读取漏磁通干扰电流；第二次将钳形电流表钳入外引接地线并读取电流值，该电流为接地线中的环流和漏磁通干扰电流之和，两次读数之差为实际铁芯外引接地线中的环流。利用测量接地线中有无环流，能很准确地判断出铁芯有无多点接地故障。

2）利用气相色谱分析法进行判断。在对变压器油进行气相色谱分析中表现的特征气体甲烷、乙烷比重较大。而一氧化碳、二氧化碳气体含量变化不大或正常，有可能存在铁芯多点接地故障。当同时出现有少量的乙炔气体时，则有可能存在间歇性多点接地。

3）测量铁芯对地的绝缘电阻。当变压器处于停运或器身暴露状态时，可断开铁芯接地线，用兆欧表测量铁芯对地的绝缘电阻，若该绝缘电阻为零或接近于零时，则可判断为铁芯存在多点接地。

4）用直流法或交流法找出接地的硅钢片。这种方法可较好地找出被接地的硅钢片，以缩小查找接地故障点的范围，其中直流法更为方便。

（2）铁芯多点接地的处理。铁芯若存在多点接地故障时，就需要对其进行处理。对不能停运的变压器，可采用临时处理方法，即在铁芯外引接地线上串入限流电阻而彻底解决该故障，则必须对变压器进行吊芯检查处理。另外还可以采用冲击法来消除铁芯多点接地。

1）串入限流电阻。由于变压器不能停运，或经吊芯检查和处理后故障仍未消除，此时可在铁芯外引接地线回路中串入一个适当的限流电阻，将接地线中的环流限制在0.1A以下，使变压器暂时应急运行，待有条件时再进行彻底的检查和处理。

2）吊芯检查处理。在油箱底部存有金属异物是构成铁芯多点接地的主要原因之一，而这些金属异物大都是在制造或大修过程中遗存的。一般来说，金属异物将铁芯与地短接形式有两种：①金属异物搭接在铁芯硅钢片与钢夹件间桥连成通路；②铁丝或铁片等落于下铁轭的下端面与箱底间，不带电时由于它的重量沉积于油箱底部，无多点接地现象，带电时铁芯的磁力将其吸起，桥连于下铁轭的下端面与箱底间形成另一铁芯接地通路。另外对那些老式带穿心螺栓的变压器，穿心螺栓的绝缘损坏也会造成多点接地故障。

处理多点接地故障时，先将器身暴露，用兆欧表再次测量绝缘电阻，判断铁芯多点接地是否持续存在。检查能看到的铁芯部分有无金属异物，将铁芯与地之间短接，对有穿心螺栓的变压器应测量穿心螺栓与铁芯、夹件之间的绝缘，若绝缘电阻很小或为零，则说明多点接地部位在穿心螺栓上，并进行针对性处理。用白布带在下铁轭与油箱底部间隙中往返抽拉，或用高压油枪冲洗此部位，对残存在下铁轭底部的金属异物有较好的清除效果。若对底部清理后还存在着多点接地，则应将重点放在检查铁轭的端面与夹件之间存在的多点接地，这种接地故障点多在铁轭两外侧靠近夹件的这部分硅钢片。由于铁轭的大部分端面被绕组盖住，一般不容易发现金属异物，可一边测量铁芯的绝缘电阻，一边用铁丝在夹件与铁轭的缝隙来回拉动，看绝缘电阻有无变化，若有变化，说明此处是接地故障点。必要时也可用直流法来缩小接地故障点的范围。如通过查找，明确了接地的硅钢片，但无法将接地故障消除时，可将铁芯的正常接地片移至故障点，控制环流到最小值。

3）冲击法。对不吊芯的或吊芯中无法找到接地故障点的变压器，可用电容冲击法和电焊机冲击法进行冲击，用冲击法时铁芯的正常接地应断开。

2. 铁芯片间短路

铁芯片间短路时，铁芯中的部分硅钢片被短接，部分主磁通通过被短接的硅钢片间使该部分硅钢片形成短路产生短路电流，促使短接的硅钢片发热。这种故障发生时，铁芯外引接地线中无环流，铁芯对地的绝缘良好，只有气相色谱分析时的现象与铁芯多点接地类似，所以在没有吊芯时无法明确这种故障情况。发生铁芯片间短路的主要原因是铁芯的部分硅钢片被金属物件短接。

3. 漏磁发热

变压器运行时，除了主磁通外，还产生漏磁通。特别是大型变压器，运行时的电流较大，因此，它的漏磁通也很强。由于漏磁通的存在，会在铁芯的紧固结构金属件和油箱的某些部分发热。漏磁发热有两种形式：①漏磁通沿金属件导通时，在漏磁通集中的部位发热；②漏磁通穿过由铁芯的紧固结构金属件和油箱形成的闭合回路，在该回路中感应出环流，漏磁通严重的变压器，这种环流高达数百安培，将在该回路中电阻大的部位发热。处理漏磁发热可用堵和导两种方法。堵就是在漏磁集中的地方用非导磁材料来代替，如用不锈钢螺栓代替钢螺栓。导就是用优良的导磁材料（如硅钢片）设置在漏磁涡流较大的地方，也称磁屏蔽，让漏磁通沿着磁屏蔽闭合，减少涡流发热。

4. 铁芯接地屏蔽、磁屏蔽的故障

国内曾发生过由于设计和施工上存在问题而造成过数台特大型变压器接地屏故障的事故，有的是连接各铜带的连接片在插入铁芯柱时，短接了铁芯，烧坏了绝缘纸板；有的则因为铜带装配不好，折断后短接部分铁芯片，产生铁芯片间短路故障。

为了降低漏磁通在铁芯夹件支板和油箱上的漏磁发热，近些年来，在一些大型变压器上采用硅钢片制成的磁屏蔽。这种磁屏蔽可能产生磁屏蔽自身短接、多点接地和悬浮电位放电等故障，因此在检修时一定要注意：①对每组磁屏蔽必须接地且只能有一点接地；②每组磁屏蔽的硅钢片都不得出现自身片间短路。

5. 变压器运行时铁芯产生噪声

变压器在运行时发出嗡嗡的噪声，噪声的产生有两种原因：①在交变磁场作用下因硅钢片的磁滞伸缩产生，是正常现象；②由于铁芯经长期运行后松动或是检修后紧固不够所致，它不但使铁芯的噪声变大，而且长期运行下去会破坏硅钢片间的绝缘。检修时只要逐个将铁芯夹件的紧固螺栓拧紧即可使这种噪声下降。

8.2.2 绕组及引线的常见故障

绕组是变压器的心脏，一旦发生故障，将直接影响变压器的运行，且绕组发生故障后，现场一般无法进行修复。

1. 绕组绝缘不良

绕组绝缘不良是指绕组的绝缘性能达不到要求，在正常运行电压、过电流、过电压作用下，可能会演变成绕组的短路故障。其原因可能是变压器设计和制造时先天性存在的，如设计时局部位置的绝缘裕度不够，绝缘结构不合理等；也可能是在制造过程造成绝缘损伤、制造工艺不良等。这些缺陷现场一般都无法进行绝缘恢复。另外运行维护不当也会造成绕组绝缘不良。影响绕组绝缘性能的因素有：水分、温度、电场等。

水分是影响绕组绝缘性能的主要因素，绕组的纸绝缘吸收水分后绝缘下降很大，水分的来源主要是由于变压器密封不良造成进水，危害最大的是变压器油面以上部位密封不良，如电容器套管顶部、储油柜上部等，此处由于没有变压器的油压，水分很容易进入变压器本体，且不易发现，可能造成严重的变压器故障。强油循环冷却器渗漏时，油泵工作时冷却器内部是负压处，空气和水分会被吸入到变压器内。对非密封性储油柜而言，变压器油热胀冷缩产生呼吸作用，也可使变压器内进水受潮，所以要加强呼吸器的维护。另外，变压器油和纤维等绝缘材料，长期受热和电场作用下，也会分解生成微量的水分。水分的破坏作用不在于水量的多少，而在于它的分布，水分容易向温度低、电场强的地方集中，而油的循环则起着对水分的搬运作用。

变压器的寿命取决于绕组绝缘的老化程度，而绕组绝缘的老化又取决于运行时的温度，温度越高绝缘越易老化，使其绝缘性能下降，所以变压器运行时不能超过规定极限温度要求。

电场的作用在一定程度上也加速了绝缘的老化。

2. 绕组变形

当变压器受到短路冲击时，短路电流将在绕组上产生很大的电动力。辐向的电动力使外侧的高压绕组受到向外的拉力，内侧的低压绕组受到向内的挤压力；轴向力的合力使高低压绕组之间受到产生相对移动的力。短路电动力对绕组的破坏性与短路发生的地点、短路发生瞬间的相位、短路阻抗和短路时的系统运行方式等有关，巨大短路电动力可能造成绕组变形直到损毁。

3. 绕组短路

绕组的短路包括主绝缘短路和纵绝缘短路。其中，绕组短路故障中，比例较大的是匝间短路，产生原因是绕组绝缘不良、绕组抗短路能力弱等，在正常运行电压、过电流、过电压作用下绕组发生短路，并烧毁变压器。

4. 引线的常见故障

引线的常见故障除引线焊接、连接不良外，还有由于引线与其他部位的绝缘距离不够，引线表面绝缘损坏，从而导致引线间、引线对绕组、引线对地的击穿故障。同时，高电压引线表面电场强，焊接处屏蔽处理不良，电场分布很不均匀，从而引起局部放电，甚至会烧坏此处的包扎绝缘，引起故障。引线支架在运输、运行和短路电动力的振动和冲击下，造成紧固松动和断裂，使引线位移和变形，最终可能导致引线击穿。另外，穿缆式套管的引线与套管内壁可能产生分流灼伤等。

8.2.3 油箱的常见故障

1. 渗漏油

变压器油箱的渗漏油主要有两个方面：一是密封渗漏，二是焊缝渗漏。

（1）密封渗漏。密封渗漏的主要原因在于密封面的结构、密封材料的质量和安装工艺等方面。因此，在以上三方面都要做到符合标准才能尽可能减少因密封不良引起的渗漏油。

（2）焊缝渗漏。油箱由于焊接质量不好，往往会在焊接处存在砂眼或焊接开裂，从而造成变压器渗漏油。处理这种渗漏油的方法一般是补焊，最好的方法是直接对油箱内壁的渗漏点进行补焊处理，这样既安全又可靠彻底。但这种补焊方法只能在变压器吊芯时进行，变压器不吊芯时，也可采用带油补焊。变压器带油补焊时，严禁使用气焊补焊，而采用电焊补焊的方法。带油补焊一般均采用负压带油补焊，也就是在关闭储油柜连管上阀门后，排除油箱部分油，从油箱抽出一定空气，使油箱内处于负压状况。另外，带电补焊时要有防火的措施。

2. 漏磁发热

大型变压器靠近大电流引线和绕组的油箱部位，受到引线漏磁场和绕组漏磁场的作用，产生漏磁发热，使油箱壁的局部位置或箱沿螺栓上产生过热。另外，漏磁通经油箱从上节油箱传至下节油箱，在上节、下节油箱之间会产生微小的电位差，如果上节、下节油箱接触不良，甚至会在箱沿附近产生放电现象。

漏磁发热处理是在油箱内侧采用磁屏蔽的方法，即在保证绝缘距离的前提下，在油箱内侧高漏磁（局部过热）处加装用硅钢片加工成的磁屏蔽，使漏磁经磁屏蔽闭合，从而减少漏磁产生的涡流发热。箱沿放电现象的处理是让上节、下节油箱接触良好，也可用短接铜片连接于上节、下节油箱的法兰之间，使上节、下节油箱可靠地连接在一起，避免它们之间产生电位差，并在大电流出线套管附近的箱盖部分加装隔磁带。

3. 实际案例

（1）某变电站2号主变110kV A相套管底部渗漏油严重，见图8－1。

图8－1　A相套管底部渗漏油

图8－2　110kV A相套管CT接线盒

由图8－1可见，A相套管底部渗漏油严重，本体上堆积许多油迹，打开接线盒盖板发现油实际是从接线盒中渗出。此缺陷之前已处理过，当时发现紧固没有效果，于是采用堵漏胶封堵的办法制止渗油，见图8－2。

然而处理之后并未见效，渗油现象依然严重。再次到现场，对比 A 相与 B 相接线盒，发现两者密封垫安装不一样（见图 8-3）。松开 A 相接线盒线板上的螺栓，发现每颗螺栓一松即有油渗出，而且流量较大，表明其中的密封垫没有起到任何密封作用，只是靠几颗紧固螺栓勉强压紧作为密封。分析推断，套管 CT 接线盒的密封垫安装错误，起不到密封作用，需停主变更换密封垫。通过该问题发现，结合运行环境对密封结构设计、密封材料、安装工艺等加强检查十分重要。

图 8-3　110kV B 相套管 CT 接线盒

（2）某变电站 1 号主变有载开关顶盖渗油。该变电站 1 号主变本体顶部大面积渗油。根据现场油迹观察，初步判断为有载开关筒体顶盖密封不良导致渗油，打开顶盖后发现有载开关上附着水泡，见图 8-4，随即对有载开关油筒顶盖密封圈进行更换。

图 8-4　有载开关油筒顶盖

装复有载开关顶盖后，将油迹擦拭干净后继续观察，发现渗油依然存在，确定新渗油点为有载开关筒体法兰与本体连接螺栓处，见图 8-5 和图 8-6。

处理方式：对有载开关筒体法兰与本体连接螺栓进行全面紧固处理，渗油情况得到明显改善，如需彻底处理，需更换筒体密封圈。

（3）某变电站 1 号主变多处套管渗油。结合该变电站 1 号主变停役，对该主变渗油进行检查处理。于主变上部发现渗油部位较多，包括 110kV B 相套管及中性点套管法兰连接处，以及 10kV 套管下部均存在渗油。出现渗油的原因可能出于两点：①由于密封圈长期压缩老化，密封性能逐渐下降；②出厂安装工艺不到位，密封圈受力不均匀。基于以上两点，结合气温变化，当温度降低时，密封圈收缩，渗油迹象则开始显露，见图 8-7。

出现类似情况的还有福田变，2 号主变 110kV B、C 相套管法兰连接处均存在渗油痕迹。套管渗油通常出现的部位，除了套管法兰以外，套管放气螺栓以及升高座二次接线盒也是渗油多发部位，见图 8-8～图 8-11。

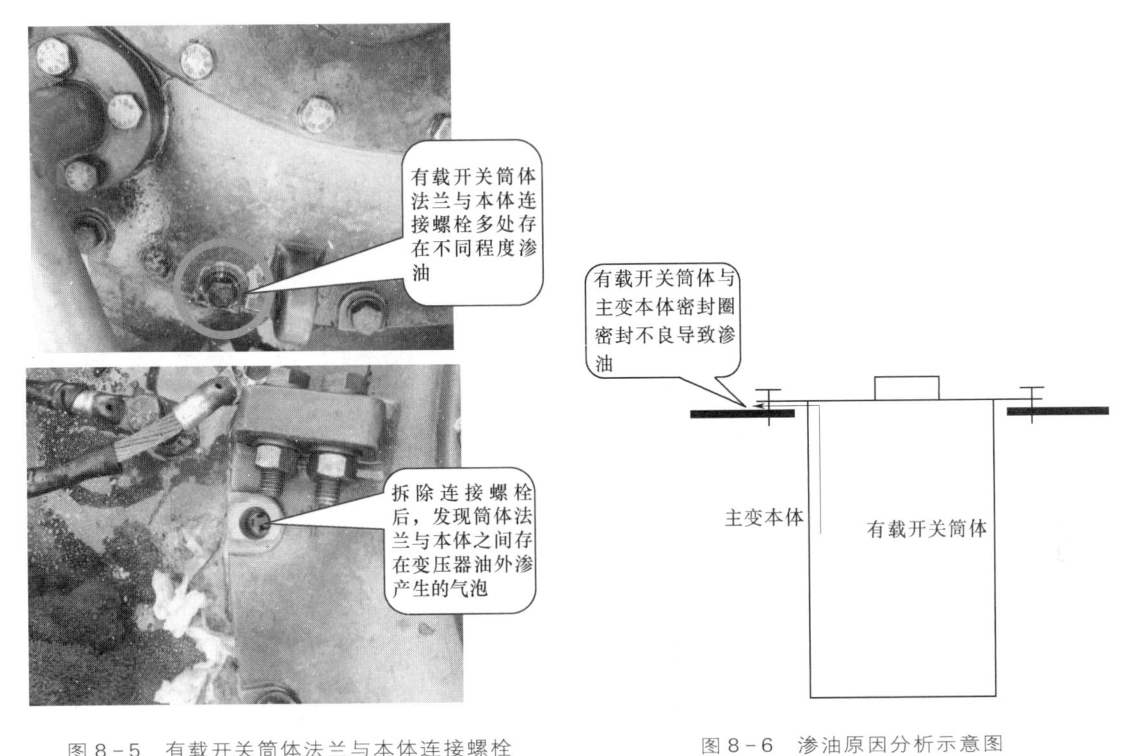

图 8-5　有载开关筒体法兰与本体连接螺栓

图 8-6　渗油原因分析示意图

图 8-7　某变电站 1 号主变多处渗油

图 8-8 某变电站 2 号主变 110kV B 相套管放气螺栓渗漏油

图 8-9 某变电站 1 号主变 110kV 中性点套管二次接线盒渗漏油

图 8-10 某变电站 3 号主变 110kV A 相套管二次接线盒渗漏油

图 8-11 某变电站 2 号主变放油阀渗油

图 8-12 放油阀正确安装方式

针对该类问题，除了加强基建施工工艺以及验收环节质量之外，检修人员应结合年检或主变停役对套管紧固及密封垫情况进行检查，并做适当紧固处理，尤其是一些老旧变压器，如果单纯紧固不起作用，应及时更换密封圈或套管。

(4) 某变电站 2 号主变放油阀渗油。该变电站 2 号主变放油阀渗油，现场查看发现实为放油阀阀门未上定位螺栓，导致阀芯未被密封圈压紧，从而出现渗油。

正确安装方式应见图 8-12。

类似问题有，某变电站 1 号主变安装在线监测装置时，由于紧固放油阀密封圈时工艺不当，使得密封圈发生偏移，从而密封不严导致渗油。

此外，3 所变电站在安装装置油管路时气体没有排尽，导致气体进入本体，引起轻瓦斯动作。

目前主变在线监测装置已全面运行，而由于该装置的安装工艺不当引发的缺陷数不胜数。因此，对于该装置安装工艺的质量监督显得尤为重要。

8.2.4 冷却装置的常见故障

散热器的常见故障主要表现有：自冷式散热器的渗漏油，风冷散热器除了渗漏油外，还有风扇的控制回路和风扇本身产生的故障。

冷却器的常见故障表现有：对于强油风冷循环的冷却器有控制回路、油泵、风扇等故障，还要注意冷却器的密封，因为油泵工作时，冷却器内部为负压区，若冷却器的密封不良，空气和水分被吸入变压器内部，使变压器内部的绝缘受潮，进入的空气轻则可使轻瓦斯经常动作发信，重则造成重瓦斯误动作，使变压器跳闸。冷却器在工作时，污物会积在表面，影响冷却器的散热效果，使变压器的油温上升。强油水冷却器若发生渗漏，会使冷却水进入变压器，造成变压器的烧毁等。

另外，所有的冷却装置工作时的阀门都应处于完全打开状态。

下面介绍几起实际案例：

（1）某变电站 2 号主变 2 号散热片贴编号处漏油。该变电站 2 号主变 2 号散热片贴编号处漏油，掀开编号贴片，可见粘贴处已严重锈蚀，见图 8－13。

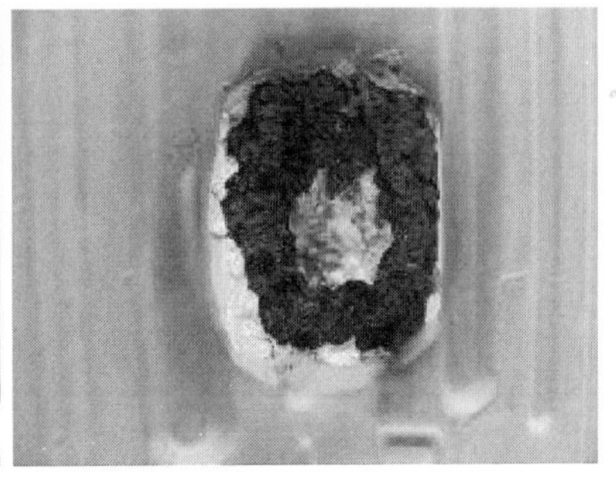

图 8－13　某变电站主变散热片贴编号处漏油

在准备封堵之前，现场用砂布小心除锈，但由于散热片本身比较薄，加上锈蚀相当严重，除锈过程中发现沙眼扩大，因此只能带锈封堵。

腐蚀现象一方面跟玻璃胶有腐蚀作用有关，另一方面跟散热片本身材质有关。现场检查其他贴片，有同样现象，见图 8－14。

在变电所检修过程中，已经发现许多变压器散热器贴标牌及序号牌的部位严重锈蚀，且散热器本身的铁皮非常薄，铁皮容易烂穿，其中某变电站 2 号主变锈蚀部位已经严重渗油，虽经过临时封堵，但效果不佳，见图 8－15 和图 8－16。结合年检对部分锈蚀严重的散热器进行了更换。

由于严重锈蚀的散热器均为户外变，分析原因是由于贴牌后，雨水进入后不易排出，引起锈蚀严重（也不排除贴牌使用的玻璃胶有腐蚀性引起）。经群策群力，开发了一种不需使用玻璃胶贴牌的方法，见图 8-17 和图 8-18。

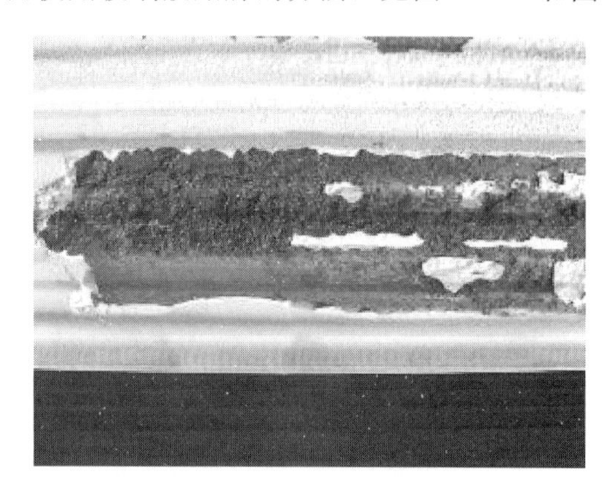

图 8-14　主变设备标识牌粘贴处

图 8-15　主变标示牌拆除后散热器锈蚀图片

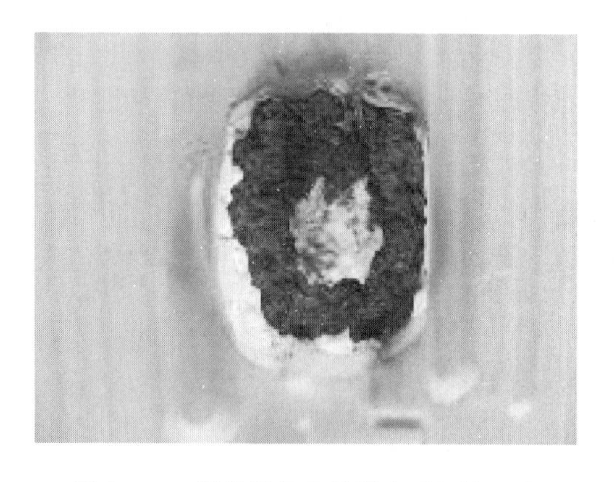

图 8-16　散热器标示牌拆除后锈蚀图片

图 8-17　标示牌新安装方式

图 8-18　标示牌夹件图片

采取措施：全面拆除变压器散热器上所贴的序号牌，主变标牌改用支架安装，散热器序号改用油漆涂刷。

（2）某变电站 1 号主变风控回路发冷却器故障信号。运行人员报冷却器启动时故障信号发生。现场检查正常，模拟按温度启动、按负荷启动冷却器试验时发现，当按温度启动返回时发冷却器故障信号。发信回路见图 8-19。

发信过程为：正电→中间继电器 KA1 的辅助常闭接点→中间继电器 KA2 的辅助常闭接点→负电，发故障信号。中间继电器 KA1、KA2 动作顺序见图 8-20。

按油温启动：当油温大于 65℃时，65℃油温接点闭合，启动 KA1，并由 50℃油温接

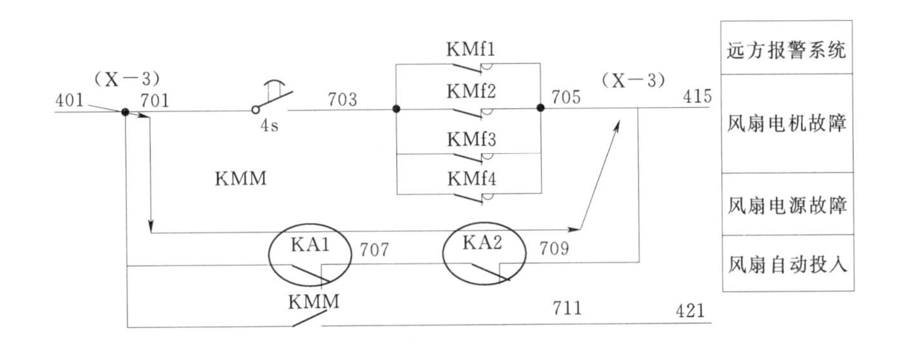

图 8－19　发信回路

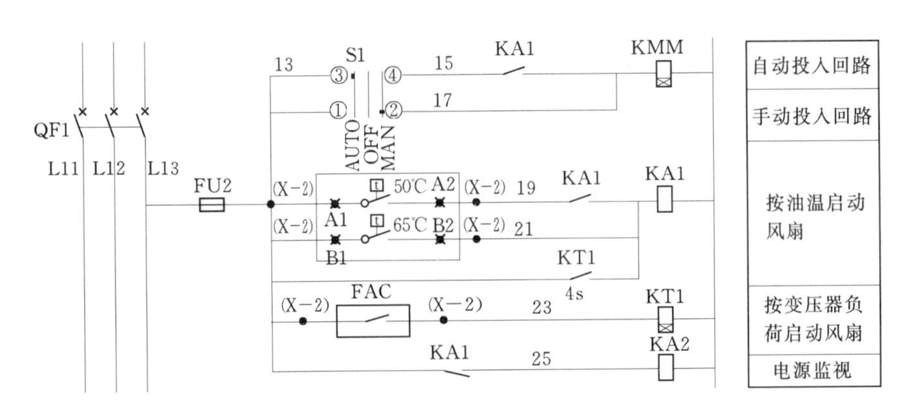

图 8－20　中间继电器 KA1、KA2 动作顺序

点自保持，KA1 控制回路上的常闭接点断开使 KA2 失电，KA2 失电其常闭接点闭合，因此在启动时不会发故障信号。

当油温低于 50℃时，50℃油温接点断开，KA1 失电，信号回路上的常闭接点闭合，同时 KA1 控制回路上的常闭接点闭合使 KA2 励磁，KA2 励磁后才把信号回路上的常闭接点打开。

KA2 励磁后才把信号回路上的常闭接点打开，需要几十毫秒的时间，KA1 失电 KA2 得电的瞬间，信号回路正电→中间继电器 KA1 的辅助常闭接点→中间继电器 KA2 的辅助常闭接点→负电导通，发故障信号。

处理方法：由 KA1 的辅助接点来控制 KA2，势必存在着 KA1 的辅助接点先于 KA2 的辅助接点动作的现象。针对较灵敏的保护装置来说，该回路设计不合理，因此，将 KA1 控制 KA2 的辅助接点短接，KA1 信号回路上的辅助常闭接点短接。然而实际功能不变，KA2 继续起到电源监视的作用。

（3）某变电站 1 号主变冷却装置电源无法从Ⅰ段自动切换至Ⅱ段。现场情况：Ⅰ段电源能够正常运行，但是无法自动切换到Ⅱ段，Ⅱ段电源上的相序保护器（电源监视器）FX2 指示灯不亮，然而其上端三相端子存在正常交流电，推断该相序保护器已失效，见图 8－21。

在检查回路图时发现，该电气连接图见图 8－22。

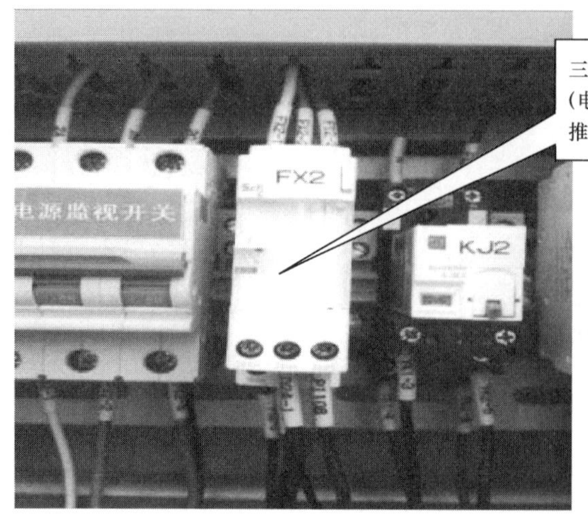

图 8－21　相序保护器失效

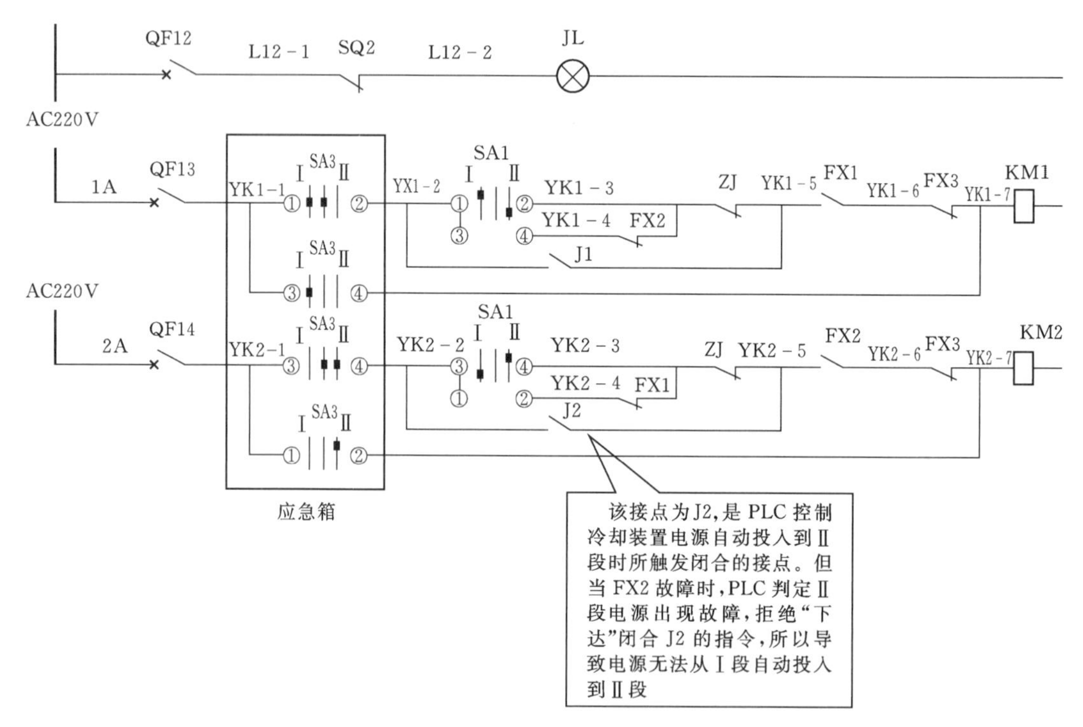

图 8－22　电气连接图

该冷却器控制系统的核心部件是 PLC，全程监控变压器及其冷却装置的运行状况并适时发出相应的指令，启动冷却装置。正常情况下，当冷却装置工作电源由Ⅰ段供电时，接点 J1 闭合，接点 J2 断开，Ⅱ段电源回路失电。当冷却装置电源到达自动轮换周期需要从Ⅰ段投入到Ⅱ段时，PLC 首先判定Ⅱ段电源是否正常，即通过对Ⅱ段电源相序保护器（Ⅱ段电源监视器）FX2 的反馈信号进行接收，如果未接收到故障信号，则 PLC 将触发断开接点 J1，闭合接点 J2，工作电源自动切换至Ⅱ段。但由于现场实际情况为 FX2 故障而无法正常监视Ⅱ段电源，则 PLC 判断Ⅱ段电源故障，于是中止了切换电源的指令，导致了“1 号主变冷却装置电源无法从Ⅰ段自动切换至Ⅱ段”的情况。更换FX2后缺陷即消除。

此外还发现KM1接触器上端B相电缆有烧焦痕迹，决定更换KM1继电器（更换该继电器需要短时断开冷却装置总电源，会导致冷却器全停，因此在更换KM1前应先将主变冷却器全停保护压板取下，防止主变跳闸）时发现接触器接线端烧焦情况非常严重，见图8-23。

图8-23　KM1烧焦情况

根据判断，由于上端头进线没有彻底和KM1紧固，导致电阻增大引起过热。

（4）某变电站2号主变冷却器故障，控制系统显示“3号、4号油泵故障”。该变电站2号主变冷却器故障，控制系统显示“3号、4号油泵故障”，现场检查3号、4号油泵故障灯亮。现场重启3号、4号油泵电源空开，复合开关“故障”灯灭，开始正常工作。通过对回路进行检查，发现3号、4号油泵复合开关内部辅助接点不可靠。此前该变电站3号主变频发“4号油泵故障”信号为同样情况，更换复合开关后告警信号复归，但过了1个月后又发“4号油泵故障”信号，检查发现是复合开关内部辅助接点不可靠。冷却器控制系统见图8-24。

该冷却回路为近两年新改造系统，之前老式风控回路的弊端虽然消除，但同时也暴露出了新的问题：复合开关及相关元器件质量不稳定引起损坏缺陷较多。结合上述问题，为避免同样情况再次发生，采取了相应的整改措施。借现场处理缺陷的机会，除了更换损坏或者不稳定的复合开关，并拆除复合开关辅助接点，在复合开关上端空开加装辅助接点，信号直接从空开送至PLC，避免因辅助接点故障影响PLC正常运作，导致油泵无法启动。经检验核对，此改动不影响冷却系统正常运行。

8.2.5　套管的常见故障

1. 电容式套管的密封不良

电容式套管的密封问题表现在两个方面：一是套管自身密封不良，二是套管将军帽（导电头）的密封不良。

（1）套管自身密封不良。油纸电容式套管的内绝缘由于工作场强较高，且油量较少、

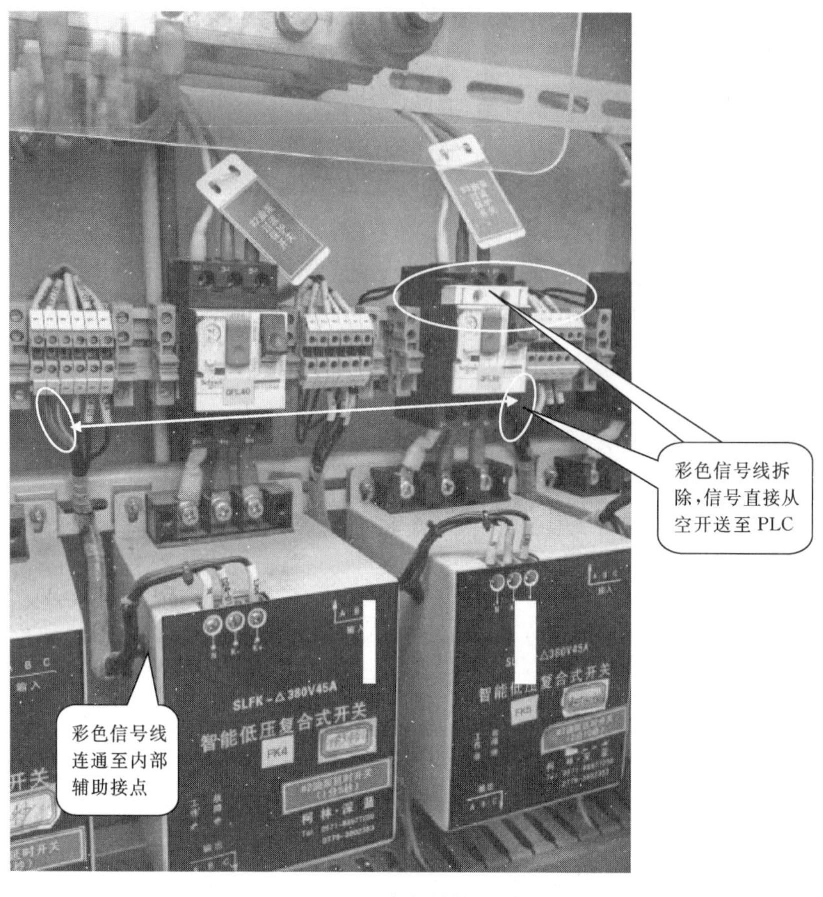

图 8-24　冷却器控制系统

密封不良，将对套管的绝缘构成很大危险。若套管顶部储油柜用以调节油位作用的弹性膨胀板等套管油面以上部件密封不好，将造成套管内部进水受潮，使电容芯子受潮劣化而危及套管的安全运行。上瓷套与中间法兰、下瓷套的各密封口及小套管密封不好，在油压的作用下更多地表现为向套管外部渗漏油，造成套管内缺油故障。其中下瓷套各密封口密封不好时，由于套管的油位高于变压器油位，将向变压器内渗漏油，且平时运行维护时渗漏不易被发现。用介损试验在一定程度上能发现电容式套管的密封不良，套管进水受潮时，$\tan\delta$ 增大，由于水的介电系数比变压器油的介电系数大，所以套管电容量 C 也增大；套管缺油时，储油柜上的空气膨胀，由于空气的介电系数比变压器油小，则套管的电容量 C 有所下降。

（2）套管将军帽（导电头）密封不良。对油纸电容式套管的引线是穿缆式结构的，如果在套管顶部将军帽密封结构不好或是将军帽的沟槽与胶垫配合不好，雨水沿着套管铜导管中的引线渗进变压器引线的根部，并扩散到附近线段使其受潮，导致变压器线段的匝间短路损坏。因此套管将军帽的密封优劣将直接危及变压器本体的安全运行。所以在变压器安装或检修时，特别要注意此处密封处理。

2. 均压球松动脱落

均压球装在套管铜导管的末端，用以改善套管末端的电场分布，它利用铜导管末端的螺纹将其拧紧固定。变压器运行时产生振动有可能使均压球松动甚至脱落，造成均压球产生悬浮放电。所以在安装和检修时，必须检查其紧固情况。为了防止均压球松动脱落，有些新式套管是采用均压球与铜套管连接后再用固体胶将其粘住。

3. 末屏断线

套管的末屏是用一根焊接在电容芯子最外屏表面的细软线通过中间法兰上小套管引出的，工作时小套管必须接地。在试验时，小套管可供测量套管的介损和测量变压器局部放电时取信号之用。所以在改变小套管接线时，可能使末屏的细软线发生转动，造成末屏断线，使电容芯子开路并出现放电现象。这种故障发生时，套管油色谱气体分析中会有少量的乙炔产生；另外，由于末屏断线相当于在原有电容芯子上再串入一电容，则套管电容量 C 将变小。

4. 电容芯子受潮或击穿

电容芯子整体受潮造成 $\tan\delta$ 增大有两种可能：一种是套管密封不良进水使电容芯子整体受潮，这种情况水分是向电容芯子内层扩散的；另一种是套管制造工艺不良，电容芯子真空干燥不彻底，内层的水分没有被抽尽，运行一段时间后，内层的水分慢慢向外扩散，使电容芯子整体受潮。

若套管的制造过程中，电容芯子的两个电容屏之间绝缘处理不好，运行中可能会造成电容屏之间击穿，相当于将电容芯子的一个电容短接，套管的电容量 C 将增大，完好电容屏之间承受的电压也将增加。

5. 瓷绝缘导杆式套管的故障

瓷绝缘导杆式套管的故障主要有引线与导杆连接不可靠，造成此处局部过热；导杆式套管顶部密封不良，造成渗漏油等。

6. 实际案例

（1）某变电站 1 号主变套管介损超标。该变电站 1 号主变 110kV 套管介损试验时，发现 A 相套管介损数据超标。通过外绝缘清扫以及对套管安装螺栓接触面处理等手段后，套管介损仍超标。之后通过咨询，厂家人员提出拆开套管头部、放出套管内部潮气的处理措施。现场按其方法处理后，套管介损数据合格。

该套管头部结构与较常见的套管有所不同，见图 8-25 和图 8-26。

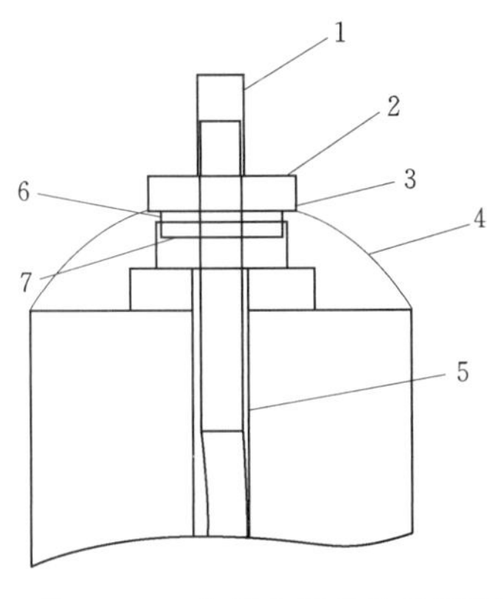

图 8-25　套管头部结构示意图

1—接线铜棒；2—大螺母；3—纸垫；4—铝罩；5—引线导电杆；6—密封圈；7—铁销子

图 8-26　套管头部实物图

拆除顺序如下：

1）拆下接线板后，旋出接线铜棒。

2）旋出大螺母，取下纸垫。

3）旋下铝罩，可看到导电杆上的密封圈。

4）取出铁销子。

5）向上提起导电杆，让密封圈脱离套管，使套管中部的潮气逸出。

按相反顺序装复后，应用万用表测量导电杆与套管头部外壳的直流电阻，确保铁销子与套管头部外壳接触良好，避免套管头部外壳悬浮。

（2）某变电站1号主变110kV A相套管介损偏高。该变电站1号主变高试介损试验显示1号主变110kV A相套管介损数据偏高。一般情况下，导致套管介损值 $\tan\theta$ 偏高的原因为内部绝缘受潮或老化引起。该变电站1号主变110kV A相套管见图8-27。

图8-27　某变电站1号主变110kV A相套管

图8-28　金属压帽水迹

了解情况后，对1号主变110kV A相套管将军帽各组件进行解体检查，拆卸部件后发现金属压帽内部聚集一摊水迹，见图8-28。

对受潮点进行干燥处理后，装复将军帽，再次进行套管介损试验，试验数据在合格范围内，见图8-29。

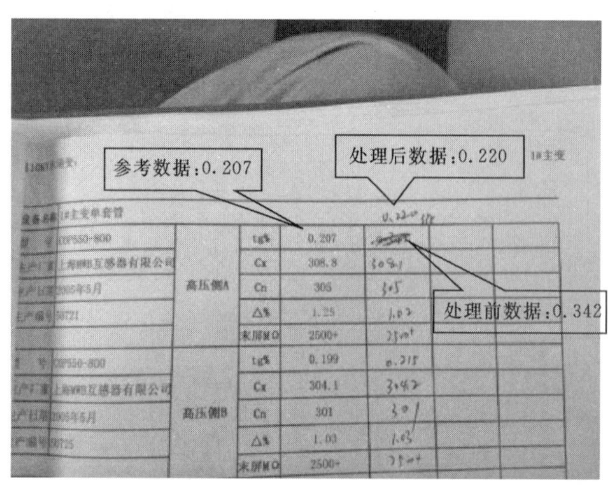

图8-29　处理后介损试验数据

原因分析：造成套管将军帽内部受潮的原因可能由于金属压帽密封纸垫老化，导致密封不良，主变水冲洗过程当中水分渗入，见图 8-30。同型号、同厂家 110kV 主变套管曾经在另一变电站发生过因密封圈密封不良导致将军帽内部受潮的缺陷。

图 8-30　金属压帽密封纸垫老化导致水分渗入

(3) 某变电站 1 号主变 110kV 套管 B 相油位低于正常油位的下限，油位不可见。现场情况：运行人员上报该变电站 1 号主变 110kV 套管 B 相油位不可见。检修人员当即停电检查处理，打开将军帽发现内部只有极少量油，见图 8-31。查找渗油点，发现为该套管末屏存在渗油，需要更换末屏，见图 8-32。

图 8-31　B 相套管观察窗

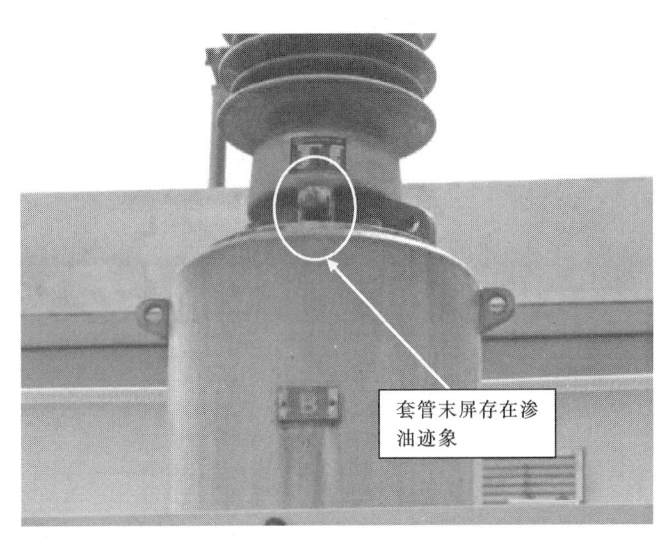

图 8-32 (一)　B 相套管末屏渗油与更换

图8-32（二） B相套管末屏渗油与更换

更换末屏后，试验人员对套管和末屏进行了介损和绝缘试验，油务人员对套管的油进行了色谱和微水试验，所有试验均合格，最后油务人员对该套管补充油。

针对该问题提出以下几点建议：

1）套管油位非常重要，一旦油位不足，在负荷较高的情况下，很可能导致套管爆炸，有极大的安全隐患，建议集中对变电所排查套管缺陷情况。

2）在日常的年检过程中经常能够发现老旧的变压器的套管末屏的各种问题，包括接地不良、难以拆卸、绝缘或者介损试验不合格。在日常年检中，要对末屏提高重视，做好预防性的措施（例如：更换外部老化的密封圈等）。

3）在对末屏进行试验时，一定要使用专用工具进行按压，不能贪图省事使用螺丝刀等工具，以免受力不均匀导致末屏内部受损。

（4）某变电站 2 号主变本体 110kV A 相套管末屏烧损。该变电站 2 号主变 110kV A 相套管绝缘为 0，介损试验合格，见图 8－33。

图 8－33　某变电站 2 号主变 110kV A 相套管末屏

试验人员对 2 号主变本体及 110kV 三相套管的油进行色谱分析，报告见表 8－1。

表 8－1　　2 号主变绝缘油色谱分析报告　　单位：μL/L

项　　目	2 号主变 110kV 套管 A 相	2 号主变
取样日期	2015.5.22	2015.5.22
分析日期	2015.5.22	2015.5.22
甲烷	27.81	14.05
乙烯	24.01	1.45
乙烷	9.32	2.44
乙炔	13.77	0.24
氢气	195.58	326.25
一氧化碳	838.09	871.05
二氧化碳	2199.94	4584.89
总烃	74.91	18.18
分析意见	乙炔、氢含量超过注意值。三比值编码：101。 故障性质：电弧放电（2 号主变 A 相套管）	氢含量超过注意值

由 2 号主变本体及 110kV A 相套管绝缘油色谱分析报告得出：

(1) 2号主变110kV套管A相乙炔含量为13.77μL/L，超出注意值2μL/L比较多。

(2) 2号主变本体氢气含量为326.25μL/L，超出注意值150μL/L比较多。

(3) 其他组分正常，微水含量6.8μL/L。

(4) 三比值编码：101。故障性质为2号主变A相套管电弧放电，其烧损痕迹见图8-34。

现场处理情况：

经检修人员检查，发现2号主变110kV A相套管末屏有放电烧焦的痕迹，见图8-34。2号主变110kV A相套管末屏进行更换。随后将套管附近的油擦拭干净，观察A相套管油位正常，更换后的套管末屏试验数据合格，安全隐患消除。

图8-34　2号主变110kV A相套管末屏烧损痕迹

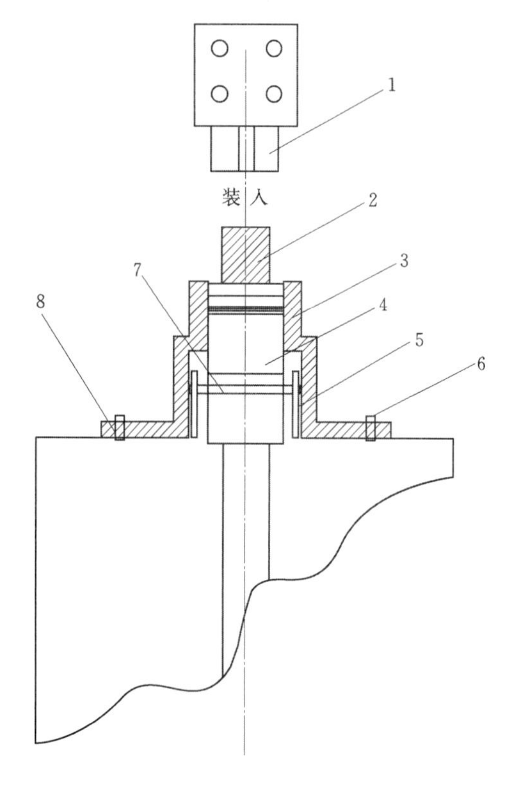

图8-35　BRDLW1型头部结构

1—接线板；2—将军帽导电杆；3—将军帽；4—引线导电头；5—销座；6—固定螺栓；7—固定销；8—密封纸垫

(5) 某220kV变电站抚顺雷诺尔生产BRDLW1型高压套管严重过热。此类套管将军帽与引线导电头是螺纹接触，导电杆内无并压紧螺母，头部结构见图8-35。发热主要原因是将军帽导电杆与引线导电头之间为螺纹接触导电，螺纹牙纹较大易引起接触不良。安装时应将将军帽导电杆旋紧使之与引线导电头可靠接触。安装时将军帽拧紧后若不采取措施，用于固定将军帽的螺栓与下法兰丝口无法对齐，只得倒旋将军帽来对准丝口，这样导致固定销和销口上沿没有着力，将军帽与引线导电杆螺纹没有紧密接触。此种情况下，主变套管头能满足常温额定负载运行条件，但在高温、大负荷下易发热。现场处理方法为：在安装将军帽时，在将军帽内增加1只厚度为2mm左右的垫圈，以此来保证在拧紧将军帽的情况下与法兰丝口对齐。

(6) 某变电站1号主变110kV A相套管渗油。现场处理过程：

1）拆除接线柱，见图 8－36。

2）拆除将军帽，见图 8－37。

图 8－36　拆除接线柱

图 8－37　拆除将军帽

3）拆除将军帽后，发现该处密封圈已经被挤压变形损坏，此为套管渗油原因，见图 8－38。

图 8－38　密封圈变形损坏

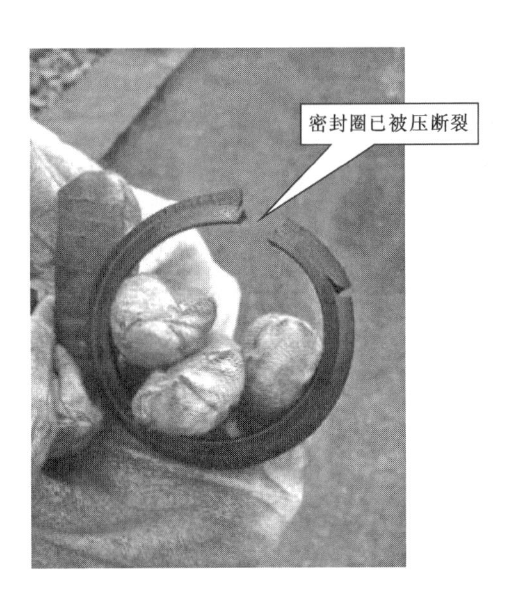

图 8－39　拆下已断裂的密封圈

4）拆下密封圈，见图 8－39。

5）更换上新密封圈并回装将军帽，见图 8－40。

推测该处密封圈被挤压变形损坏为出厂安装工艺不合格导致。

8.2.6 储油柜的常见故障

图 8-40 更换新密封圈

1. 假油位

由于胶囊式和隔膜式储油柜采用简洁的方法来指示储油柜的油位，运行中可能会出现假油位。假油位是指油位计指示油位与储油柜的实际油位不相符，不同储油柜结构产生假油位的原因是不相同的。

(1) 胶囊式储油柜的假油位。

1) 小胶囊油位计本身指示不准。若在小胶囊的油位计注油时，小胶囊内部的气体未排尽，由于空气的膨胀系数比油大，造成油位计的指示油偏高，当环境温度高变压器负载大时，油位计可能会喷出油。若油位计顶部的呼吸塞拧得过紧，造成油位计内的空气不能自由呼吸，也会发生假油位。

2) 吸湿器堵塞。吸湿器堵塞时，胶囊内部的空气不能自动地与外界呼吸，储油柜油面上会产生额外的空气压力，并作用到小胶囊上，使油位计产生假油位，这种情况往往使指示油位偏高。

3) 储油柜与胶囊之间的空气未排尽及胶囊破裂。这两种情况更多的表现会对变压器油产生劣化，胶囊破裂可能危及变压器的正常安全运行。但从假油位方面而言，只要吸湿器畅通，对油位计的指示油位影响不是很大。

(2) 隔膜式储油柜的假油位。

1) 磁力式油位计本身指示不准。磁力式油位计转动卡涩、连杆弯曲等，都会造成磁力式油位计本身指示不准，从而产生假油位。

2) 吸湿器堵塞。吸湿器堵塞时，隔膜上部的空气不能自动地与外界呼吸，对变压器运行是不利的。由于隔膜紧贴在油面上，油热胀冷缩时隔膜应能随油面的变化上下位移，从而带动磁力式油位计的指针转动，所以假油位应该不明显。

3) 隔膜与油面之间的空气未排尽。由于空气的膨胀系数比油大，造成磁力式油位计的指示偏高。

4) 隔膜破裂。隔膜破裂时，在重力作用下，使隔膜沉入油中，造成磁力式油位计指示偏低。

2. 储油柜密封不良

隔膜式储油柜的法兰既需要压紧隔膜，又起着储油柜上下两节之间密封的作用。这种结构决定了该密封面比较容易发生渗漏油，且发生渗漏油的实例很多。对胶囊式储油柜要注意油面以上部分的密封情况，如放气塞、胶囊口与吸湿器连管处等密封，因为这些部位密封不良会造成水分进入变压器内部，危及变压器的安全运行。

3. 胶囊或隔膜破裂

胶囊或隔膜破裂时，外界的空气直接与变压器油相接触，氧气和水分使变压器油产生劣化。所以检修时应检查胶囊或隔膜的完好性。

4. 实际案例

(1) 某变电站后台发“2号主变油位偏高”。现场观察2号主变有载油位计指示正常，而后台发“2号主变有载油位高”，存在两种可能：①油位计内部机械故障导致油位指针与实际油位不符；②油位计接点受潮或者电缆绝缘下降导致误发信。

待2号主变停役时，对2号主变有载开关进行放油，准备拆卸油位计进行检查。发现当有载开关油放净后，油位计指示未发生变化，拆下油位计（见图8-41）发现两个问题：①摆动油位计摆杆时，指针卡住不动；②油位计接点外包玻璃罩破裂，接点受潮严重。

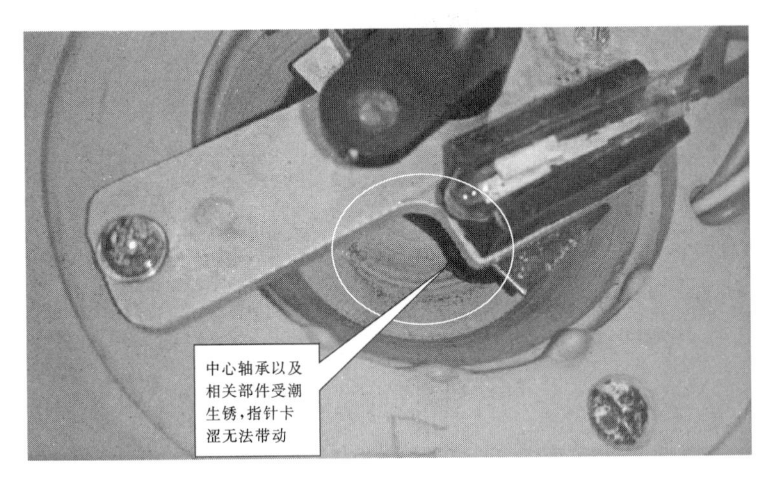

图8-41　油位计

导致指针卡涩的应该是油位计内部进入水汽，中心轴承以及相关部件受潮生锈导致转动轨迹受阻。从图8-42中可以看出生锈部件在转动轨迹上摩擦产生的锈迹。

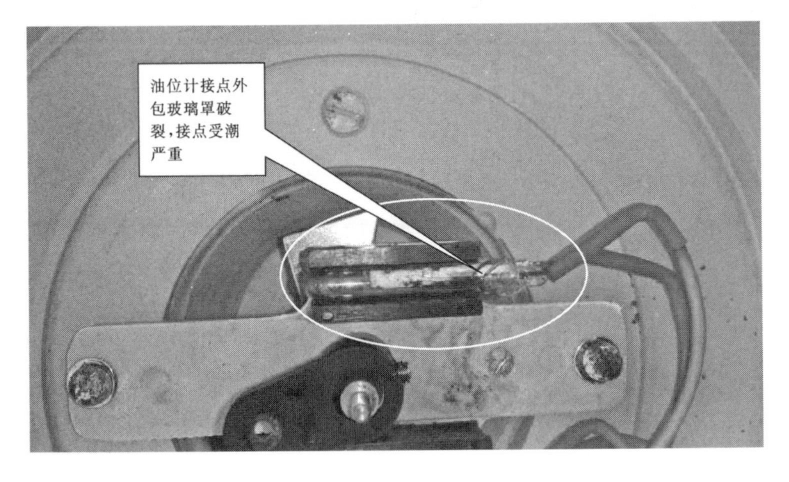

图8-42　中心轴承及相关部件受潮生锈

通过绝缘电阻表对油位计接点进行绝缘电阻检测，结果不合格，需更换油位计。

此外，通过对油位计加装防雨罩能较好地防止油位计接点进水受潮从而引起误发信。

(2) 某变电站2号主变本体油位高报警。由图8-43可见，本体油位已到顶。采取放油的办法，放油200kg左右，油位仍不下降。怀疑油位计故障导致指示不正确。之后，采取红外测温的方法检查实际油位，发现主变大多数散热器蝶阀未打开（见图8-44)，而实际主变已运行近一年时间。可见当时投产时就没有将阀门打开，而验收时也未及时发现。因此，加强验收工作十分必要。

图8-43　本体油位高报警

图8-44　散热器蝶阀未打开

(3) 某变电站2号主变本体油位低报警。现场检查本体油位指示为最低值，见图8-45，2号主变无漏油异常现象。结合2号主变停役，对本体油位计进行检查处理。拆除油位计发现浮球连杆弯曲变形（见图8-46)，推测由于浮球被油枕底部钢丝卡住，导致油位变化时油位计不能正常指示并将油位计浮球连杆顶弯。拆除油枕侧面闷盖，将油位计浮球连杆拆除，调整后重新安装（见图8-47)，补油后油位计指示正常。

图8-45　本体油位低报警

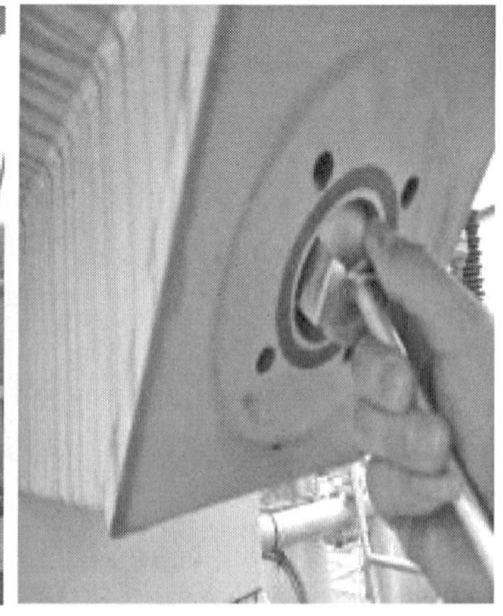

图8-46　油位计浮球连杆弯曲变形

(4) 某变电站一台变压器本体储油柜胶囊袋头部破裂。该台变压器本体储油柜胶囊袋

图 8-47　重新安装油位计浮球连杆

头部破裂造成了变压器油劣化的隐性缺陷。在检修过程中发现变压器本体呼吸器在温度变化较大情况下长时间不呼吸，而有载呼吸器较明显。根据经验断定储油柜或呼吸器出现问题，最终查明上述现象是由于本体储油柜胶囊袋头部破裂，而本体与有载间本应关闭的阀门未曾关闭，造成有载与本体共用一只呼吸器。

(5) 某变电站 2 号电抗器（油浸式）油位计指示卡涩。现场检查发现是油枕内部的胶囊破裂，压断了油位计的浮球连杆，从而导致油位指示不正确。

打开油枕发现胶囊破裂，见图 8-48。

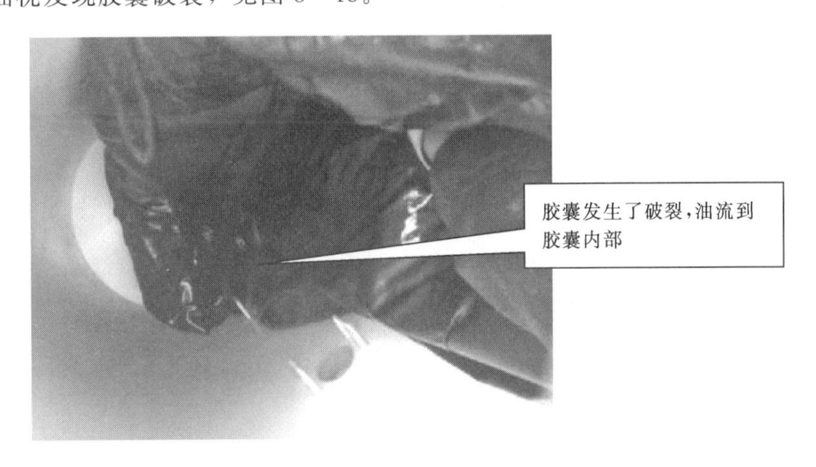

图 8-48　胶囊破裂

由图 8-49 可见：油位计连杆被破裂的胶囊压变形，导致油位计指示不准确。

破损的胶囊见图 8－50。

图 8－49　油位计连杆被破裂胶囊压变形

图 8－50　破损的胶囊

对胶囊和油位计连杆进行更换。在更换的过程中发现油枕内胶囊的两个固定挂钩的边缘处非常锋利，当胶囊膨胀时将导致胶囊极易被此处割破，见图 8－51。

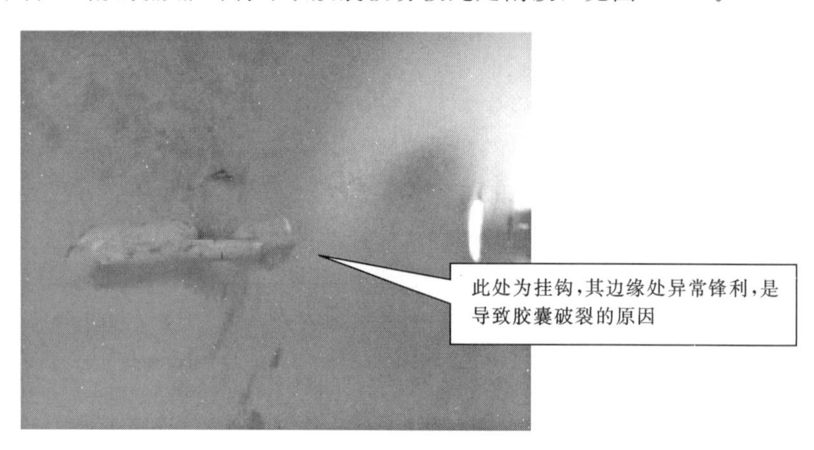

图 8－51　胶囊破裂原因

用平锉对挂钩进行打磨处理，使其外表光滑无毛刺。

对胶囊和油位计连杆进行更换，将油补充至当前合适位置，再对胶囊进行充气处理，缺陷消除。

8.2.7　在线滤油装置的常见故障

在线滤油装置通常会出现以下故障：

（1）电源灯不亮。原因及排除措施：

1）电源没接通：接通电源。

2）空气开关掉闸：检查线路排除故障后合闸。

3）指示灯坏：换灯泡。

（2）按启动钮不启动。原因及排除措施：

1）空气开关掉闸：检查线路排除故障后合闸。

2）热继电器动作：按热继电器复位钮。

（3）有载分接开关切换时装置不联动。原因及排除措施：

1）信号线故障：检查信号回路。

2）信号回路熔断器故障：检查信号回路的熔断器。

（4）报警灯 LP03/LP04 亮。原因及排除措施：

1）滤颗粒、滤水滤芯堵塞：更换新滤芯，并按复位按钮。

2）油温低：油温升高自然排除。

（5）噪声或振动。原因及排除措施：

1）进油阀门关闭：打开进油阀门。

2）进油管堵塞：清洗进油管。

3）出油阀门关闭：打开出油阀门。

4）出油管堵塞：清洗出油管。

5）滤芯堵塞：更换新滤芯。

（6）压力表指针不动。原因及排除措施：

1）压力表开关关闭：打开压力表开关。

2）压力表坏：更换压力表。

（7）压力大于 0.6MP。原因及排除措施：

1）出油阀门关闭：打开出油阀门。

2）出油管堵塞：清洗出油管。

通过现场使用情况来看，在线滤油装置缺陷集中在 PALL（颇尔）型号上，主要有管路接头及阀门渗油、电机缓冲垫破损以及滤芯故障（杂质积累导致）等。相比之下，柯林在线滤油装置管道及阀门简化，渗油缺陷不多见。

图 8-52　油泵缓冲垫损坏

颇尔在线滤油装置的油泵缓冲垫损坏情况比较普遍，一般到年限（5 年以上）后，均会发生此问题，见图 8-52。针对该缺陷统一更换缓冲垫。

管路接头及阀门渗油主要是由于长时间运行振动引起接头松动或密封圈老化导致，见图 8-53。

颇尔厂家建议，根据目前的年检周期，滤油装置滤芯应加强关注，及时更换。另外在巡检中发现，在线滤油装置箱由于底部无排水孔，部分有积水现象，建议结合年检在滤油装置箱底部开孔。

此外，由于在线滤油装置与有载分接开关存在联动关系，在二次回路里存在交集。因此，有时在线滤油装置的缺陷与有载分接开关机构存在一定关系。

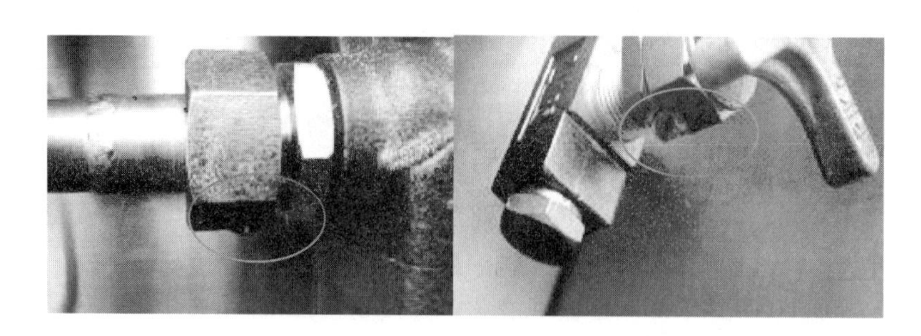

图 8-53　接头松动和密封圈老化

8.2.8　压力释放阀的常见故障

（1）动作不正确。表现在变压器内部产生突发性故障时，压力释放阀该动作时不动作；而变压器内部无故障时，压力释放阀不该动作时却动作。另外，压力释放阀的微动开关由于进水等原因，经常造成误发信。所以对于这些非电量保护装置，尤其是在其信号接点外围，应加装防雨措施。

（2）动作后渗漏油。通常是放油螺栓渗油，由于密封圈长时间使用老化导致失去弹性，起不到密封的作用，应结合停电及时更换失效密封圈。

8.2.9　气体继电器的常见故障

气体继电器故障主要是发生误动作，其原因有：

（1）二次回路绝缘不良。气体继电器顶盖积有水，将出现端子短接；二次回路绝缘破坏，造成回路被短接，使继电保护误动作。

（2）气体继电器的动作整定值过低。气体继电器的动作整定值过低，可能会造成气体继电器误动作。特别对强油循环的变压器，油泵的开停都会在气体继电器产生一定的油流，若动作整定值过低，可能会发生变压器误跳闸。

（3）发生穿越性故障。系统内发生短路故障时，强大的短路电流流过变压器内部，短路电流的冲击可能使气体继电器误动作。

下面介绍几起实际案例。

（1）某变电站 2 号主变有载轻瓦斯频繁发信。该主变有载气体继电器动作整定值过低，造成了气体继电器误动作。通常，挡板式气体继电器整定值为 $250\sim300cm^3$，通过改变重锤位置来调节轻瓦斯动作的气体容量。

（2）某变电站 1 号主变本体瓦斯渗油。

该变电所全所一次设备巡检时发现 1 号主变本体瓦斯渗油严重，平均每秒一滴，地面积聚较大面积油迹。观察本体瓦斯发现整体布满油迹，并挂有油滴，见图 8-54。

变压器型号：SZ10-50000/110，本体瓦斯型号：QJ4-80-TH，当前油温：50℃，当前油位：接近 40°。

检查本体瓦斯两侧与油管连接紧密，不存在螺栓松动现象。打开本体瓦斯上盖，发现探针外部波纹管以及整个瓦斯表面均布满油迹，怀疑是探针某部位存在裂缝，见图 8-55。

图 8-54　本体瓦斯渗油

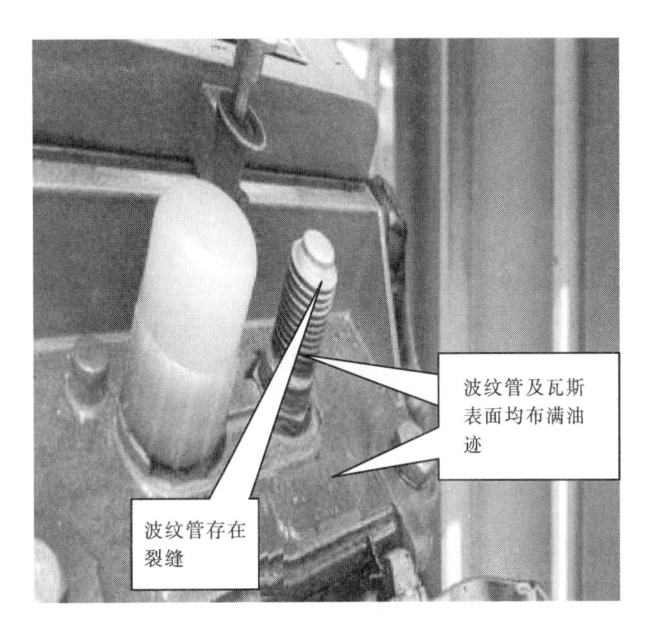

图 8-55　波纹管渗油

与运行人员沟通得知该缺陷刚刚出现。据分析，该缺陷刚刚发生，并且油渗漏速度较快（每秒 1 滴），当时最近几天气温刚刚大幅回升。可能由于油温快速上升从而膨胀导致油压增加，将探针某部位胀破，产生裂缝。之后更换本体瓦斯过程中发现波纹管焊接处存在焊缝，推测得到了证实。

8.2.10　分接开关（无励磁）的常见故障

（1）变压器箱盖上分接开关密封渗漏油。故障原因：

1）安装不当。

2）密封材料质量不好或年久变质。

处理方法：

1）如系箱盖与开关法兰盘间漏油，应拧紧固定螺母；如系转轴与法兰盘或座套间漏油，应拧下定位螺栓，拧紧压缩密封环的塞子。

2）用新的密封件予以更换。

（2）绕组直流电阻测量值不稳定或增大。故障原因：

1）运行中长期无电流通过的定触头表面有氧化膜或油污以致接触不良。

2）触头接触压力降低，触头表面烧损。

3）绕组分接线与开关定触头的连接松动。

处理方法：

1）旋转开关转轴进行3～5个循环的分接变换以清除氧化膜或污物。

2）更换触头弹簧，触头轻微烧损时，用砂纸磨光，烧损严重时应予以更换。

3）拧紧开关的所有紧固件。

（3）操动机构不灵，不能实现分接变换。故障原因：

1）开关转轴与法兰盘或座套间密封过紧。

2）触头弹簧失效，动触头卡滞。

3）单相开关的操动杆下端槽口未插入开关转轴上端。

处理方法：

1）调整压缩封环的塞子是，使密封压缩适当，既不会漏油，又确保开关转轴转动灵活。

2）更换弹簧并调整动触头。

3）拆卸操动机构，重新安装操动杆。

（4）油色谱分析发现乙炔微量升高，并无过热现象。故障原因：单相开关操动杆下端槽形插口与开关转轴上端圆柱锁间存在间隙，产生局部放电。

处理方法：拆卸操动机构，取出操动杆，检查其下端槽形插口，如发现该处有炭黑放电痕迹，应加装弹簧片，使其与开关转轴上端圆柱锁保持良好接触。

8.2.11 有载分接开关的常见故障

有载分接开关运行故障原因多种多样，对其进行故障处理时，需要具体情况具体分析，针对性分析判断处理。

以下列举了一些有载分接开关在运行或检修过程当中较常见的故障，以及通常的故障原因和处理方法。注意，这些原因有些并不唯一，只是较典型或出现概率较高，仅作参考。详细故障分析及实际案例见本书第二部分——有载分接开关检修。

（1）有载分接开关连动。故障原因：交流接触器剩磁或油污造成失电延时，顺序开关故障或交流接触器动作配合不当。

处理方法：检查交流接触器失电是否延时返回或卡滞，顺序开关触点动作顺序是否正确。清除交流接触器铁芯油污，必要时予以更换。调整顺序开关顺序或改进电气控制回路，确保逐级控制分接变换。

（2）手摇操作正常，而就地电动操作拒动。故障原因：无操作电源或电动机控制回路故障，如手摇机构中弹簧片未复位，造成闭锁开关触点未接通。

处理方法：检查操作电源或电动机控制回路的正确性，消除故障后进行整组联动试验。

（3）电动操动机构动作过程中，空气开关跳闸。故障原因：凸轮开关组安装移位。

处理方法：用灯光法分别检查 S14～S13（1～n）与 S12～S13（n—1）的分合程序，调整安装位置。

（4）电动机构仅能一个方向分接变换。故障原因：限位机构未复位。

处理方法：手拨动限位机构，滑动接触处加少量油脂润滑。

（5）分接开关无法控制操作方向。故障原因：电动机电容器回路断线、接触不良或电容器故障。

处理方法：检查电动机电容器回路，并处理接触不良、断线或更换电容器。

（6）电动机构正、反两个方向分接变换均拒动。故障原因：无操作电源或缺相，手摇闭锁开关触点未复位。

处理方法：检查三相电源应正常，处理手摇闭锁开关触点接触良好。

（7）远方控制拒动，而就地电动操作正常。故障原因：远方控制回路故障。

处理方法：检查远方控制回路的正确性，消除故障后进行整组联动试验。

（8）远方控制和就地电动或操作时，电动机构动作，控制回路与电动机构分接位置指示正常一致，而电压表、电流表均无相应变动。故障原因：接开关拒动、分接开关与电动机构连接脱落，如垂直或水平转动连接销脱落。

处理方法：检查分接开关位置与电动机构指示位置一致后，重新连接然后做连接校验。

（9）切换开关时间延长或不切换。故障原因：储能弹簧疲劳，拉力减弱、断裂或机械卡死。

处理方法：调换拉簧或检修传动机械。

（10）分接开关与电动机构分接位置不一致。故障原因：分接开关与电动机构连接错误。

处理方法：查明原因并进行连接校验。

（11）分接开关储油柜油位异常升高或降低直至变压器储油柜油位。故障原因：

1）如调正分接开关储油柜油位后仍继续出现类似故障现象，应判断为油室密封缺陷，造成油室中油与变压器本体油互相渗漏。

2）油室内放油螺栓未拧紧，造成渗漏油。

处理方法：分接开关揭盖寻找渗漏点，如无渗漏油，则应吊出芯体，抽尽油室中绝缘油，在变压器本体油压下观察绝缘护筒内壁、分接引线螺栓及转轴密封等处是否有渗漏油。然后，更换密封件或进行密封处理。有放气孔或放油螺栓的应紧固螺栓，更换密封圈。

（12）变压器本体内绝缘的色谱分析中氢、乙炔和总烃含量异常超标。故障原因：停止分接变换操作，对变压器本体绝缘油进行色谱跟踪分析，如溶解气体组分含量与产气率呈下降趋势，则判断为油室的绝缘油渗漏到变压器本体中。

处理方法：分接开关揭盖寻找渗漏点，如无渗漏油，则应吊出芯体，抽尽油室中绝缘油，在变压器本体油压下观察绝缘护筒内壁、分接引线螺栓及转轴密封等处是否有渗漏油。然后，更换密封件或进行密封处理。有放气孔或放油螺栓的应紧固螺栓，更换密封圈。

（13）运行中分接开关频繁发信动作。故障原因：油室内存在局部放电，造成气体的不断积累。

处理方法：吊芯检查是否有悬浮电位放电及其不正常局部放电源。

（14）分接选择器或选择开关定触头支架弯曲变形造成变压器绕组直流电阻超标，分接变换拒动或内部放电等。故障原因：分接选择器或选择开关绝缘支架材质不良，分接引线对其受力及安装垂直度不符合要求。

处理方法：更换定触头绝缘支架。纠正分接引线不应是分接开关受力。开关安装应垂直呈自由状态。

（15）连同变压器绕组测量直流电阻呈不稳定状态。故障原因：运行中长期不动作或长期无电流通过的定触点接触面形成一层膜或油污等造成接触不良。

处理方法：每年结合变压器小修，进行 5 个循环的分接变换。

（16）切换开关吊芯复装后，测量连同变压器绕组直流电阻，发现在转换选择器不变的情况下，相邻二分接位置直流电阻值相同或为两个级差电阻值。故障原因：切换开关拨臂与拐臂错位，不能同步动作，造成切换开关拒动，仅分接选择器动作。

处理方法：重新吊装切换开关，将拨臂与拐臂置于同一方向，使拨臂凹处就位。手摇操作，观察切换开关是否左右两个方向均可切换动作，然后注油复装，并测量连同边绕组直流电阻值，以复核安装的正确性。

（17）储能机构失灵。故障原因：

1）分接开关干燥后无油操作。

2）异物落入切换开关芯体内。

3）误拨枪机使机构处于脱扣状态。

处理方法：严禁干燥后无油操作，排除异物。

（18）切换开关动触头 Y 形臂中性线对主触头之间放电，造成变压器二分接间短路故障。故障原因：切换开关 Y 形臂中性线，为裸多股软线，易松散并坐落在切换开关相间分接接头间，在级电压下易击穿放电。

处理方法：切换开关 Y 形臂中性线加包绝缘。

（19）分接开关有局部放电或爬电痕迹。故障原因：紧固件或电极有尖端放电，紧固件松动或悬浮电位放电。

处理方法：排除尖端，加固紧固件，消除悬浮放电。

（20）断轴。故障原因：分接开关与电动机构连接错位或分接选择器严重变形。

处理方法：检查分接选择器受力变形原因，予以处理或更换转轴。进行整定工作位置的判断，并进行连接校验。

参 考 文 献

[1] 陈敢峰．变压器检修［M］．北京：中国水利水电出版社，2004.

[2] 浙江省电力公司．Q/GDW 169—2008 油浸式变压器（电抗器）状态评价导则［S］．北京：中国电力出版社，2010.

[3] 国家电网公司．国家电网公司十八项电网重大反事故措施［M］．北京：中国电力出版社，2007.

[4] 中国电力科学研究院．GB 50148—2010 电气装置安装工程电力变压器、油浸电抗器、互感器施工及验收规范［S］．北京：中国计划出版社，2010.

第 2 部分　有载分接开关检修

第9章　有载分接开关基础知识

随着电力系统的不断发展，电力用户对电压质量的要求也越来越高，由于发电和用电不可能随时保持平衡，电压的波动是不可避免的，为了稳定负荷中心电压、调节负荷潮流、联络电网，就需要对变压器进行电压调整，可以利用的手段有安装同步补偿器、电容器、调压器、调整发电机励磁等方式。在系统无功功率充足的情况下，利用分接开关来调整电压较为方便可行，即在变压器绕组的不同部位设置分接抽头，在负荷变化引起电压波动时，调换分接抽头的位置，改变其变压器绕组的匝数，从而调节变压器输出电压高低，达到稳定电网电压的目的。

分接开关分无励磁调压和有载调压两种。切换分接抽头时必须将变压器从电网中切除、在变压器无励磁的情况下方能操作的分接开关称为无励磁分接开关，其调压范围小，调压时必须停电，影响系统供电，这是无励磁调压的主要缺点。调压时不须将变压器从电网中切除，在不中断负载的情况下进行分接抽头切换的分接开关称为有载分接开关，具有调压范围大、调压速度快和随时可调性的优点，因而应用极为广泛。

有载分接开关作为变压器运行中在高电压、大电流下动作的关键设备，它的可靠性直接决定变压器的安全运行，关系到整个电力系统能否正常稳定运行，因此正确及时地做好有载分接开关的维护和检修，保持设备处于良好运行状态是极为重要的环节。

在此，本部分将系统地介绍目前国内广泛使用的电力变压器用有载分接开关原理、结构、安装、运行、检修、故障分析及处理方法。

9.1　有载分接开关基本原理

有载分接开关是指能在变压器励磁或负载状态下操作、变换变压器的分接，从而调节变压器输出电压的一种装置。有载分接开关的基本原理，就是在变压器高压绕组中引出若干分接头后，在不中断负载电流的情况下，由一个分接头切换到另一个分接头，来改变有效匝数，即改变变压器的电压比，从而实现调压的目的，其原理图见图9-1。

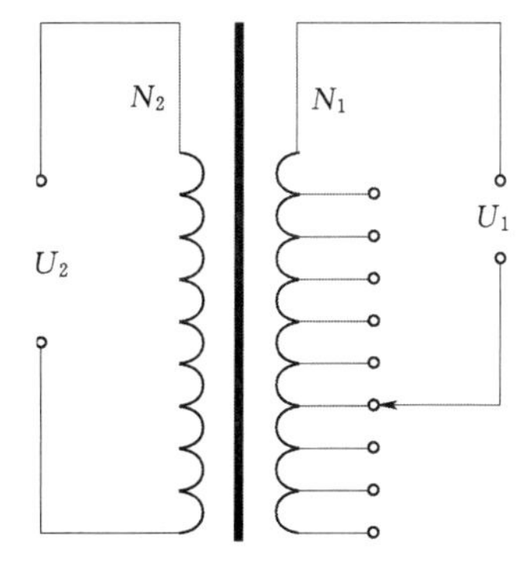

图9-1　有载分接开关原理图

有载分接开关必须满足以下基本条件：

（1）在切换过程中，保证电流是连续的。

（2）在切换过程中，保证不发生分接头间短路。

因此，在切换分接的过程中必然要在某一瞬间同时连接（也称为桥接）两个分接以保证负载电流的连续性，而在桥接的两个分接间必须串入阻抗以限制循环电流，防止发生分接间短路，开关就可由一个分接过渡到下一个分接。

该电路称为过渡电路，该阻抗称为过渡阻抗。过渡电路的原理就是有载分接开关的原理，其阻抗是电抗的，称为电抗式有载分接开关；是电阻的，称为电阻式有载分接开关。此外，由于调压变压器绕组有多个分接头，需要有一套装置来选择这些分接头，该装置称为选择电路。而不同的调压方式就要求有不同的调压电路。为满足上述要求，有载分接开关的电路由过渡电路、选择电路和调压电路三部分组成。

9.1.1 过渡电路

过渡电路是跨接于两分接头间的串接电阻电路，与其对应的机构为切换开关或选择开关。它是在带电状态下变换变压器绕组的分接头，可以用一个简单的过渡电路图说明其基本工作原理。

假定变压器每相绕组上有一分接绕组，负载电流由分接头 4 输出，见图 9-2（a）。现需要调压，负载电流改由分接头 5 输出。如果是无励磁调压，可在断电以后由分接头 4 改按至分接头 5。但有载调压时要求不断电，所以分接头 4 与分接头 5 之间需接入一个过渡电路，通常用一个过渡电阻跨接于两分接头之间，见图 9-2（a）。过渡电阻的接头好比在分接头 4 与分接 5 之间搭起了一座临时的“桥”，这时触头在桥上滑过，见图 9-2（b）。则负载电流通过“桥”输出而不断电，直至动触头 J 到达分接头 5 为止，见图 9-2（c）。动触头既然已到达分接头 5，那么，“桥”就无用了，需要拆掉，见图 9-2（d）。至此，原来是“4”的分接电压，现在改变为“5”的分接电压，切换过渡过程完成。

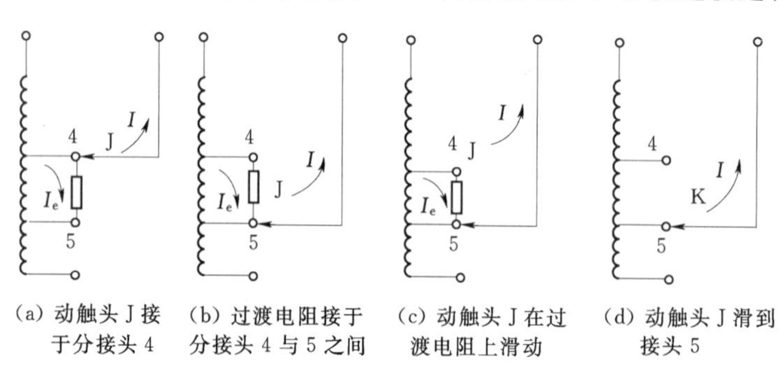

（a）动触头 J 接于分接头 4　（b）过渡电阻接于分接头 4 与 5 之间　（c）动触头 J 在过渡电阻上滑动　（d）动触头 J 滑到接头 5

图 9-2　过渡电路工作原理图

J—动触头；I—负载电流；I_e—环流

过渡电路的种类很多，按电阻数有单电阻、双电阻、四电阻与六电阻等，此外还有可控硅开关电路、真空开关电路等过渡电路。

单电阻过渡过程见图 9-3：（a）过渡开始，K、K1 同时接于分接 1 上，过渡电阻 R 被短接，负载电流经 K 输出；（b）K、K1 分别接于分接 1、2，形成桥接，循环电流被过渡电阻 R 限制；（c）K 从分接 1 上断开，产生电弧，负载电流从分接 2 经过渡电阻 R 输出，输出电压已改变分接；（d）K、K1 接到分接 2，过渡电阻 R 被短接，负载电流从分接 2 经 K 输出，过渡结束。

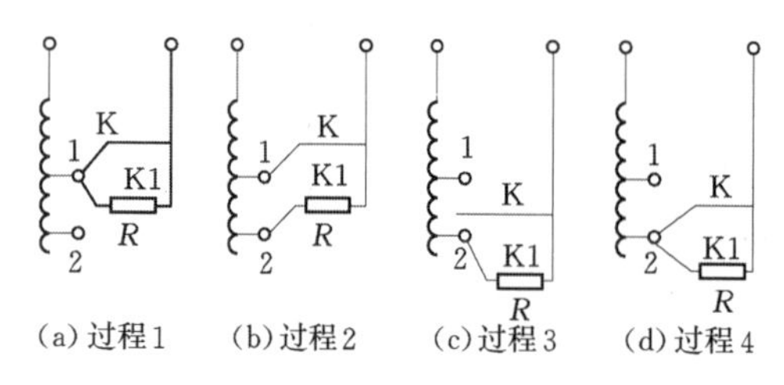

（a）过程 1　（b）过程 2　（c）过程 3　（d）过程 4

图 9-3　单电阻过渡电路

以上单电阻过渡的特点为：

1）过渡电路单臂接法非对称性。

2）输出电压两次变化，其矢量图像一面尖旗，故称非对称尖旗循环。

3）负荷方向变化使主通断触头切换容量增加 4 倍，应用时要特别注意。

4）与其他过渡电路相比，触头切换任务轻，电气寿命长。

5）适用于 10kV、35kV 配电变压器作为电压调节之用。

双电阻过渡过程分为选择开关的双电阻过渡过程（见图 9-4）和切换开关的双电阻过渡过程（见图 9-5）。

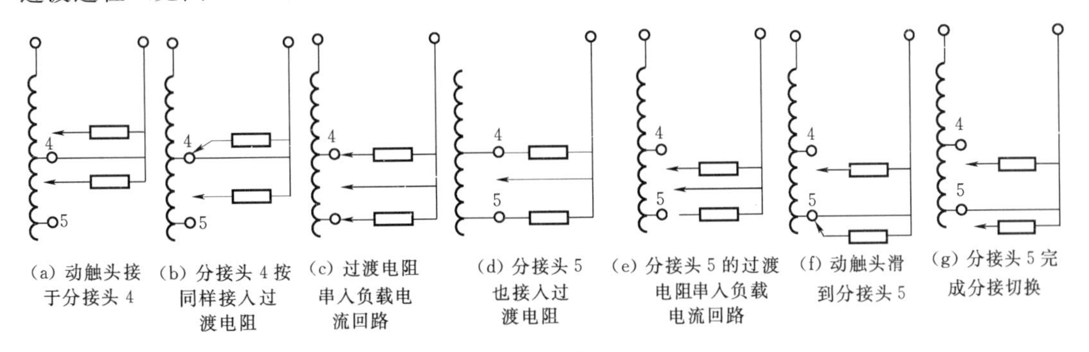

图 9-4 选择开关的双电阻过渡过程

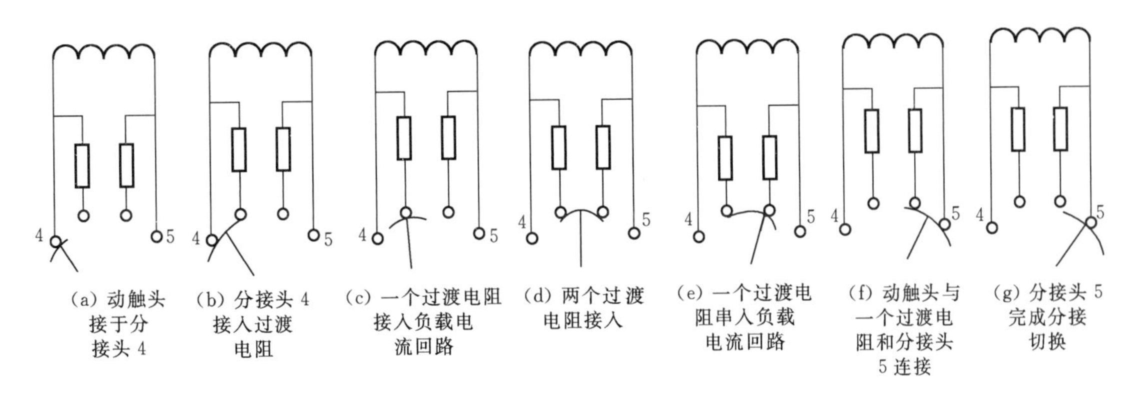

图 9-5 切换开关的双电阻过渡过程

从整个切换过程看，触头变化程序为“1-2-1”，输出电压经过四次变化。

双电阻过渡电路结构简单，经济性较好，主通断触头切换任务轻，安全性可靠，采用该结构的有载分接开关在电力系统获得广泛使用。

9.1.2 选择电路

选择电路是为选择分接绕组分接头所设计的一套电路，与其对应的机构为分接选择器、转换选择器或选择开关。常用的结构有两种：

(1) 复合式结构。它没有单独的切换开关，是将切换和选择触头合二为一，直接在各个分接开关上依次转换，见图 9-4。这种复合式结构就是所谓复合式分接开关，即选择开关。这种分接开关适用于电流不大、级电压不高的情况。

(2) 组合式结构。为了适应大容量高电压有载变压器调压，有载分接开关采用组合式结构，组合式分接开关与变压器绕组连接电路见图 9-6。它由切换开关和分接选择器组合而成。组合式分接开关把切换电流的任务专门交给切换开关，切换开关电路图如图 9-5 所示。而分接选择器则把分接头分为两组，即单数组（1、3、5…）和双数组（2、4、6…），单、双数动触头接通彼此相邻的两分接头。分接开关的变换操作在于两个转换的交替组合，即选择器单、双动触头轮流交替选择分接头，同时切换开关向左或向右往返切换相结合。

组合式分接开关为了实现上述的动作原理，其选择器在结构上把单、双数定触头按顺时针方向分布在两个圆周上，定触头通过动触头与中心环相连，中心环引线与切换开关相应的触头相连，分接开关具体的分接变换动作顺序见图 9-7 和图 9-8。图中的粗线表示电流的路径。

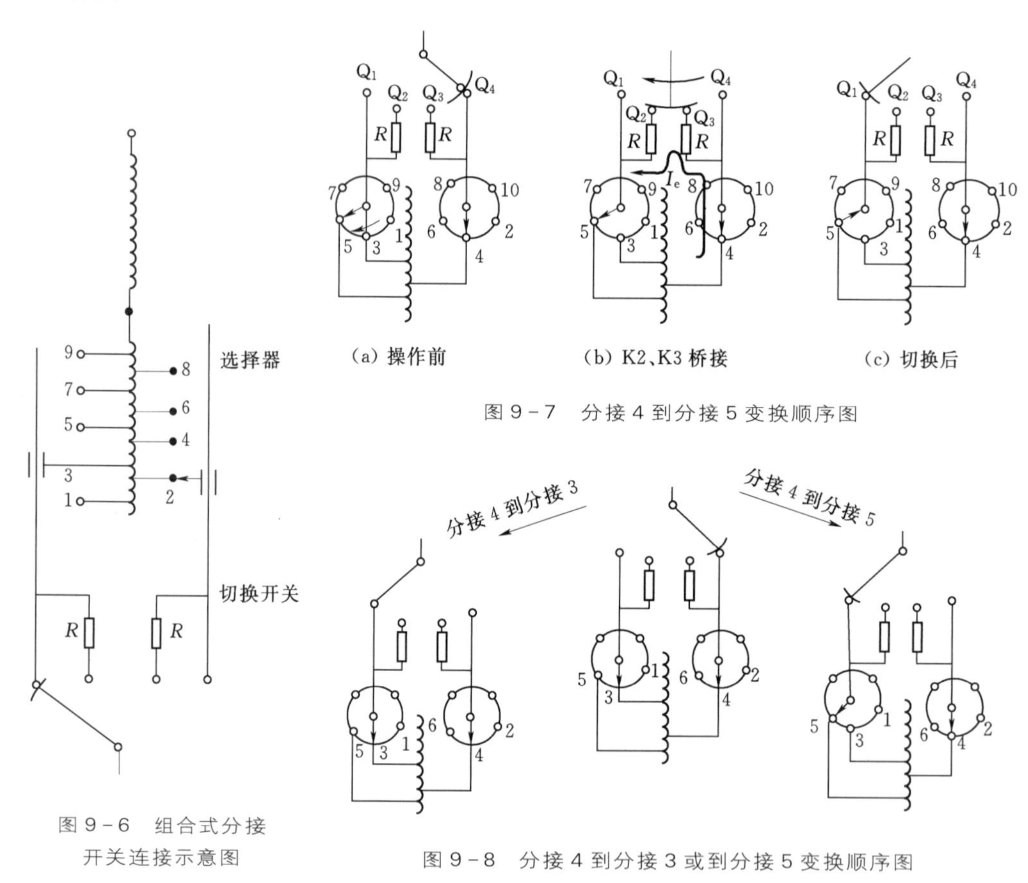

图 9-6 组合式分接开关连接示意图

图 9-7 分接 4 到分接 5 变换顺序图

图 9-8 分接 4 到分接 3 或到分接 5 变换顺序图

9.1.3 调压电路

调压电路是变压器绕组调压时所形成的电路。在调压电路中，变压器调压绕组抽出多个分接头，这些分接头通过引线和选择电路相连，通过动触头分别换接到各分接上，实现调压。有载调压电路分为基本调压电路、自耦调压电路和三相调压电路等。

(1) 基本调压电路。基本调压电路，分为三种方式：线性调、正反调和粗细调，见图

9-9。

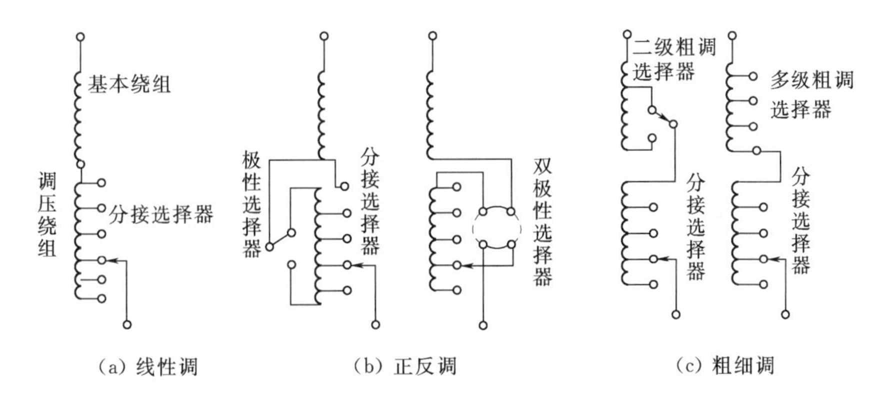

图 9-9 三种基本调压电路

线性调，主绕组连接分接绕组，调压范围 15%。正反调，主绕组可正接或反接分接绕组，调压范围增大一倍，其中±8(10193W) 与±9(10191W) 的区别为：±8 即 17 级，内有 9a、9b、9c 三个中间位置（等电位)，电动机构带有中间超越接点；±9 即 19 级，只有“10”一个中间位置。粗细调，主绕组上有一粗调段，用于正接或反接分接绕组，调压范围扩大一倍。

(2) 三相调压电路。三相调压电路可分为星形中性点调压、三角形连接调压两种，见图 9-10。

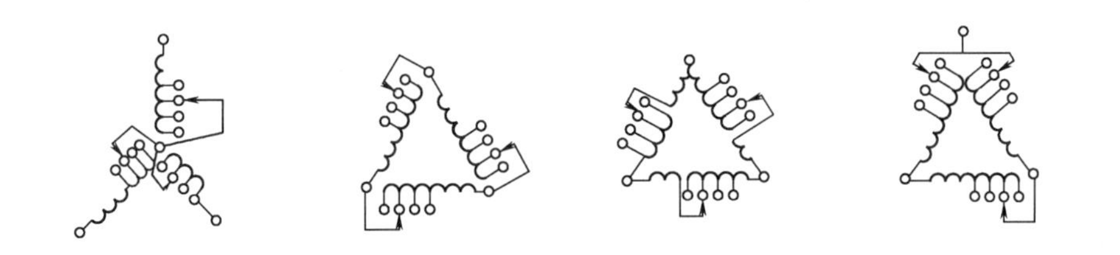

图 9-10 三相调压电路

1) 星形中性点调压。三相星形中性点调压，其分接绕组可以做成分级绝缘。因绝缘水平低，可采用一台星形连接的有载分接开关，结构紧凑、经济性好。

2) 三角形连接调压。

a. 三角形线端调压。若 $U_N \leqslant 60$kV，常用一台三相三角形接法的有载分接开关。而 110kV$\leqslant U_N \leqslant$220kV，采用三台单相有载分接开关，有机械联动或电气联动两种方式。

b. 三角形中部调压。与三角形线端调相比，允许降低一级有载分接开关绝缘水平。

c. 特殊三角形线端调压。允许两相加一相线端调压，经济性较好。

(3) 自耦调压电路。自耦调压电路可分为中性点调压、中部调压、单独调压器调压和第三绕组调压等调压电路，见图 9-11。自耦调压电路选择取决于系统条件、调压范围及大型变压器运输重量和外形尺寸等。

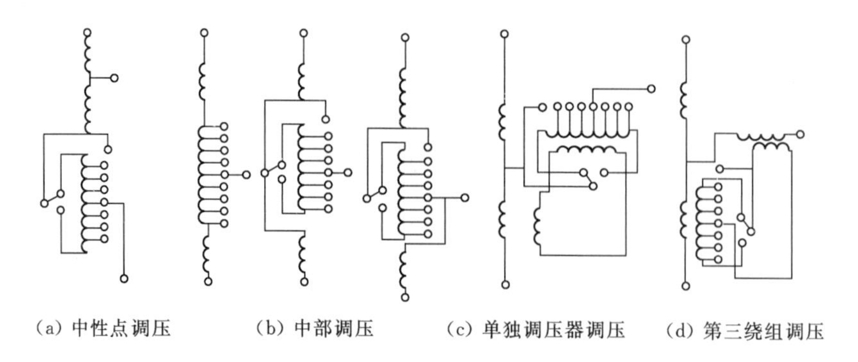

图 9-11 自耦调压电路

1）中性点调压。变压器一次与二次绕组电压比>2，调压范围<15%。

2）中部调压。常用于联络变压器。

3）单独调压器与第三绕组调压。二次绕组电压高、电流大，分接开关无法满足要求时采用，主要用于工业变压器或高压自耦变压器。

9.2 有载调压绕组结构设计

9.2.1 有载调压绕组的布置方式

因为一般变压器高压绕组套在低压绕组的外面，而且高压侧电流相对较小，所以调压分接头一般都从高压侧引出。有载调压变压器调压级数较多，大部分有载调压变压器分接绕组单独做成后，套在高压绕组的外部。

9.2.2 常见的分接头引出的部位

一般按分接头引出部位将分接开关的对地绝缘水平分为两类：Ⅰ类和Ⅱ类，见表9-1。对于绕组为分级绝缘的变压器，用于绕组中性点调压的分接开关，对地绝缘水平只需满足中性点对地绝缘水平的需要就可以了。

表 9-1 分接开关对地绝缘水平分类

类　别	Ⅰ	Ⅱ
用途	绕组的中性点	除绕组中性点以外的部位

电力系统常见的变压器绕组接线方式、变压器绕组的绝缘设计、变压器绕组中性点运行方式见表 9-2。从表中看到，电力系统常见的电力变压器高压绕组几乎全是 Y 形接线，所以我们常见的有载调压变压器大多为中性点调压。220kV 及以上大型变压器大多为自耦变，常见的调压绕组分接头大多从高压绕组末端（中压绕组首端）引出。

表 9-2　　电力变压器常见的绕组接线方式

电压等级/kV	绕组接线方式	中性点运行方式	绝缘设计
10	Y/Y	直接接地	全绝缘
35	Y/△	不接地	
66	Y/△	不接地	
110	Y/△，Y/Y/△	直接接地或不死接地	分级绝缘
220	Y/Y/△	直接接地或不死接地	
330	Y/Y/△	直接接地或不死接地	
500	Y/Y/△	直接接地或经小阻抗接地	

9.2.3　常见的绕组分接头级电压及调压范围

电力系统常见的绕组分接头级电压及调压范围为：一般 10（6）～35kV 电力变压器，选用 7～9 级，每级电压为线电压的 1.25%；110kV 级以上电力变压器，选用±8 级较多，每级电压为线电压 1.25%。对于电网结构不尽合理，按上述调压范围选择不能满足要求时，可以扩大其调压范围，现有的有载分接开关产品完全能满足需要。

常见的有载调压变压器铭牌电压表征了变压器的额定电压、调压级数、额定级电压等参数，表达方式为：

（1）35kV、双绕组电力变压器，35±4×1.25%/10.5kV。

（2）110kV、双绕组电力变压器，110±8×1.25%/10.5kV。

（3）110kV、三绕组电力变压器，110±8×1.25%/35±2×2.5%/10.5kV。

9.3　有载分接开关术语定义与分类

9.3.1　有载分接开关的术语定义

有载分接开关结构复杂，物理量、元器件较多，其对应的名词术语及定义均有统一的规定。

（1）有载分接开关。它是能在变压器励磁或负载状态下进行操作，用于调换绕组分接位置的一种装置。有载分接开关由带过渡阻抗的切换开关和带（或不带）转换选择器的分接选择器组成，由安装在变压器箱壁的电动机构经传动轴（水平与垂直）、伞形齿轮箱传动进行操作。在有些有载分接开关中，把切换开关和分接选择器的功能结合在一起而成为选择开关。

（2）选择开关。把分接选择器和切换开关的任务结合在一起，能承载和通断电流的一种开关装置（即所谓复合式分接开关）。

（3）切换开关。与分接选择器配合使用，以承载、通断已选电路中电流的一种开关装置。

（4）分接选择器。按能载流但不能接通和开断电流的技术要求设计的一种装置，它与切换开关配套用于选择分接头。分接选择器有时简称为选择器。

（5）转换选择器。这种装置是按能载流，但不能接通和开断电流设计的。它与分接选择器或选择开关联成一体，当从一端位置移到另一端时，使分接选择器或选择开关的触头和连接到触头上的分接头能使用一次以上。转换选择器可按粗调选择器设计，也可按极性选择器设计。

（6）粗调选择器。这种装置是转换选择器上的一种形式。它在结构上与选择器没有公共触头。在分接头上，为两分接或多于两分接。两分接的粗调选择器能与按粗、细布置或正、反布置的绕组相配，多于两分接的粗调选择器只能与按粗、细布置的绕组相配。

（7）极性选择器。这种装置是转换选择器的又一种形式。它与分接选择器有公共触头。分接位置数目为两个，只能与按正、反布置的绕组相配。

（8）过渡阻抗。包含一个或几个单元的电阻器或电抗器桥接于正在使用的分接头和将要使用的分接头，以达到将负载电流无间断地或无显著变化地从一个分接转到另一分接的目的。与此同时，还在两分接跨接的时间限制循环电流。过渡电阻器是指用作过渡阻抗的电阻器。过渡电抗器是指用作过渡阻抗的电抗器。

（9）驱动机构。使分接开关转动的一种装置（可以包括弹簧控制机构）。

（10）电动机构。由驱动机构、电动机构和控制线路结合在一起的一种驱动机构。电动机构是有载分接开关变换操作的位置控制和电气转动装置。它可以独立，也可以与分接开关结合一体（简易复合式分接开关）。

（11）触头组。单个定触头和动触头组成的触头对或几对实际上是同时动作的触头对的组合体。

（12）主触头。承载通过电流的触头组，它在变压器绕组与触头连接回路中没有过渡阻抗，不能通断任何电流。

（13）主通断触头。任何不经过过渡阻抗而与变压器绕组直通的、并能通断电流的触头组。

（14）过渡触头。任何通过过渡阻抗与变压器绕组和触头相串联的，并能通断电流的触头组。

（15）分接位置指示器。用于指示分接开关分接位置的一种电气和（或）机械的装置。

（16）开断电流。分接变换时，在切换开关或选择开关中每个主通断触头组或过渡触头组上所预计开断的电流。

（17）循环电流。当变换分接在两分接头桥接时，由于分接头间的电压降而产生并流过过渡阻抗的电流。

（18）恢复电压。切换开关或选择开关的每套主通断触头组或过渡触头组，在已切换电流之后，触头之间出现的工频电压。

（19）分接变换（操作）。通过电流从绕组的一个分接开始，到完全转移到相邻一个分接的全部过程。

（20）操作循环。分接开关从一端部位置变换到另一端部位置，再回到开始位置的动作。

（21）固有分接位置数。在设计上，一个分接开关在半个循环操作中所有使用的最多分接位置数目。

（22）工作分接位置数。变压器中的分接开关，在半个循环操作中的分接位置数目。变压器上用的“分接位置数”一词，常指分接开关的工作分接位置数。

（23）逐级控制。不管控制开关的动作顺序如何，在一个分接变换完成之后，能使电动机构停止的装置。

（24）分接位置指示器。用以指示分接开关分接位置的装置。

（25）分接变换指示器。用以指示电动机构正在运行的装置。

（26）限位开关。能防止分接开关发生超越任一端位的操作、但允许向相反方向操作的装置。

（27）并联控制装置。一种电气控制装置，在几台带分接的变压器并联运行情况下，用它使所有的分接开关同时调到所需要的分接位置上，以避免各个电动机构操作不一致。

（28）紧急脱扣装置。一种能使电动机构在任何时候停止的装置，且当分接开关要开始下一个分接变换操作时，该装置须先完成一个特定的动作。

（29）过电流闭锁装置。当通过变压器绕组中的过电流超过整定值时，能防止或中断电动机构操作的一种装置。用弹簧储能系统带动的切换开关，如果弹簧机构已释放动作，即使电动机构操作中断，也不能阻止切换开关操作。

（30）重启动装置。能在电源电压中断后，使电动机构再次启动，从而使原来已经开始了的一个分接变换操作得以完成的一种装置。

（31）操作计数器。一种用来指示分接变换完成次数的装置。

（32）电动机构的手动操作。使用一种机械工具，以手动方式进行分接开关的操作，同时，电动机的操作被闭锁。

（33）防止“越级”的保护装置。当逐级控制线路发生故障时，能使电动机构停止的一种装置，以免出现电动机构跨越若干分接位置的情况。

9.3.2 有载开关的分类

（1）按结构方式分为复合式和组合式两类。

1）复合式。把分接选择器和切换开关作用功能结合在一起，其触头是在带负荷下选择切换分接头。此时电动机构既可以完全独立，也可以与分接开关结为一体。

2）组合式。由分接选择器和切换开关组合而成。分接选择器动触头是在无负载状况下选择分接头之后，切换开关触头把负载电流转换到已选的另一分接头上。

（2）按过渡阻抗分为电抗式和电阻式两类，这两类的性能比较见表 9-3。

表 9-3　电抗式和电阻式有载分接开关性能比较

项　目	电抗式有载分接开关	电阻式有载分接开关
分接变换时间	慢速变换，变换时间 5～6s	快速变换，变换时间约 40ms
过渡阻抗	电感器。按连续额定负载设计，体积大、耗料多、成本高	电阻器。按短时负载设计，体积小、耗料少、成本低
综合功能	切换电流与恢复电压相位差 90°，电弧易重燃，触头寿命低，油污染大，维护检修频繁	切换电流与恢复电压同相位，电弧易熄灭，触头寿命较长，维护检修工作量较少

从表 9-3 可以看出，电抗式分接开关在功能和经济性方面明显劣于电阻式分接开关，并逐渐被电阻式所淘太。现在仅在北美地区还继续制造这种分接开关，并在电抗式基础上发展真空熄弧。目前国内生产的有载分接开关均为电阻式。按过渡电阻的数量又分为单电阻、双电阻、四电阻、六电阻。

（3）按绝缘介质和切换介质分为油浸式有载分接开关、油浸式真空有载分接开关、干式有载分接开关。

1）目前系统使用的大量的有载分接开关均为油浸式分接开关，其绝缘介质和灭弧介质均为变压器油。

2）油浸式真空有载分接开关，是近年来研制开发的新技术产品，其绝缘介质为变压器油，灭弧介质采用了真空管，使分接开关油室的绝缘油不会造成污染，显著降低了运行成本，提高了供电可靠性。

3）干式有载分接开关按其绝缘介质和灭弧介质又分为干式真空、干式 SF_6 气体和空气式有载分接开关。干式真空和空气式有载分接开关一般为容量较小的干式变压器配套产品。SF_6 气体式分接开关以 SF_6 气体作为绝缘介质，真空管作为切换元件，一般用于 SF_6 气体为绝缘介质的变压器的配套产品。

（4）按相数分为Ⅲ相、Ⅰ相及特殊设计Ⅱ相，三相分接开关各触头直接并联可作为单相分接开关使用。

1）单相有载分接开关即可用于 Y 接，也可用于△接。三相分接开关各触头直接并联可作为单相分接开关使用。单相有载分接开关一般常用于 220kV 及以上大型变压器或由三台单相变压器组合的变压器组中。220kV 及以上大型变压器用三台单相有载分接开关时，可配用一台电动机构连动操作。

2）三相有载分接开关有 Y 接和△接两种：三相调压绕组经分接开关接成 Y 结，此类分接开关往往用于中性点调压；三相调压绕组经分接开关使变压器绕组接成△结，此类分接开关往往用于线端调压或中部调压。

3）特殊设计的（Ⅰ＋Ⅱ）相分接开关既可用于 Y 接，也可用于△接，可配用一台电动机构连动操作。

（5）按调压部位分为线端调、中部调和中性点调三种。

（6）按调压电路分为线性调、正反调或粗细调三种。线性调压有载分接开关，无极性选择器和粗细选择器，调压级数较少，一般组合型最大为 17 级，复合型最大为 14 级。正反调压有载分接开关，装有极性选择器，调压绕组重复使用。粗细调压有载分接开关，装有粗细选择器，延伸了调压绕组。正反调压和粗细调压方式，调压范围均较大，组合型最大可达到 35 级，复合型最大可达到 27 级。多级粗细调压的有载分接开关，最大可达到 106 级。

简易复合型有载分接开关，一般均采用线性调压方式，调压级数一般 7～9 级。

（7）按安装方式分为埋入型安装与外置型安装、顶部引入传动与中部引入传动、平顶式（连箱盖）与钟罩式等安装方式。

9.3.3 有载分接开关常用型号的含义

同一型号的有载分接开关，由于相数、最大额定通过电流、设备最高电压、内部绝缘水平以及基本连接图的不同组合而派生出不同规格的分接开关。由于有载分接开关生产厂家众多，不同的厂家有各自的型号编码，没有统一的标准格式，下面以国内比较典型的两种有载分接开关格式为例，说明其型号含义。

（1）上海华明公司 CM 型有载分接开关。

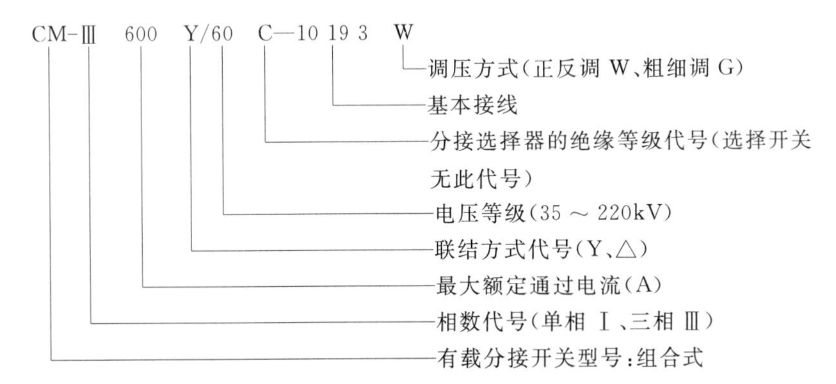

其中，基本接线 10193W 指固有分接位置为 10，工作分接位置数为 19，中间位置数为 3，正反调压方式的有载分接开关。

（2）ABB 公司 UCG 型有载分接开关。

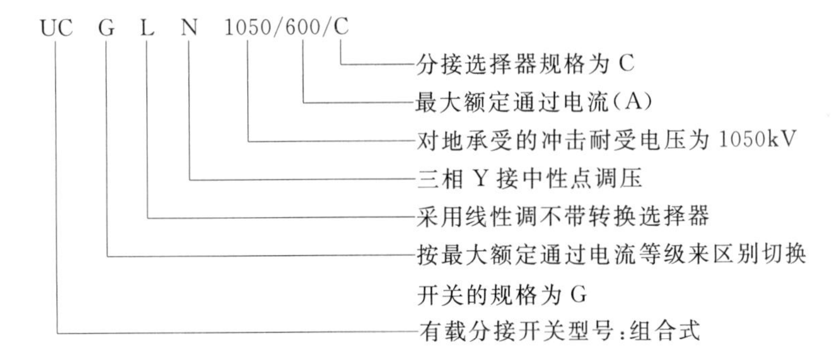

9.4 有载分接开关的绝缘保护

由于有载分接开关与变压器连接，其绝缘上的电压取决于变压器的额定电压、调压部位、调压范围、调压方式、绕组接法及结构布置方式等。而变压器在冲击电压作用下，调压绕组的过电压根据进波、调压范围和方式的不同而不同；在内部过电压作用时，调压绕组上出现的内部过电压基本上与匝数成比例，因此有载分接开关的绝缘主要由冲击过电压决定。

9.4.1 有载分接开关的绝缘水平

有载分接开关的绝缘可分为主绝缘和纵绝缘两部分。

主绝缘是开关带电部位对地或相间的绝缘，例如在组合型有载分接开关中为切换开关触头与最近的地电位上的法兰之间的绝缘，它取决于变压器调压绕组在冲击电压作用时的最大对地电位。由于分接开关是变压器绝缘系统的一个结构元件，除线端调压外，原则上不需采用变压器主绝缘所用的绝缘系统。当变压器为中性点调压时，对 30～60kV 系统中性点不接地系统（包括经消弧线圈接地）方式，中性点绝缘水平与全绝缘变压器线端相同。对于 110kV 及以上系统，还与中性点是否接地有关：中性点直接接地，对地绝缘要求较低；中性点不接地或不直接接地时，对地绝缘要求比前者高。而变压器为中部调压和线端调压时，对地绝缘要求则更为严峻。

主绝缘的耐受电压已经标准化，且纳入 GB 和 IEC 标准。在单相和三相 Y 接分接开关上，主绝缘即为对地绝缘。在 D 接（△接）三相分接开关上，主绝缘为对地绝缘和相间绝缘，两者都决定于设备最高电压 U_m，见表 9－4。

表 9－4　　分接开关的对地（或相间）绝缘水平

额定电压等级/kV	设备最高工作电压（有效值）/kV	额定雷电冲击耐受电压（峰值）/kV				1min 工频耐受电压（有效值）/kV		额定操作冲击耐受电压（峰值）/kV
		全波（1.2/50μs）		截波（2～6μs）				
		对地	相间	对地	相间	对地	相间	
10	12	75	75	85	85	35	35	
15	17.5	105	105	115	115	45	45	
35	40.5	200	200	220	220	85	85	
66	72.5	325	325	360	360	140	140	
110	126	480	480	530	530	200	200	
150 *	170	750	750	865	865	325	325	
220	252	950	950	1050	1050	395	395	750
330	363	1175	1175	1300	1300	510	510	950
500	550	1550	1550	1675	1675	680	680	1175

* 为《抽头切换开关 第 1 部分：性能要求和试验方法》（IEC 60214－1－2003）推荐值。

纵绝缘是分接开关各个触头之间及触头对带电法兰或引线间的绝缘，例如级间、最大与最小分接间、任意分接相间绝缘等。它取决于在冲击电压作用时变压器调压绕组上相应分接间的冲击梯度。

对于分接开关的纵绝缘水平，按绝缘距离上所呈现的冲击电压负荷，根据使用频次和概率统计规律，综合考虑配合要求，通常把分接开关纵绝缘水平划分为 4～5 个绝缘等级即可经济地满足整个使用范围。不同型号的有载分接开关有着不同纵绝缘水平，其纵绝缘水平的数据见各自产品使用说明书。

试验表明，对于中性点调压的有载分接开关，其冲击绝缘水平只需满足变压器线端进波的要求就足够了；对于线端调压的变压器，由于变压器绝缘结构不同，会有很大的差异，需要在调压绕组两端加端避雷器或加电容补偿，或采用其他方法以改善冲击电压分布状态，以降低有载分接开关本身的绝缘水平，缩小开关的几何尺寸。

9.4.2 级间过电压保护措施

在变压器正常运行时，分接开关级间绝缘只承受一个级电压，根据绝缘要求不会发生击穿。当变压器承受雷电波冲击时，分接开关级间将出现瞬时过电压，其幅值与变压器震荡特性有关，特别是与分接开关的位置有极大关系，可能造成级间击穿。为了对这种过电压进行限制，防止破坏分接头级间绝缘，必须在级间采取保护措施。

级间过电压的保护措施可通过火花间隙或压敏电阻来实现，装在有载分接开关工作分接和预选分接间，见图 9-12，其中火花间隙适用于偶尔或很少过电压动作场合，压敏电阻适用于过电压动作频繁的场合。

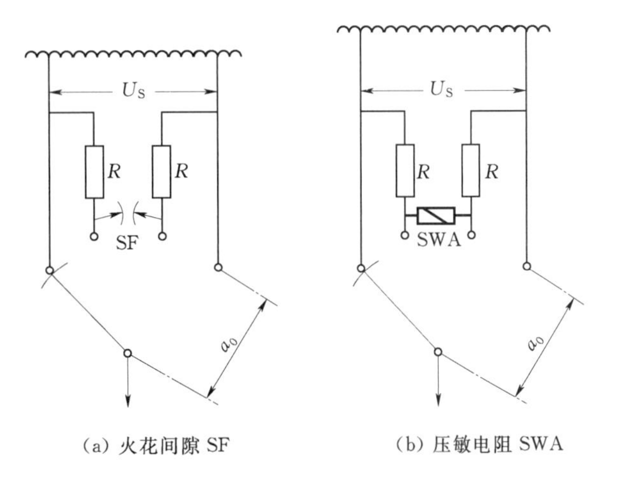

图 9-12 级间过电压保护措施

火花间隙保护装置的作用是保护与其并联的级间绝缘不发生闪络。在正常工作状态下，火花间隙上承受一个级电压，当过电压侵入时，火花间隙先击穿，保护了级间绝缘。过电压消失后，有一工频续流从火花间隙流过，将危及分接开关及调压绕组的安全。为了限制工频续流，借助过渡电阻作为工频续流的限流电阻，防止振荡产生。

压敏电阻的非线性系数很小，在正常工作状态下压敏电阻只承受一个级电压，由于阻值很大，相当于处于开路状态。当过电压侵入时，级间有过电压产生，此时压敏电阻值变得很小，相当于短路状态，从而保护了级间绝缘。当过电压消失后，压敏电阻值又变得很大，恢复到正常工作状态下。压敏电阻的敏捷反应与火花间隙的动作迟延相比具有更大的优越性。

9.4.3 转换选择器触头转换过程的悬浮放电保护措施

有载分接开关的转换选择器包括极性选择器和粗调选择器，它们在转换期间，分接绕组有一瞬间与变压器主绕组在电气上分离，处于“悬浮”状态，见图 9-13。

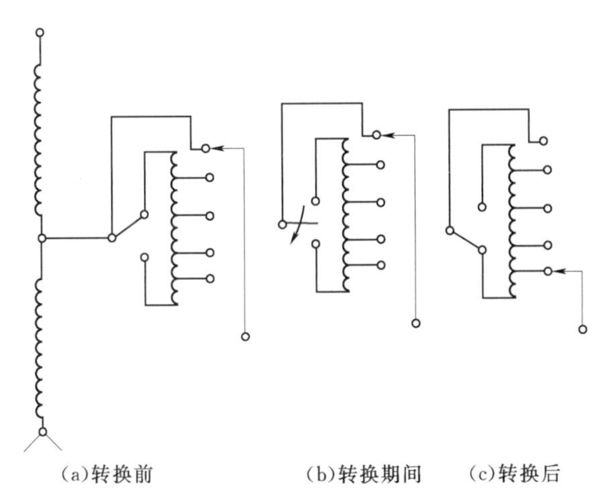

图 9-13 分接绕组悬浮状态

分接绕组“悬浮”时，调压绕组得到一个对地耦合电容或对邻近绕组间耦合电容所确定的新电位，它与转换选择器操作前调压绕组电位是不同的，这两者电位差称为偏移电压。如果偏移电压达到某一临界值时，可能引起转换选择器触头间火花放电。火花放电产生的气体，如是组合型有载分接开关则进入变压器本体瓦斯继电器，如是复合型则进入有载分接开关瓦斯继电器。

为了防止分接绕组悬浮放电，可增加一电位电阻，电位电阻连接方式分为恒定连接方式和通过电位开关连接电阻的连接方式，见图 9-14 和图 9-15。其中复合型有载分接开关只能采用电位电阻恒定连接方式，组合型有载分接开关两种方式均可选择采用。

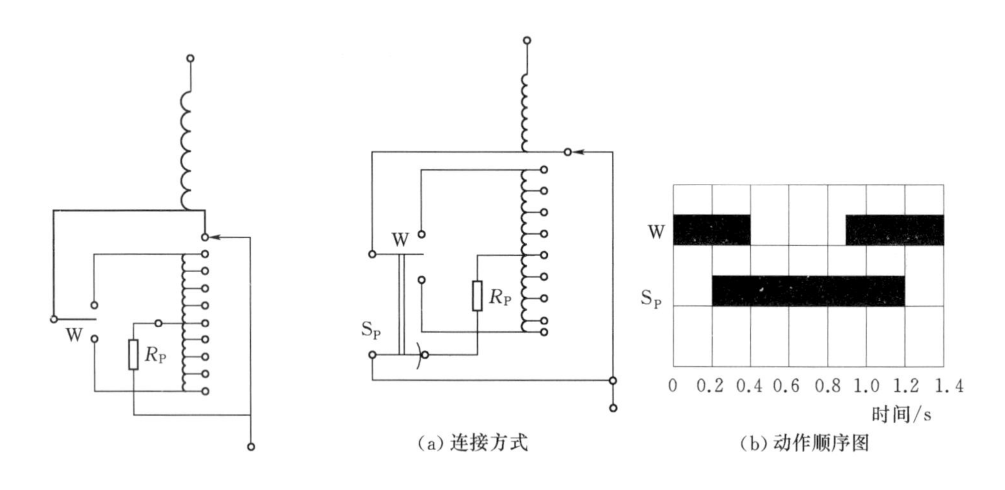

图 9-14　电位电阻恒定连接方式　　　图 9-15　电位电阻借助电位开关的连接方式

9.5　有载分接开关的整定工作位置

有载分接开关整定工作位置图是分接开关一份极其重要的指导性图表。整定工作位置图不仅示意了各分接开关接线端子的实际布置和相应的调压电路，而且还反映出分接开关变换操作中各触头的动作顺序，并指出了分接开关的整定工作位置，即分接开关各触头所处的工作位置，这个整定工作位置对于分接开关总装、调试具有重要的指导作用。分接开关在其整定工作位置下总装、连接和调试后，方能保证其工作可靠性。一旦连接错位，就会造成分接开关意外的损坏，从而丧失工作可靠性。由此可知，整定工作位置图是很重要的。

不同规格的分接开关，都有不同的整定工作位置图。下面分别以线性调和正反调的调压电路为例来确定整定工作位置。

(1) 线性调压电路的整定工作位置。线性调压电路的整定工作位置实质上就是分接选择器的固有分接位置数的中间位置。它的典型例子见图 9-16。

从图 9-16 中可以知道，调压级数等于分接头最大工作位置数。它的整定工作位置数是在“5”分接位置上。

假定线性调的调压电路有 n 级调压，则其整定工作位置 m 为 $(n+1)/2$，并且整定位置应在 n 到 1 变换方向的第 m 位置上。

(2) 正反调压电路的整定工作位置。对于正反调压电路，整定工作位置就是分接选择

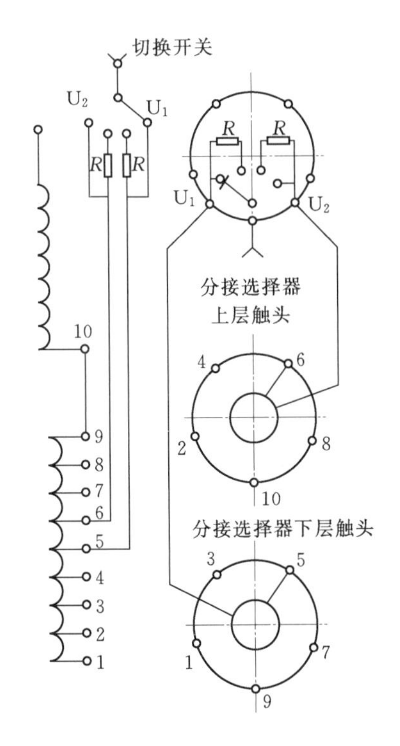

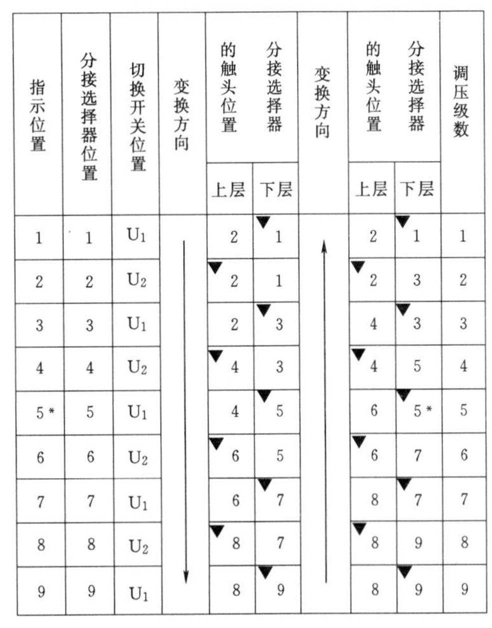

指示位置	分接选择器位置	切换开关位置	变换方向	分接选择器的触头位置		变换方向	分接选择器的触头位置		调压级数
				上层	下层		上层	下层	
1	1	U_1	↓	2	▼1	↑	2	▼1	1
2	2	U_2		▼2	1		▼2	3	2
3	3	U_1		2	▼3		4	▼3	3
4	4	U_2		▼4	3		▼4	5	4
5*	5	U_1		4	▼5		6	▼5*	5
6	6	U_2		▼6	5		▼6	7	6
7	7	U_1		6	▼7		8	▼7	7
8	8	U_2		▼8	7		▼8	9	8
9	9	U_1		8	▼9		8	▼9	9

注 1. 图示位置为整定工作位置，标有 * 符号标志

2. 分接选择器触头位置▼标志系工作触头

图 9-16 线性调 10090 调压电路的整定工作位置图

器的工作位置数的中间位置，见图 9-17。设调压级数为 n 级，其中间位置数为 m，则整定工作位置数 $K=(n+m)/2$。图 9-17 中，有载调压变压器±8 级（即 17 级带 3 个中间位置）分接开关，$n=17$，$m=3$，$K=(17+3)/2=10$，其整定工作位置为 10 分级位置。

从整定工作位置图可知，各调压电路位置变化有下述的规律。

1）分接开关在任何位置反向操作时，不需要进行分接选择，只需切换开关进行切换。

2）分接选择器的动作：如分接开关 2→3，是单数分接选择器 1→3；分接开关如 3→4，是双数选择器 2→4。这就是说，双数选择器接通电路，下一个动作一定是单数选择器预选，单数选择器接通，下一个动作一定是双数选择器预选，而且两者的动作都是符合级进原则。

3）线性调压电路中，其整定工作位置为调压级数 n 的中间位置，即 $m=(n+1)/2$。

4）正反调压电路中，其整定工作位置是分接选择器工作位置数的中间位置，它取决于调压级数 n 和中间位置数 m，即 $K=(n+m)/2$。

5）整定工作位置是在 n→1 变换方向上进行确定，即极性选择器处在“K，－”接通位置。

6）极性选择器必定在过其整定工作位置时动作。

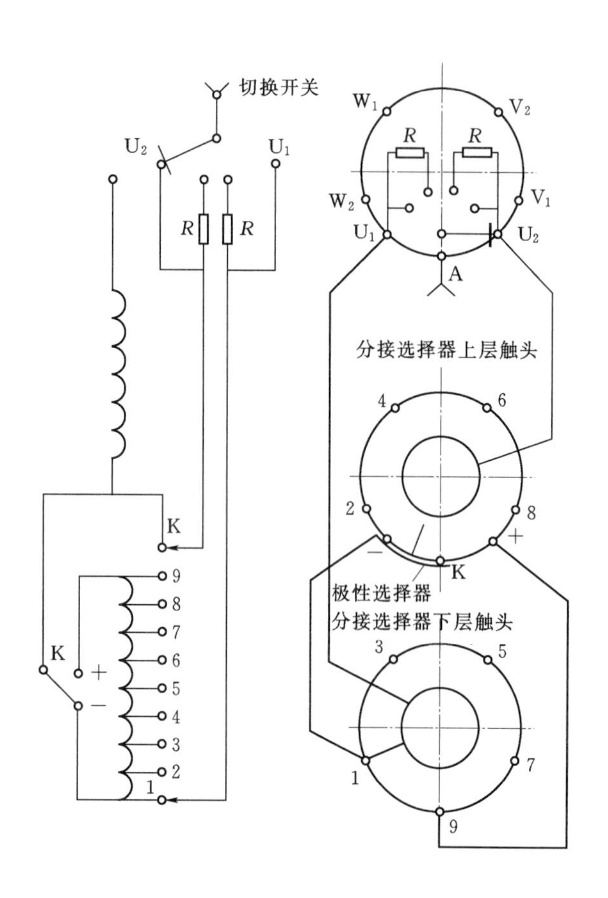

指示位置	分接选择器位置	极性选择器位置	切换开关位置	变换方向	分接选择器触头位置		变换方向	分接选择器触头位置		调压级数
					上层	下层		上层	下层	
1	1		U1		2	▼1		2	▼1	1
2	2		U2		▼2	1		▼2	3	2
3	3		U1		2	▼3		4	▼3	3
4	4		U2		▼4	3		▼4	5	4
5	5		U1		4	▼5		6	▼5	5
6	6		U2		▼6	5		▼6	7	6
7	7		U1		6	▼7		8	▼7	7
8	8		U2		▼8	7		▼8	9	8
9	9		U1		8	▼9		K	▼9	9
10	K		U2		▼K	9		▼K*	1	
11	1		U1		K	▼1		2	▼1	
12	2	K′− K′+	U2		▼2	1		▼2	3	10
13	3		U1		2	▼3		4	▼3	11
14	4		U2		▼4	3		▼4	5	12
15	5		U1		4	▼5		6	▼5	13
16	6		U2		▼6	5		▼6	7	14
17	7		U1		6	▼7		8	▼7	15
18	8		U2		▼8	7		▼8	9	16
19	9		U1		8	▼9		8	▼9	17

注 1. 图示位置为整定工作位置，标有 * 符号标志

2. 分接选择器触头位置▼标志系工作位置

3. 9、10、11 三个位置等电位

图 9－18　±8 级（带 3 个中间位置）正反调压电路的整定工作位置图

第10章　有载分接开关结构

有载分接开关由安装在变压器内部的切换开关和分接选择器、安装在变压器箱壁的电动机构及传动装置组成。在有些有载分接开关中，把切换开关和分接选择器的功能结合在一起而成为选择开关。目前国内使用的有载分接开关型号众多，适合于不同的电压等级和使用环境。由于油浸式真空有载分接开关只是以真空开关管代替灭弧触头，其结构和尺寸几乎与普通油浸式有载分接开关一样，本章在此就不单独介绍，以常用的M型和V型有载分接开关、CVT型干式真空有载分接开关为例进行分析和介绍。

10.1　M型有载分接开关

我国华明公司的CM型、长征公司的ZY型、德国MR公司的M型等统称为M型系列有载分接开关，其结构基本相同。该系列开关的额定电压从35kV至220kV都能满足，最大通过电流三相为600A，单相为1200A。三相有载分接开关用于Y接法的中性点调压，单相有载分接开关则用于任意的调压方式。它由油室、切换开关本体及分接选择器、电动机构等几大部分组成，其整体布置图见图10-1。

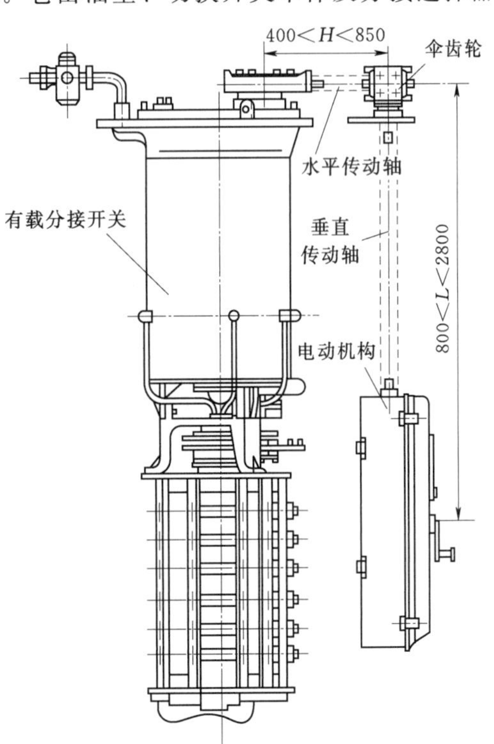

图10-1　M型开关整体布置图

M型系列分接开关的主要部件如下：

（1）分接选择器。分接选择器由级进机构和触头系统组成，可带或不带极性选择器，分接选择器见图10-2。

级进机构又称槽轮机构，由两个槽轮和一个拨槽件组成，两只槽轮交替工作。在分接变换操作时，拨槽件转动半圈，拨动槽轮，将运动转换为一次级进运动，把分接选择器上的桥式触头从一个分接头移到另一个分接头上。

触头系统采用笼式轴套结构，包括装有接触环的中心绝缘筒，带有静触头的绝缘板条、传动管、桥式触头及上下法兰。

绝缘板条上装有带屏幕罩的单双数静触头，固定在上下法兰圆周上，静触头通过桥式触头与中心绝缘筒上的接触环相连，接触环的连线由中心绝缘筒引出与切换开关相连。

图 10-2　分接选择器

图 10-3　切换开关

分接选择器的桥式触头采用“山”字形的上下夹片式结构，经传动管由槽轮机构带动，沿中心绝缘筒上的接触环旋转依次与选择器绝缘板条上的分接头接触。在触头弹簧的作用下，可始终保持四点接触。

（2）切换开关。切换开关装在油室内，由传动装置、绝缘转轴、快速机构、切换机构（触头系统）及过渡电阻组成，其结构见图 10-3。

切换机构为一插入式装置，整体装入油室之内。其上部是快速机构和传动装置，通过绝缘转轴传动，过渡电阻装于切换机构下部。快速机构采用枪机释放原理，包括带偏心轮操纵的上滑板、下滑板、储能压簧、导轨、爪卡、凸轮盘、基座托架等。压簧装在上下滑板之间的导轨上，由上滑板侧壁控制的爪卡锁定凸轮盘，使下滑板保持存原位上，当偏心轮带动上滑板沿着导轨移动时，弹簧压缩储能，一旦上滑板侧壁将相应的爪卡从锁定的凸轮盘移开，下滑板的滑板立刻将传动力传至凸轮盘的轴套上，使切换开关动作，其结构见图 10-4。

切换开关的触头系统采用双电阻过渡。触头系统分三部分，三相分接开关的三部分动触头内部为星形连接，单相分接开关的三部分触头并联连接。每一部分有两对主弧触头和两对过渡触头，过渡触头与过渡电阻相连，主弧触头与过渡触头均由铜钨合金制成。动触头安装在绝缘良好的上下导板的导槽内，与转换扇形件的曲槽滚销相连，在扇形件的两侧还装有一个羊角形的并联主触头，以保证长期运行时接触良好。静触头置于绝缘弧形板上，由灭弧室相互隔开。当切换开关动作时，动触头由转换扇形件控制沿导轨的导槽作直线运动，与布置在弧形板内壁的静触头按规定的程序进行切换，其结构见图10-5。

图10-4　快速机构

图10-5　触头系统

过渡电阻按径向辐射方向均布，与切换开关过渡触头并联。

(3) 切换开关油室。切换开关油室使开关内被电弧碳化的油与变压器油箱内的油隔离。它包括头部法兰、顶盖、绝缘筒和筒底四个部分。

头部法兰用铝合金精铸而成，用铆钉与绝缘筒相连，分为箱顶式与钟罩式两种，通过它将分接开关固定在变压器的箱盖上。头部法兰上有三个弯管和一个通管：继电器弯管通过瓦斯继电器与储油柜相连；吸油弯管是切换开关换油时从油室底部吸油用的，它通过头部法兰与油室内部的绝缘油管相连；注油弯管是切换开关的回油管；另有一通管是变压器溢油排气孔，其结构见图10-6。

图10-6　切换开关油室

切换开关油室的顶盖上装有防爆片、减速箱、分接位置观察孔及溢油排气螺钉。

绝缘筒用环氧玻璃丝绕制而成，上下端分别用铆钉与头部法兰和筒底相接，其侧壁上装有静触头并通过外壁上的螺钉、导电杆与分接选择器导电环相连。

筒底由铝合金制成，其上有穿过筒底的传动轴，轴的上端连接器与切换开关本体相连，下端通过筒底齿轮装置带动分接选择器。筒底上还有地分接位置指示自锁机构，当切换开关本体吊芯时，位置指示传动机构自锁，以防位置错乱。

(4) 电动操动机构。操动机构是使切换开关动作的动力源，可以电动，也可以手动。电动操动机构由电动机、传动齿轮、位置指示机构、电气控制系统等组成，具体内容可见第 12 章。

(5) 分接开关机械动作过程。分接变换操作由电动操动机构的电动机启动开始，其传动力经传动轴，圆锥齿轮传动箱送至分接开关顶盖上的蜗轮蜗杆减速器械，然后传至快速机构和穿过切换开关引至筒底的传动轴，由筒底齿轮离合器与分接选择器级进机构连接，级进槽轮的转动使分接选择器的触桥旋转相应一级的角度。这样，触桥在不带电情况下连接到需要的调压线圈上。与此同时，储能机构的偏心轮带动上滑板沿导轨移动，上下滑板之间弹簧压缩储能，因爪卡锁定凸轮盘，使下滑板保持在原来的位置上，当上滑板移到释放位置时，上滑板侧壁将相应的爪卡从锁定凸轮盘移开，于是，储能机构释放，切换开关动作。此时，下滑板移到新位置上，爪卡又啮合在凸轮盘上，机构被锁住，为下一次分接变换操作做好准备。

10.2 V 型有载分接开关

V 型有载分接开关把切换开关和分接选择器的功能合二为一，构成选择开关。因此，在结构上把切换开关的切换机构与分接选择器触头系统合并，形成选择开关的切换机构，其他的分接开关部件几乎保持不变。目前国内常用的有华明公司的 CV 型、长征公司的 FY 型、德国 MR 公司的 V 型等产品。

V 型有载分接开关的本体结构分为开关本体和油室两大部分。其中开关本体全部放置在油室内，它由快速机构、触头系统（包括转换选择器）、过渡电阻、主轴、抽油管、油室等组成，见图 10-7。

(1) 快速机构。V 型有载分接开关的快速机构采用过死点释放机构。它是由电动机构传动力带动蜗杆及齿轮推动拐臂旋转，使两根弹簧拉伸储能（弹簧的一端固定在开关头部法兰上，一端固定拐臂上），当拐臂超越死点后，弹簧就突然释放，释放的能量带动拨槽件转动，带主轴及动触头系统完成分接变换。这一个分接是在快速的情况下进行，弹簧能量就必须保证整个开关动触头变换一个分接的力量。切换时间一般为 45～65ms，其结构见图 10-8。

快速机构上还有一个位置指示盘，快速机构每动作一次，都带动位置指示盘下面的槽轮转动一角度，使指示盘转动一格。对于正反调压的 V 型分接开关，还有一转换选择器的拨槽件，当开关超越整定工作位置时，指示盘下面的拨块拨动转换选择器的拨槽件转动一角度，此拨槽件带动主轴上的转换选择器转动一角度，完成+、-极性的转换。

快速机构中所有的槽轮在不动作时，它的凹面都被锁圆锁住，保证槽轮盘被锁死，确保动、静触头等接触可靠；当槽轮动作时，锁住槽轮的锁圆被打开，保证槽轮能正确动作。

图 10-7　V 型有载开关本体　　图 10-8　快速机构　　10-9　触头系统

(2) 触头系统。V 型分接开关的触头系统采用单滚柱式结构，动触头系统，两边滚柱为过渡动触头，中间为主通断触头；主触头与电流输出触头用编织铜丝线连为一体，主触头在弧触头系统下部。当分接开关长期载流时，电流经主静触头、主动触头和电流输出动触头与引出定触头（输出环）输出。弧触头采用铜钨合金制成滚柱；主触头和电流输出触头由于不通断负载电流，可以用纯铜材料制成。它们都安装在动触头支架上，支架尾部装有一补偿弹簧，以补偿触头的烧损，保证动静触头接触可靠。滚柱式触头系统结构简单，动静触头之间是滚动摩擦，触头寿命长，适用的工作电流高达 500A，其结构见图10-9。

正反调压的 V 型分接开关，在分接开关主轴上部装有转换选择器。它由夹片式动触头、触头弹簧和触头支架等组成，三相触头按对称分布。静触头 K 和“＋”“－”固定在油室绝缘筒的上部。由夹片式动触头分别把静触头 K 与“＋”或 K 与“－”短接，触头弹簧保证动、静触头接触可靠。

(3) 主轴。主轴以空心绝缘管为基件，在基件上装有两类动触组，上部为转换选择器（正反调压时才有）动触头组，下部为三相动触头组，三相沿主轴是轴向分布，不难做成三角形接法调压的分接开关，每相触头组上都有均压环（屏蔽环），改善相间的电场分布，提高相间的击穿电压。主轴的顶部做成三个扇形的凸台，与快速机构槽轮下的三个扇形凹面相连接。主轴要求有足够的绝缘性能和机械强度。

(4) 抽油管。抽油管位于主轴的中间，抽油管顶部与快速机构中的抽油弯管相通，底部插入油室和筒底的孔内。它既是抽油管又是主轴定位件。

（5）油室。V型分接开关的油室由头部法兰、顶盖、绝缘筒、筒底组成。

10.3 CVT型干式真空有载分接开关

干式分接开关一般是和干式变压器相配合，通常采用真空断流器作为切换元件，而气体（SF_6或空气）作为绝缘介质及冷却介质。国内上海华明的CVT型、遵义长征的KY2型等统称为CVT型干式真空有载分接开关。

CVT型干式真空有载分接开关是一个组合式有载分接开关，由切换开关和分接选择器组成，并由安装在柜内的电动机构传动，见图10-10。

图10-10 CVT型干式真空有载分接开关

（1）柜体结构：柜体由钢架和钢板构成。柜体的正面有铰链门，便于维修。它的背面（与变压器相邻）由绝缘板制成，所有接线端子（分接头）均布置在此绝缘板上。

（2）分接选择器。分接选择器采用单轴制结构。单双数动触头由齿轮与齿条（CVT型）传动或丝杆（KY2型）传动。在选择器的触头结构上采取宽的定触头（或宽的动触头）方式，使"预选"动触头在选到下一个定触头时，"工作"动触头只能由同一定触头的一端滑到另一端（或宽的动触头在同一定触头上从一端滑到另一端），致使连接不变。触头系统采用夹片式接触结构，动触头沿着定触头和输出导电排（或杆）作上下轴向垂直运动，依次选择分接头。分接选择器的输出导电排（或杆）通过导线与切换开关相连，分为单数侧和双数侧布置。当切换开关工作在单数侧时，选择器双数侧动触头进行预选择操作，选择结束后，切换开关由弹簧储能机构释放驱动切换到双数侧。这样，在下一次分接变换时，选择器单数侧动触头就可进行预选择操作。

（3）切换开关。切换开关由真空管、凸轮控制装置、过渡电阻器和弹簧储能机构组成。它采用单电阻过渡非对称尖旗循环操作法的工作原理。真空管是分接开关的专用灭弧室，具有开断能力强、电气寿命长的特点。过渡电阻器采用镍铬合金的框架式结构，便于"积木"组合。弹簧储能机构为枪机释放机构，动作准确可靠。储能的释放带动凸轮控制装置，能精确控制真空管的分接变换程序。

（4）电动机构。电动机构是依据MA9电动机构已有成功技术进行开发的，它的许多的零部件借用于MA9的结构零部件，通用性强，经济性好，性能可靠。电动机构所配用控制器外形美观，性能可靠。电动机构和控制系统全部装在柜内的一侧，并开有一扇门，操作简便。

（5）分接开关结构为柜式布置，利用柜内通风的循环空气作为绝缘介质和冷却介质。在CVT和AVT型的结构布置中，切换开关布置在柜体的上方，分接选择器布置在柜体的下方；而KY2型的结构布置恰与上述相反，切换开关布置在柜体的下方，分接选择器布置在柜体的上方。

10.4　有载分接开关安全保护装置

为了保护有载分接开关及变压器的安全运行，防止分接开关故障时扩大事故范围，有载分接开关装有保护继电器、压力释放装置等保护装置。

（1）保护继电器。保护继电器分为油流控制继电器或瓦斯继电器两种。进口产品一般采用油流控制继电器，国内产品较常采用瓦斯继电器。

油流控制继电器（见图 10－11）安装在有载分接开关切换油室与储油柜之间管路中。这种继电器是由从切换开关和选择开关油室流向储油柜油流的升高来触发的，实质上仅是重瓦斯继电器，采用挡板式结构，其干簧接点的动作机构安装在一铸铝合金的壳体内，挡板依靠永久磁钢的吸力而处于闭合位置。一旦挡板打开后，永久磁钢吸动干簧接点，从而接通跳闸回路。当分接开关产生放电等严重故障时，油室内产生涌流冲开挡板，继电器动作切除变压器，防止故障扩大。

图 10－11　油流控制继电器

油流控制继电器壳顶部有跳闸和复位两只试验按钮。壳体正面有观察窗，用于检查挡板的位置。油流控制继电器还带有一接线盒，该盒与壳体内变压器油完全隔开。盒的侧面有一电缆进线孔，便于接线。油流控制继电器外壳上有明显颜色（红色）的油流标志，其箭头必须指向储油柜。

油流控制继电器的动作特性以反应灵敏度来表示。反应灵敏度有静态和动态两种：静态反应灵敏度是用整定油流速度表示，1.0m/s±10%（冲击油速）或 1.4m/s±10%（稳定油速）；动态反应灵敏度定以施加油压及其挡板动作时间来表示。

瓦斯继电器采用浮子与挡板组合式结构，正常切换气体聚集在继电器内部迫使浮子下降到整定位置，发出信号报警（轻瓦斯动作），提醒运行人员分析判断。判断正常放气复归，判断异常停电检修。当分接开关产生放电等严重故障时，油室内产生涌流冲开挡板，继电器动作切除变压器，防止故障扩大。

（2）压力释放装置。切换机构油室虽有保护继电器的安全保护装置，可以防止事故扩大。但带有大量能量释放的故障瞬间可能产生强压力波，压力峰值异常高，这种压力波可以导致切换开关和选择开关室的损坏。为了防止这种损坏，通常在有载分接开关的切换油室上安装压力释放装置。

压力释放装置分为爆破盖和压力释放阀两种，见图 10－12 和图 10－13。

爆破盖是在有载分接开关头盖上人为制造一个薄弱环节，一旦油室压力超过整定值时，顶破爆破盖，在切换油室盖上留下足够大的孔，释放油室内过压，使压力急剧跌落，从而起着避免油室被破坏的作用。这种爆破盖损坏后必须更换整个头盖。

压力释放阀装在有载分接开关头盖上，是一种自动密封的释放阀，当油室内部开关等发生故障、油室压力超过整定值时打开，过压力立即被放掉。压力释放后，压力释放阀将被闭合，将动作时刻的液体流失降至最小。

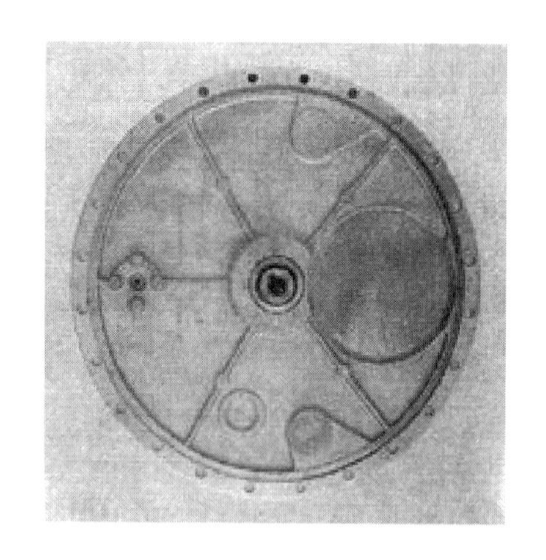

图 10 - 12　头盖上的爆破膜

图 10 - 13　头盖上的压力释放阀

第11章 有载分接开关电动机构

电动机构是分接开关变换操作位置的控制和传动装置。它安装在变压器油箱侧壁上，借助垂直传动轴、伞形齿轮传动箱和水平传动轴与分接开关连接在一起。

电动机构采用箱式结构，箱内装有操动分接开关所需的全部机械和电气部件，可供电动、手动、遥远电动和自动调压装置控制的操作。

电动机构应具备以下技术要求。

（1）电动机构采用逐级控制原理，即由单一控制信号启动，而不受外界任何干扰和没有可能中断情况下完成该级的动作。在完成一级分接变换操作后，能可靠地停止下来。

（2）电动机构应带有极限位置保护、手动操作安全保护、旋转方向保护、控制电压临时失压后自动再启动保护、紧急断开电源保护、防潮和低温加热等安全保护以及分接变换操作的监视装置，确保运行安全可靠。

（3）电动机构应带有就地和遥远位置指示装置以及分接变换操作次数指示装置，所有指示应清晰、可靠和准确。

（4）电动机构应有输出转矩和手动操作转矩的要求。电动机构采用不同功率的电动机，以适用于任一分接开关及其组合的传动。手动操作转矩要求应满足操作者可以从容操作而无困难的条件，一般手动操作转矩不超过25N・m，偶然出现的最大转矩应不超过50N・m。

（5）电动机构箱体应符合户外设计（IP防护等级）的要求，具有防水（雨、雪）、防尘、防虫蚁的性能。

下面以CMA7型电动机构为例，介绍其结构和工作原理。CMA7型电动机构是借鉴国外MA7型电动机构的先进技术生产的国产电动机构，它主要用于CM型有载分接开关分接变换操作的传动和分接位置的控制。

11.1 电动机构结构

CMA7型电动机构由箱体、传动机构、控制机构和电气控制设备等组成，见图11-1。

（1）箱体。箱体由箱底和箱盖两部分组成。箱体由抗腐蚀轻金属硅铝合金铸造成型，箱体外表涂有户外漆。箱底和箱盖通过铰链装置相互连接，铰链装置可以互换，形成一向左或向右开旋转方向的门。箱盖和箱底之间由一凸缘保护，并用成型橡胶密封。箱底开有进线电缆的孔，并由密封盖板密闭。为了避免箱体内凝结水珠和结露，箱底上、下部各开有一个迷宫式通气孔，并备有固定加热器防潮。箱盖上有手动和电动操作方向的指示，并可以通过观察窗观察到位置指示装置和操作计数机构。箱体上的传动输出轴、观察窗、手柄以及按钮等处孔均采用密封结构，因此箱体能达到防雨、防尘、防虫蚁等要求。

（2）传动和控制机构。CMA7型的传动和控制机构见图11-2。

图11-1 CMA7型电动机构

图11-2 CMA7型的传动和控制机构

传动机构包括电动机、楔形皮带轮、终端位置保护机械制动装置、手动操作装置等。传动机构安装在铸铝合金的盒内，电动机通过十齿的楔形皮带减速，正常运行不需进行维修和润滑。终端位置保护机械制动装置带有两个终端位置的机械离合器，与输出轴采用套轴结构，当机械限位时，机械离合器脱开，电动机虽转，但输出轴却停止传动。手动操作装置通过与大楔形轮上一对伞齿轮传动，并带有手动与电动操作的安全联锁保护装置。

控制机构由控制行程开关的凸轮盘、分接变换指示轮、操作次数计数器、机械位置指示器、远方位置信号发送器等组成。凸轮盘和分接变换指示轮均为每个分接变换操作转动一圈。分接变换指示轮分成33格，红线左右两格的绿色带域指示凸轮行程开关的“停止”工作位置。操作次数计数器累计进行的分接变换操作次数，可以在不打开机构箱盖的情况下，通过观察窗观察机械位置指示器指示的工作位置和操作次数。而机械位置指示器上还带有极限位置的机械限位和电气限位的保护机构。远方位置信号发送器可与控制室内的分接位置显示器连用。

（3）电气控制设备。在电动机构中，电气元件几乎是集中布置。为了避免布置错误，必须提供电气元件布置图和相应符号标志，见图11-3。电动机构所采用的电气元件名称、型号、规格详见电气原理图。

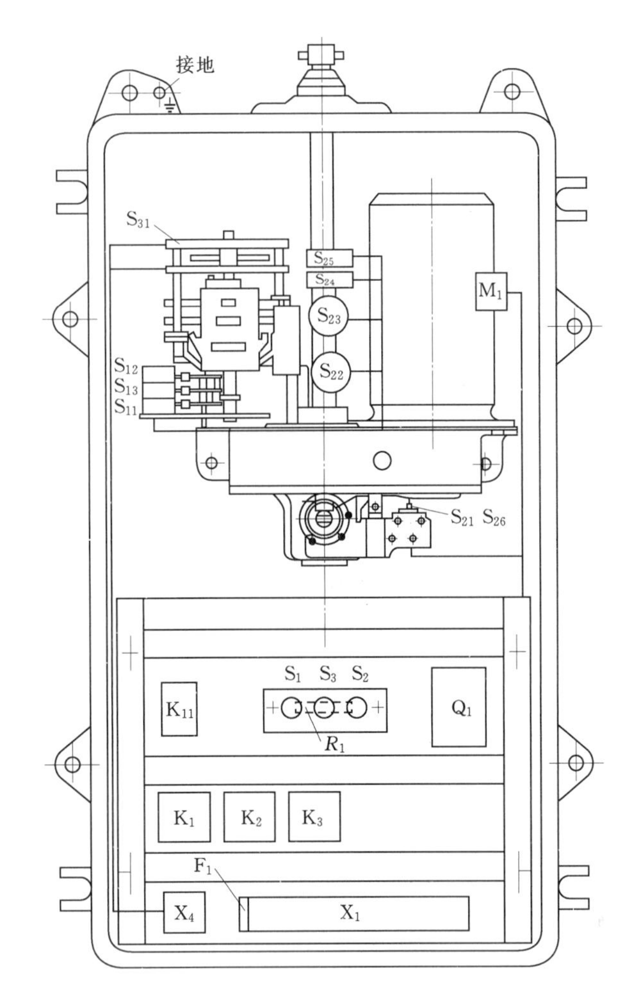

图 11-3 CMA7 电气设备布置图

X_1—接线端子；K_{11}—中间继电器；S_{22}～S_{25}—极限位置电气保护开关；X_4—远方位置信号发送端子；Q_1—电源保护开关；M_1—电动机；R_1—加热电阻；S_{21}、S_{26}—手动保护开关；S_{11}～S_{13}—凸轮开关；S_1～S_3—操作按钮；K_1～K_3—接触器；F_1—熔断器

11.2 工 作 原 理

电动机构采用逐级控制的工作原理，它的动作由单一控制信号启动后不受外界干扰而完成。此动作决定于每一分接变换操作过程转动一圈的级进控制凸轮盘。

(1) 机械动作原理。电动机构机械动作原理见图 12-4，当电动机启动时，经小楔轮带动大楔轮转动，由于大楔轮与传动轴是一套轴结构，并用机械离合器连接，因此，大楔轮传动力经机械离合器传至传动轴，从而带动分接开关进行分接变换操作。

控制器的控制齿轮经传动轴上的轴齿轮传至齿轮，带动分接变换操作指示轮及行星齿轮机构转动，于是机械位置指示器跟随转动，并指示机构动作的工作位置。远方位置信号发送器根据不同位置传送出分接变换工作位置的信号。计数器由分接变换指示轮控制，每

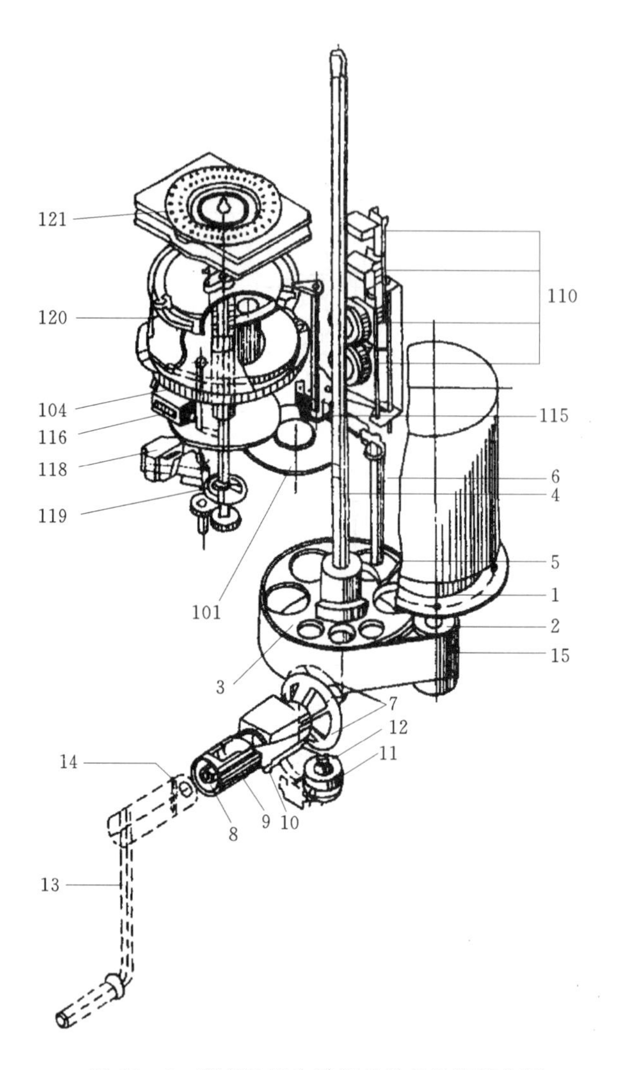

图 11-4 CMA7 型电动机构的传动和控制图

1—电动机；2—小楔轮；3—大楔轮；4—传动轴；5—掣爪；6—掣爪轴；7—手动操作转动齿轮；8—手动操作传动轴；9—套管；10—安全开关杠杆；11—手动操作安全开关；12—手动操作安全开关；13—手柄；14—耦联销；15—多楔皮带（10 楔）；101—齿轮；104—分接变换指示轮；110—电气限位装置；115—拨指；116—计数器；118—级进行程开关；119—凸轮；120—机械位置指示器；121—位置信号发送器

一次分接变换操作，计数器动作一次，显示分接开关累计操作的次数。当分接变换指示轮上出现 4 格绿色带域时，机械控制的凸轮开关处于“停止”位置，电动机经交流接触器短接制动，完成一次分接变换操作。

当电动机操作至 1 或 N 两个终端极限位置时，机械位置指示器继续转动，带动该盘槽内限位挡块，拨动终端位置杠杆机构拨指，断开相应 1 或 N 位置的电气限位开关，使电动机构不能向超越 1 或 N 位置的方向转动。当限位开关失灵时，电动机构继续向超越 1 或 N 的位置方向转动，此时终端位置杠杆机构就会拨动齿轮机构内机械离合器的锁扣，使机械离合器松开，于是传动轴停止传动，由此形成双级保护。

极限位置保护装置应符合以下的动作顺序：

1）控制回路的电气限位开关动作。

2）电动机主回路的电气限位开关动作。

3）机械离合器松开动作。

（2）电气工作原理。电动机构的电气工作原理取决于该电动机构所设计的电气线路图。电动机构电气线路通常包括电动机回路（主回路）、控制回路、保护回路及指示回路等。CMA7 型电动机构电气原理见图 11－5。

1）操作准备。合上电源保护开关 Q_1，主回路触点 Q_1(1，2)、(3，4)、(5，6) 及控制回路触点 Q_1(13，14) 接通，主回路和控制回路电源接通。

2）启动（1→N 方向分接变换操作）。

按动线路 13 上的操作按钮 S_1，S_1(3，4) 闭合，同时 S_1(1，2) 打开，接触器 K_1 吸合，线路 12 上 K_1(13，14) 闭合，K_1 自锁。线路 20 中 K_1(53，54) 闭合，接触器 K_3 吸合，电动机 M_1 启动，朝 1→N 方向运转。

3）逐级操作。S_{11}、S_{12}、S_{13} 为顺序操作的凸轮组行程开关，其动作顺序及时间如图 12－5 中 S_{11}～S_{13} 动作顺序图所示。电动机朝 1→N 方向运转，S_{11} 动作，线路 11 上的 S_{11}(C，NO) 触点闭合，此时接触器 K_1(A1，A2) 可由 S_{11}(C，NO) 供电，接触器 K_1 吸合，电动机构进入操作状态。

电动机继续运转至 S_{13} 动作，线路 15 上 S_{13}(NO，NO) 触点闭合，中间继电器 K_{11} 吸合，K_{11}(13，11)、(9，7) 断开，K_{11}(8，6)、(12，10)、(16，14) 闭合，此时 K_{11} 通过线路 15 上的 S_{13}(NO，NO) 和线路 16 上的 K_3(13，14)、K_{11}(12，10) 通电，由于线路 12 中的 K_{11}(13，11) 断开，K_1 仅由线路 11 上的 S_{11} 保持。电动机运转至停止前，凸轮行程开关 S_{13}(NO，NO) 先断开，K_{11} 仍通过线路 16 中 K_3(13，14)、K_{11}(12，10) 通电保持吸合。

一旦电动机构运行，就与按钮 S_1（或 S_2）所处状态无关。这是因为运行过程中 K_{11} 一直处于吸合状态，断开了 S_1（或 S_2）操作 K_1（或 K_2）的线路。假如一直按住 S_1（或 S_2）不放，K_{11} 在线路 14（或 17）上的触点（6，8）（或 14，16）使之保持吸合。K_1（或 K_2）、K_3 释放后，电动机停转。但因 K_{11} 保持吸合，K_1（或 K_2）就不能再次吸合。所以，电动机构只能完成一级分级变换操作。

4）停止。当一级分接变换操作结束时，凸轮行程开关 S_{11}(C，NO) 断开，K_1 失电释放，线路 20 中的 K_1(53，54) 断开，K_3 失电释放，断开电动机主回路。同时 K_3 的（31，32)、(41，42) 接通，电动机自激能耗制动，电动机迅速停转。K_3 释放的同时，使线路 16 中 K_3(13，14) 断开，K_{11} 释放，为下次分接变换操作做好准备，即电动机构处于待操作状态。

5）N→1 方向分接变换操作。按动操作按钮 S_2，接触器 K_2 吸合，接触器 K_3 通电吸合，电动机朝 N→1 方向运转，直至凸轮行程开关 S_{12} 动作，其后运行原理与 1→N 方向的原理相似。

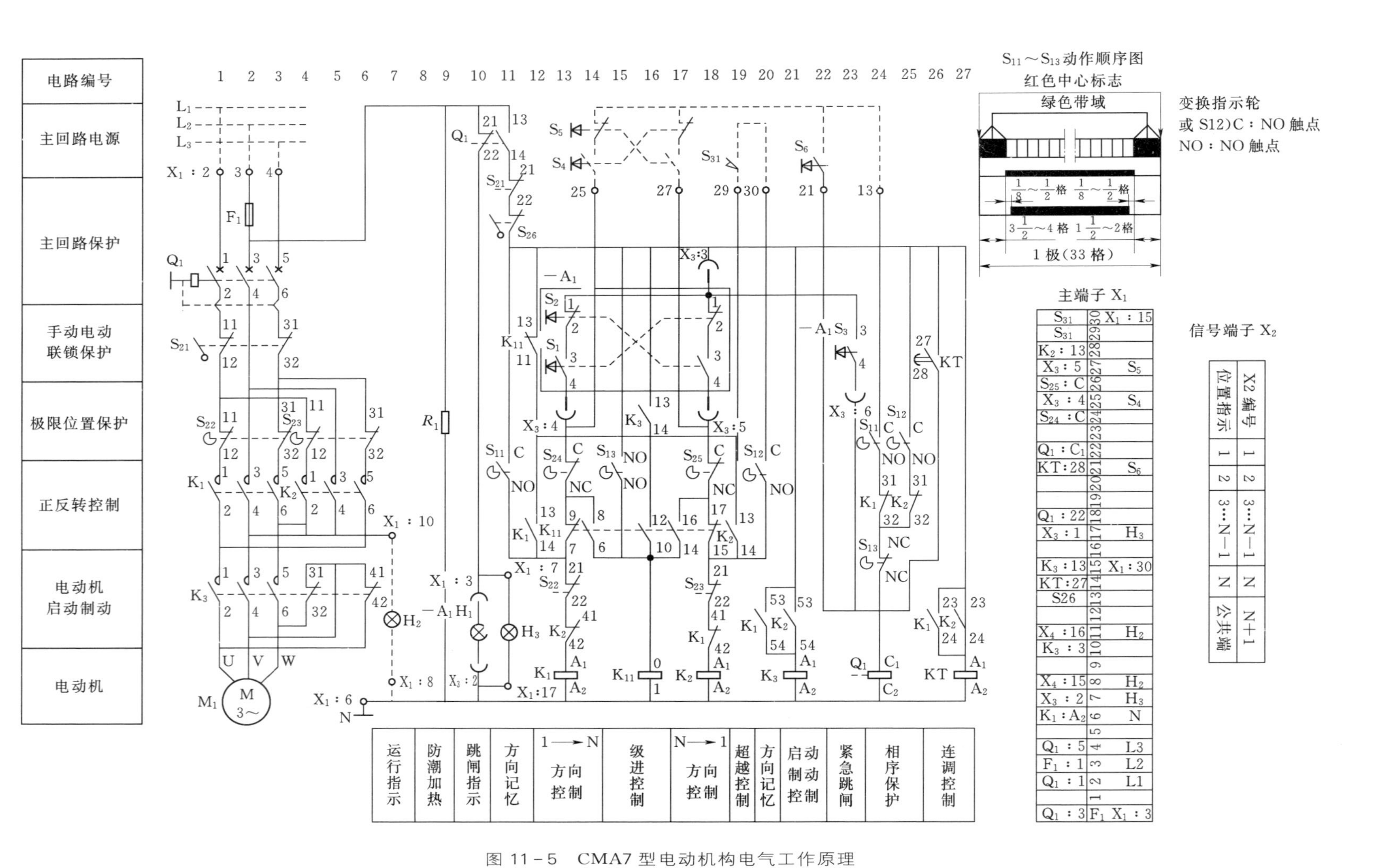

图 11-5　CMA7型电动机构电气工作原理

11.3 控 制 性 能

（1）超越中间位置。对于三个中间位置的分接开关（如10193W），在超越中间位置时，要求电动机构备有超越接点，使进入或离开中间位置时，电动机构自动再操作一次。这一要求由超越控制回路（线路20）上的超越接点S_{31}完成，它利用远方位置信号发送器上的接点来实现。

例如10193W分接开关，在9a、9b、9c三个位置等电位。分接开关从第8位进入中间位置时，电动机构连续运转两次在9b位停止。继续操作可转至第10位停止工作。反之也同样有类似现象，从而每输入一控制信号实现一级调压，即实现一个电压级差变化的要求。

（2）安全保护。

1）极限位置保护。极限位置保护包括电气极限位置保护和机械极限位置保护两种。

电气极限位置保护分控制回路保护和主回路保护两种，当电动机构即将到达极限位置时，控制回路的行程开关S_{24}或S_{25}动作，使S_{24}（或S_{25}）的常闭触点（C，NC）断开，使接触器K_1或K_2不能通电激励。若行程开关S_{24}或S_{25}失灵，向超越终端位置方向继续运转时，S_{22}或S_{23}行程开关动作，断开K_1或K_2的控制线路和电动机主回路，电动机停转。

机械极限位置保护是从保护的安全可靠出发而设置的。CMA7型电动机构设置了机械离合器的极限位置保护方式，采用釜底抽薪方式，在达到极限位置后，离合器自动脱开，马达虽转，输出轴却停转，反向转动时，离合器又啮合。

2）手动操作保护。手柄插入手动操作轴孔，此时安全保护开关S_{21}和S_{26}动作，从而断开主回路及控制回路电源，此时电动机构不能电动操作。手动操作后，从轴孔中拔出手柄时，S_{21}、S_{26}复位。

3）相序保护。为了保证电动机构按要求的方向旋转，对电动机三相电源的相序应有识别的要求。若电源相序不符合要求时，以按动按钮S_1为例，K_1吸合，电动机错误地朝N→1方向旋转，S_{12}（C，N0）闭合，则通过S_{12}（C，NO）、K_2（31，32）、S_{13}（NC，NC）使电源保护开关Q_1跳闸，电动机停转。此时调换电源相序，手动返回原工作位置，合闸Q_1，即可正常工作，否则Q_1合不上或合闸后返回原工作位置。

4）电源电压中断恢复后电动机构自动再启动。电动机构操作过程中，电源电压若中断，因S_{11}（或S_{12}）已动作，电源恢复后，K_1（或K_2）由于S_{11}（或S_{12}）没有复位而重新吸合，电动机构朝未完成的运行方向继续运转，直到完成一级分接变换。

5）紧急断开电源保护。电动机构运转过程中，如须使电动机构停止运转，按紧急脱扣按钮S_3或与S_3并联的远端紧急脱扣按钮S_6，使Q_1分励脱扣，断开电动机电源，电动机构停止运转，Q_1分闸后指示灯H_1亮。

6）预防连动保护。为防止电动机构出现不正常的连动，导致分接开关连调（滑挡），电动机构内装有时间继电器KT。当一次分接变换操作起动时，K_1（或K_2）在线路26（或27）中的触点（23，24）闭合，KT通电开始计时。一次分接变换正常完成后，K_1（或K_2）的触头（23，24）打开，则KT断电复位。若电动机构发生连动，导致K_1（或

K_2）持续吸合，KT 持续通电，到了整定时间后 KT 动作，使 KT 在线路 26 中的触点（27，28）闭合，Q_1 激励跳闸，断开电动机的电源及控制回路电源，阻止分接变换的继续进行，防止了开关的滑挡连调。

KT 动作的整定时间有两种：带有中间超越位置的电动机构，动作时间整定为 13s，无中间超越位置的动作时间整定为 7.5s。

11.4 指 示 装 置

电动机构为了运行安全可靠，应带有操作方向指示、分接变换在进行中指示、紧急断开电源指示、完成分接变换次数的指示、就地和遥远工作位置的指示等几种指示装置。

（1）操作方向的指示。操作方向指示有电动操作方向指示和手动操作方向指示两种。电动操作方向指示是在箱盖或箱体内按钮处标有操作方向 1→N 或 N→1 的符号牌。手动操作方向指示是在手柄孔处及其两侧标有操作方向指示箭头，并且手柄孔盖板上标有手动操作转数的标志，以免操作方向发生错误。

（2）分接变换在进行中的指示。分接变换在进行中的指示采用信号灯法，该信号灯安装在远方的控制室内。标准设计是在分接位置指示器上带有该信号灯指示；特殊设计是利用控制机构上转轴附加一组凸轮控制行程开关动作与否来指示。当电动机构分接变换操作时，信号灯亮；电动机构停止转动时，信号灯熄灭。

（3）紧急断开电源指示。当紧急断开电源时，电源保护开关跳闸，辅助接点 N_C—C 闭合，接通紧急跳闸指示回路，指示红灯亮。合上电源保护开关，辅助接点 N_C—C 断开，指示红灯熄灭（H_1 或 H_3）。

（4）完成分接变换次数指示。电动机构带有一个 5 位或 6 位机械计数器。每完成一次分接变换之后，机械计数器累计完成操作的次数。这个记数可直接通过观察窗阅读，不必打开箱盖。

（5）就地和遥远工作位置指示。

1）就地工作位置指示。就地工作位置的指示指的是电动机构本身工作位置的指示，它通过一个分接指示轮和机械位置指示器把工作位置反映出来，分接变换指示轮转动一圈就完成一次分接变换操作，机械位置指示器上标牌转过一个相应级数，这个位置指示也是可以直接从箱盖上观察窗看到的。为了确保传动级数指示的准确，电动机构应具有消除不同方向传动中活动角度累积偏差的调节装置。

2）遥远工作位置指示。为了在远离分接开关和电动机构的控制室了解分接开关所处的分接位置，需要遥远工作位置的指示。它利用电动机构中远方位置信号发送器把分接开关分接位置信号通过电缆传到远方控制室内，并通过相应的接收装置显示分接装置。

第 12 章　有载分接开关安装及投运

一台有载分接开关从生产出厂、安装到变压器上、随同变压器运输到现场再次完善安装、验收投入运行，要经历许多中间环节。由于任一环节出现问题，都可能造成分接开关意外损坏，因此提高有载分接开关运行可靠性需要制造厂和安装、运行部门共同努力。在此将有载分接开关带有普遍性的安装及投运要求提出来供有关人员参考。

12.1　有载分接开关在变压器上的安装

有载分接开关安装在变压器上有两种形式：平顶式和钟罩式安装，具体安装方式应根据变压器容量的大小进行选择。

小容量的变压器一般是变压器的器身与箱盖连为一体（又称连箱盖），所选用的分接开关必定是平顶式（也称箱顶式）的安装方式，见图 12－1。此时，借助分接开关头部法兰，采用螺栓将分接开关固定在变压器箱盖的安装法兰上，这两者法兰是用耐油的密封垫来密封的。

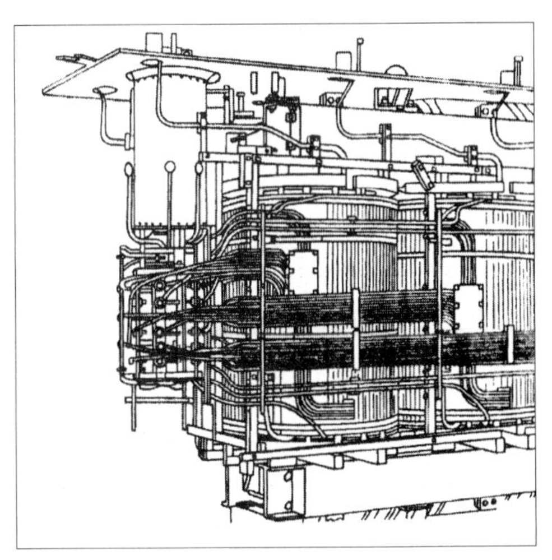

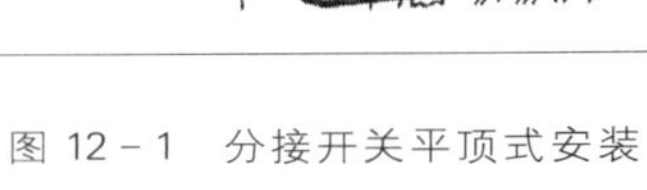

图 12－1　分接开关平顶式安装

图 12－2　分接开关钟罩式安装

大中容量的变压器的器身与钟罩盖一般是分开的，因此，分接开关钟罩式安装方式是一种特殊设计，可卸开分接开关头部，见图 12－2。它由两部分组成：一是中间支撑法兰，与绝缘筒及筒底连接构成油室，临时支撑在变压器铁轭上；二是头部法兰，安装在钟罩盖上，安装要求与平顶式安装方式相同。当钟罩盖吊到变压器的器身上，通过专用的吊具提升中间支撑法兰，用密封垫和紧固件与头部法兰连接在一起。

有载分接开关一般在变压器厂内部安装到变压器上，随同变压器进行干燥处理，进行注油及电气试验，最终随同变压器出厂。

12.1.1 分接开关在平顶式变压器箱盖上安装

1. 安装法兰

分接开关头部法兰在变压器箱盖上安装必须用安装法兰，见图 12-3，这种结构应按开关头部密封面设计。

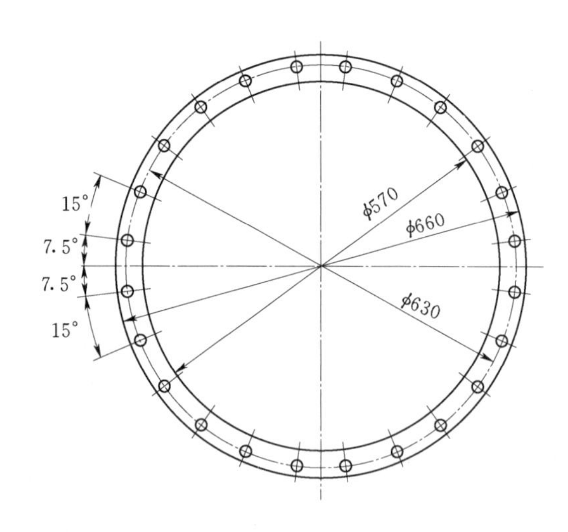

图 12-3 变压器箱盖上的安装法兰（尺寸适用 V 型）

2. 分接开关安装步骤

(1) M 型有载分接开关的安装。

1) 将分接开关的切换开关和选择器单独放在水平台面上。

2) 取下切换开关和分接选择器之间的连接螺钉（6 只 M12）。

3) 从分接选择器级进槽轮机构的连接器上取出涂有红漆标志的定位销钉，不要移动连接器。

4) 吊起切换开关放在分接选择器上，注意不要碰坏级进槽轮机构的滑动连接器。

5) 拧紧分接选择器级进槽轮机构的支座和切换开关筒底之间六只 M12 的圆柱头内六角连接螺钉。

6) 将分接选择器引出导线连接到切换开关油室连接触头的端子（M10 六角螺栓，最大扭短 30N·m）。注意检查分接开关引出导线两端的紧固连接必须可靠，连接螺钉无松动，引出导线绝缘纸包扎层不得破损与污染，引出导线与筒底、铆钉和级进槽轮机构的支座之间留有 10mm 以上的绝缘间隙。

7）将开关头部法兰的底面与安装法兰的密封面擦干净，且在安装法兰面上放置一耐油密封垫。

8）将完全总装好的分接开关吊起在安装法兰的上面，并小心地穿过变压器箱盖上的安装孔放到变压器内。注意不要碰坏分接开关的接线端子和切换开关油室上的均压环（仅150kV及以上有）。

9）检查分接开关的头部位置以及整定工作位置。

10）将分接开关头部固定在安装法兰上。

11）从切换开关筒底的中间齿轮连接器上取下涂有红色油漆标记的定位销。

（2）V型有载分接开关的安装。

1）将分接开关置于水平台面上。

2）擦净头部法兰的底面与安装法兰的密封面。

3）在安装法兰面上放置一耐油密封垫。

4）将分接开关吊起在安装法兰的上面，谨慎地落入安装法兰的开孔。注意不要碰坏接线端子。

5）将分接开关头部紧固在安装法兰上。

12.1.2 分接开关在钟罩式变压器箱盖上安装

1. 安装法兰

分接开关头部法兰在变压器钟罩盖上安装必须用安装法兰，见图12-4，这种结构应按开关头部密封面设计。

2. 分接开关安装步骤

M型和V型分接开关在钟罩式变压器箱盖上安装要求一致，具体安装步骤如下：

（1）卸开分接开关头部。打开分接开关头盖，吊出切换开关或选择开关芯子，卸开分接开关头部法兰。

（2）切换开关与分接选择器的装配（仅组式合式有）以及分接选择器引出导线的连接均按平顶式安装方式的要求。

（3）利用吊板附件将装好的分接开关吊起到铁轭支架上，让中间支撑法兰临时安装在支架上。

（4）头部法兰与中间支撑法兰的对位预装。将头部法兰安装在变压器钟罩盖的安装法兰上，扣合钟罩盖时，注意“△”形标志对准，调节分接开关的位置，使头部法兰与中间支撑法兰自然地对位，从而确定分接开关在支架上的安装位置。

当确认分接开关在变压器支架上预装正确后，可以进行分接开关和分接绕组之间引线连接。注意分接开关吊挂在变压器铁轭支架上必须准确垂直，分接开关的安装要做到在钟罩盖扣合后、吊起分接开关到最终位置的升高必须不大于5～20mm。避免任何零部件落入分接开关油室，否则有卡住切换开关或选择开关、造成分接开关和变压器的危险。因此，拆卸和复装时一些小零件的数量一定要齐全，务必清点不缺件。

12.1.3 分接绕组与分接开关之间的引线连接

分接绕组与分接开关的引出线必须按分接开关制造厂供货的接线图连接。引线编号须

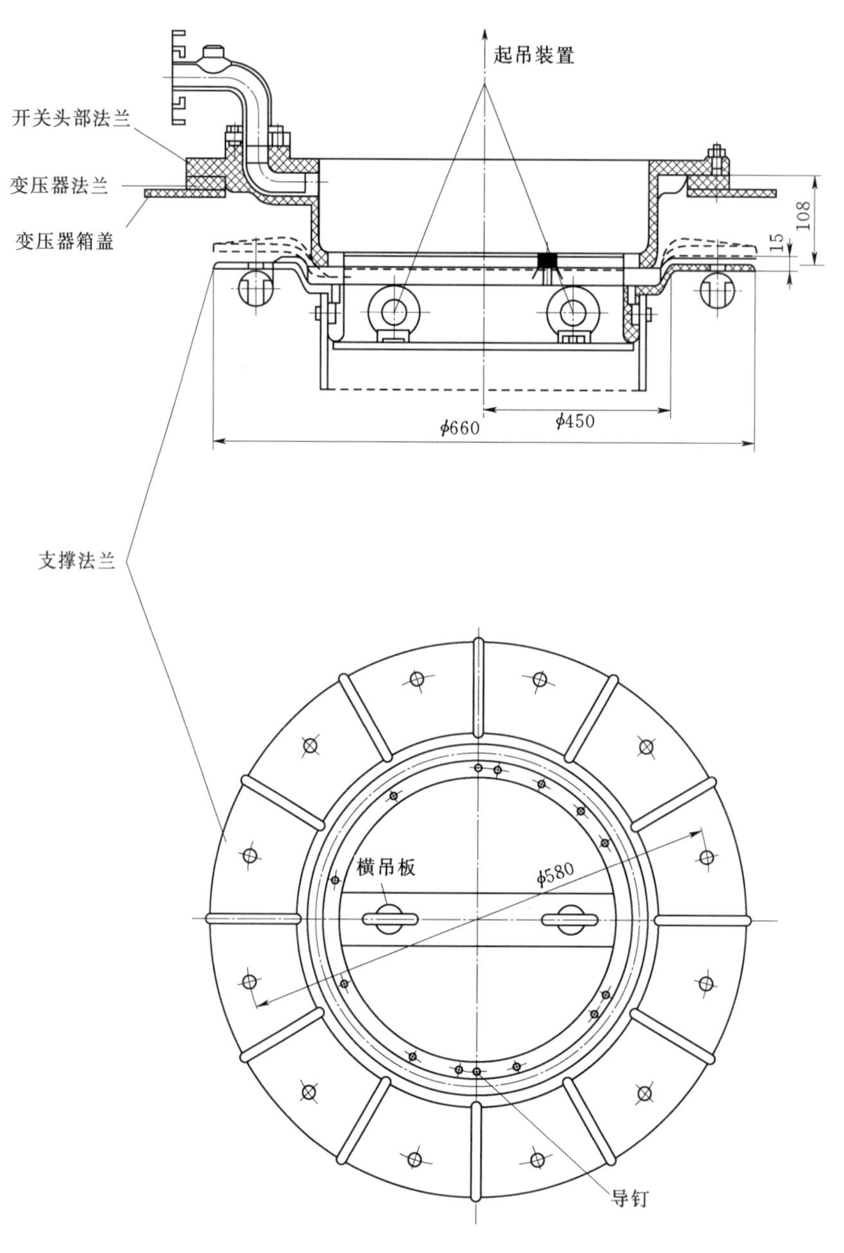

图 12-4　安装法兰

与分接开关端子代号对应一致。

分接引线应从开关引至变压器，要确保每根引线都不会对分接选择器或选择开关产生牵拉力。分接选择器或选择开关的引线应采用双向配线的连接方式，避免单向引线的牵拉力。分接引线要柔软，最后夹件至分接开关端子的引线绝缘层不得涂有清漆。分接引线留有一定挠度，必要时，分接引线末端应弯曲出缓冲的弧形。

钟罩式分接开关应在支架和中间支撑法兰之间临时插入间距垫块进行引线配装，以便钟罩盖扣合后，分接开关提升到最终位置后引线不产生牵拉力。分接引线与转换选择器的运动部件留有足够的运动间距（一般为 10mm），以免运动阻滞。

12.1.4 电压比试验

变压器干燥之前应以交流低电压测试电压比。转动分接开关头部驱动轴进行分接开关变换操作。操作转换选择器，则须较大转矩，已经进行的分接变换操作，中途不得改变转向。无油时变换操作次数要减少至最小限度。

12.1.5 干燥处理

为了保证分接开关的绝缘水平，分接开关一般随同变压器进行干燥处理，也可单独进行干燥。干燥处理方式有真空干燥处理和气相干燥处理两种。干燥工艺基本相同，处理过程如下：

（1）真空干燥处理。

1）烘房干燥。在烘房干燥情况下，必须取下分接开关头盖加热，注意保持畅通。

升温：分接开关进入温度约 60℃烘房，在大气压力下的空气中加热，温度上升率 10℃/h，加热最高温度为 110℃。

预干燥：在循环空气中干燥，最高温度 110℃，持续 20h。

真空干燥：在真空中干燥，最高温度 110℃，残余压力最大为 133Pa，持续 50h。

2）变压器油箱内干燥。如果变压器在自身的油箱内真空干燥时，分接开关顶盖在整个干燥过程中仍保持密闭，为了加速分接开关油室及切换开关芯子或选择开关件芯子的干燥速度，必须用制造厂家提供的旁通管附件连接在分接开关头部的注油法兰及变压器油箱溢油法兰之间。

变压器油箱内干燥处理的工艺要求与烘房干燥的工艺要求一致。

（2）气相干燥。

1）烘房干燥。烘房干燥时必须取下分接开关顶盖，注意变压器入房时分接开关不要对准煤油蒸气入口处。

升温：在通入温度 90℃煤油蒸气中加热持续 3～4h。

干燥：升高煤油蒸气温度，温度上升率 10℃/h，最高温度 125℃，干燥时间大体取决于变压器干燥所需要的时间。

2）变压器油箱内干燥。如果变压器在自身的油箱内气相干燥时，分接开关头盖在整个干燥过程中仍保持密封，此时变压器油箱和分接开关油室应同时接入煤油蒸气干燥，为了加速分接开关的油室及切换开关芯子或选择开关件芯子的干燥速度，必须用制造厂家提供的旁通管附件连接在分接开关头部的注油法兰及变压器油箱溢油法兰之间。

注意：变压器和分接开关若采用气相干燥时，为了便于煤油蒸气冷聚物的排泄，油室底部的排油螺钉必须松开，并在气相干燥处理之后，重新拧紧排油螺钉，否则分接开关会发生严重漏油事故。干燥处理后，油室底部煤油放油塞（螺钉）一定要重新拧紧，以防止分接开关油室与变压器油箱沟通，造成分接开关污油流入变压器油箱内或分接开关储油柜大量漏油。干燥处理后没有油润滑，不可操动分接开关，防止轴承和密封件损坏。检查紧固件是否松动，若发现松动时，必须重新紧固及止退防松。

12.1.6 有载开关本体注油

重新盖紧分接开关头盖。变压器和分接开关油室两者在真空下注油。为此，用制造厂家提供旁通管附件安装在分接开关头部注油法兰及变压器溢油法兰之间，以便使分接开关油室和变压器之间同时抽真空。

12.1.7 连接管的安装

分接开关头部法兰上备有三个连接管，这些连接管可按安装的需要方向自己定向，即松开连接管的套圈环后，连接管可以任意旋转。因此，连接管的安装是十分方便的。

（1）油流控制继电器的连接管（R 管）。油流控制继电器（或气体继电器）安装在分接开关头部与自身的储油柜之间的连接管路中，尽可能靠近分接开关头部处，通常直接地连接在弯管 R 的法兰上，安装向上的水平倾斜度为 2%，气体继电器上箭头标志必须指向储油柜。

（2）吸油连接管（S 管）。分接开关备有一吸油连接管。吸油连接管用于切换机构油室定期抽取油样检验或换油时从切换机构油室吸油。因此，在变压器油箱处，必须安装一根比切换开关油室底部水平低的管子，上端连接在吸油法兰上，下端备有一放油阀门。此吸油连接管也可以用作带滤油器的给油管。

（3）注油连接管（Q 管）。此连接管用作带滤油器的回油管，如果没有滤油器用闷盖封住。建议也用一根管子引出，下端有一放油阀门，这样可使滤油器经吸油管和注油管循环滤油。

12.1.8 电动机构的安装

电动机构安装时应注意，出厂编号需与分接开关相同，且电动机构必须和分接开关处于同一分接位置，即整定工作位置。

电动机构在变压器箱壁处应垂直安装，不得歪斜。同时不受变压器过度震动的影响，且箱底四只固定脚必须处于同一平面上安装，要求箱盖能自然闭合、打开及锁紧，目的是防止箱体安装变形。

12.1.9 伞齿轮箱和传动轴安装

伞齿轮箱采用两只 M16 螺栓固定在变压器箱盖的支撑架上，允许左右旋转 5°，便于水平轴端对准分接开关头盖上的齿轮传动装置的水平轴端，并成一条直线。

传动轴安装时，必须考虑热胀冷缩的连接间隙（2mm）。水平传动轴安装必须安装防护罩，以防雨雪的侵蚀。垂直传动轴安装时，靠近电动机构的连接处锁钉待电动机构连接校验后方能固定。传动轴本身是一根方管，每端各用联轴夹片和一只联轴销将方管两端连接到各自对应的装置上。

12.1.10 分接开关和电动机构连接校验

分接开关和电动机构在整定工作位置连接后应进行两个方向旋转差数的平衡校验。

分接开关与电动机构连接时，必须调整切换开关动作切换瞬时（或选择开关动作切换瞬时）到电动机构动作终了之间的时间间隔，对于两个旋转方向应是相同的。

用手柄向 $1\rightarrow n$ 方向摇动，待切换开关或选择开关动作时（听到切换响声），继续转动手柄直到电动机构分接变换指示轮（或盘）上绿色带域内的红色中心标志出现在观察窗中央时停止摇动，记下旋转圈数 m。

反方向 $n\rightarrow 1$ 摇动手柄回到原来整定位置，同样按上述方法记下旋转圈数 K。若旋转圈数 $m=K$ 时，说明连接无误，无需调整。若旋转圈数 $m\neq K$ 时，如 MA7 电动机构 $|m-K|>1$，MA9 电动机构 $|m-K|>3.75$，需要旋转圈数的差数平衡。

松开电动机构垂直传动轴，然后用手柄向多圈数方向摇动 $|m-K|/2$ 圈，然后再把电动机构与垂直传动轴连接起来。

按上述的步骤，再次检查电动机构与分接开关的旋转差数，直到校验出 $|m-K|$ 的差数在规定允许范围内为止。

举例说明：CMⅢ500/110D-10191W 分接开关与 CMA7 电动机构的连接校验如图 12-5 所示。

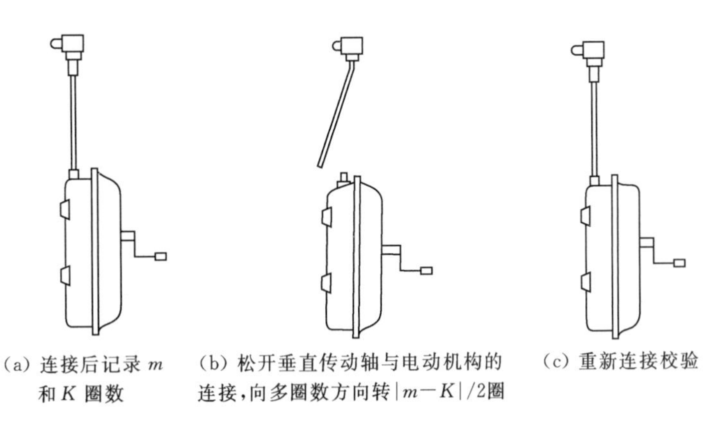

(a) 连接后记录 m 和 K 圈数　(b) 松开垂直传动轴与电动机构的连接，向多圈数方向转 $|m-K|/2$ 圈　(c) 重新连接校验

图 12-5　分接开关与电动机构连接

自整定工作位置 10 位置摇至 11 位置，$m=5$；自 11 位置摇回整定位置 10 位置，$K=3$。手柄旋转圈数的差数 $m-K=2>1$，调整圈数：$(m-K)/2=2\times 1/2=1$。

松开垂直传动轴与电动机构的连接，见图 12-5（b），按上述调整圈数将手柄向 $10\rightarrow 11$ 位置方向转动一圈，然后再把垂直传动轴与电动机构连接起来检查两个转动方向的旋转差数是否平衡。

12.1.11　随变压器出厂运输

分接开关在进行相关操作试验和电气试验合格后，可以连同分接开关运送到安装现场。

(1) 随变压器出厂前，应将开关放整定挡，传动部件锁定。

(2) 所拆附件应集中装箱并编号，电线电缆、电子器材注意密封包装，防腐防湿防磕碰。

(3) 开关管道拆卸部分，应注意油道裸露部分的密封，若正温差过大应考虑开关防爆盖的压力承受范围，开关顶盖注意防磕碰保护。

（4）电动操作机构内所有电气元器件处于非工作状态，活动部件加固定，加防潮除湿处理，门应关严，外部加防磕碰保护。

12.2 有载分接开关在现场的安装检查

变压器在使用现场安装时，应吊芯或进入变压器油箱内部检查有载分接开关，必要时应对分接开关进行调整。

12.2.1 安装前的检查

（1）分接开关规范应与设计要求相符，制造厂提供的各项技术资料应齐全。

（2）分接开关及其全部附件应齐全，无锈蚀及机械损坏。

（3）分接开关应有过压力保护装置，并应符合《分接开关 第1部分 性能参数和试验方法》（GB 10230.1）中有关规定。

（4）油中熄弧的有载分接开关宜采用油流控制继电器保护，油浸式真空有载分接开关可以使用气体继电器代替，但必须是挡板式结构，其管径尺寸应符合要求，并经过校验合格。

（5）分接开关头盖与变压器连接部分的螺栓应紧固，密封应良好，无渗漏油现象。

（6）检查电动机构和分接开关的分接位置指示是否相同，并在整定工作位置。

（7）分接开关切换油室与变压器本体内的绝缘油相同，且应符合《电气装置工程 电气设备交接试验标准》（GB 50150—2006）及制造厂的要求。

（8）对于充氮运输和存放的变压器，其油箱与分接开关油室之间有旁通管装置的应予以拆除。

（9）连同变压器作充氮运输的分接开关，其分接开关油室内氮气应为正压，并符合制造厂要求。

（10）对分接开关过压力保护装置、带电滤油装置、吸湿器及其他附件，应按制造厂的技术要求，作相应的检查与测试。

12.2.2 有载开关本体检查

（1）检查分接开关各部件，包括切换开关或选择开关、分接选择器、转换选择器等有无损坏与变形。

（2）检查分接开关各绝缘件，应无开裂、爬电及受潮现象。

（3）检查分接开关各部位紧固件，应良好紧固。

（4）检查分接开关的触头及其连线应完整无损、接触良好、连接正确牢固。必要时测量接触电阻及触头的接触压力、行程。检查铜编织线应无断股现象。

（5）检查过渡电阻有无断裂、松脱现象，并测量过渡电阻值，其阻值应符合要求。

（6）检查分接引线各部位绝缘距离，注意分接开关自身连接导线绝缘不应出现破损。

（7）分接引线长度应适宜，以使分接开关不受拉力。

(8) 检查分接开关与其储油柜之间阀门应开启。

(9) 分接开关密封检查。在变压器本体及其储油柜注油的情况下，将分接开关油室中的绝缘油抽尽，检查油室内是否有渗漏油现象，最后进行整体密封检查，包括附件和所有管道，均应无渗漏油现象。油室底部煤油放油塞（螺钉）一定要拧紧。

(10) 清洗分接开关油室与芯体，注入符合与变压器本体相同牌号的绝缘油，储油柜油位应与环境温度相适应。

(11) 油流控制继电器或气体继电器动作的油流速度应符合制造厂要求，并应校验合格。其跳闸触头应接变压器跳闸回路，油浸式真空有载分接开关气体继电器轻瓦斯信号接点接到报警回路。

(12) 分接开关作器身检查时应遵守下列规定：

1) 周围空气温度一般不宜低于0℃，分接开关器身温度不宜低于周围空气温度。

2) 分接开关器身暴露在空气中的时间应符合表12-1规定。

表12-1　分接开关器身暴露在空气中的时间规定

环境温度/℃	>0	>0	>0	<0
空气相对湿度/%	<65	65～<75	75～<85	
持续时间/h	≤24	≤16	≤10	≤8

时间计算由开始放油算起；未注油的分接开关，由揭盖或打开任一堵塞算起，直至开始注油或抽真空为止。

3) 施工环境清洁，并应有防尘措施，雨、雪天或雾天不应在室外进行。

12.2.3 电动机构检查

(1) 检查电动机构，包括驱动机构、电动机传动齿轮、控制机构等，应固定牢靠，操作灵活，连接位置正确，无卡滞现象。转动部分应注入符合制造厂规定的润滑脂。电动机构箱内清洁，无脏污，密封性能符合防潮、防尘、防小动物的要求。

(2) 分接开关和电动机构的连接必须做连接校验，符合产品说明书要求。连接校验合格后，必须先手摇操作一个循环，然后电动操作。

(3) 检查分接开关本体工作位置和电动机构指示位置应一致。

(4) 手摇操作检查。手摇操作一个循环，检查传动机构是否灵活，电动机构箱中的安全联锁开关、极限开关、顺序开关等动作是否正确，极限位置的机械止动及手摇与电动闭锁是否可靠，水平轴与垂直轴安装是否正确，检查分接开关和电动机构连接的正确性。

(5) 电动操作检查。先将分接开关手摇操作置于中间分接位置，接入操作电源，然后进行电动操作，判别电源相序及电动机构转向。若电动机构转向与分接开关规定的转向不相符合，应及时纠正，然后逐级分接变换一个循环，检查启动按钮、紧急停车按钮、电气极限闭锁动作、手动操作电动闭锁、远方控制操作均应准确可靠。电动机构和分接开关每个分接变换位置及分接变换指示灯的显示是否一致，计数器动作是否正确。

12.2.4 有载分接开关安装注意事项

(1) 安装时要避免任何零部件落入切换开关内，防止切换开关卡死损坏。

（2）在变压器抽真空时，应将分接开关油室与变压器本体连通，如果分接开关储油柜不能承受此真空值，应将通到储油柜的管道拆下，关闭所有影响真空的阀门及放气栓。真空处理后拆除旁通管，并检查油室底部放油塞密封是否良好，防有载开关油与变压器油渗漏。分接开关作常压注油时，应留有出气口，防止将压力释放装置胀坏。对有载分接开关一般不使用单独抽真空注油。

（3）瓦斯继电器应水平安装，继电器上箭头必须指向储油柜，瓦斯继电器通向储油柜连管必须至少向上倾斜2%。

（4）有载分接开关头盖上有四个连接法兰，其中三个带有弯管。弯管R通过瓦斯继电器与储油柜相连，弯管S与开关内抽油管相连，用来吸油，也可连接滤油装置进油管，弯管Q用来注油，也可连接滤油装置出油管。弯管R与弯管Q的位置可以根据需要互换。

（5）有载分接开关注油后必须从开关头盖上和抽油弯管上的溢油排气塞处排气，静放一段时间后做试验前再排气一次。有载开关本体溢油排气位置见图12-6。

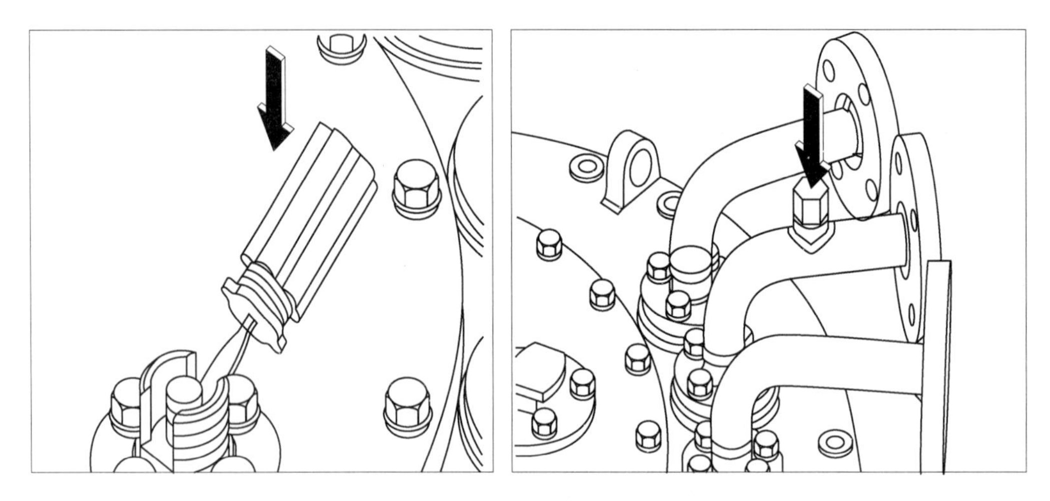

图12-6　有载开关本体溢油排气位置

（6）有载分接开关连接轴的竖直水平安装误差不能超过2°，连接轴窜动的间隙应该为2～3mm。

（7）变压器试验前检查有载开关头盖和电动机构外壳接地必须良好。

（8）连接校验工作开始之前，有载分接开关和电动机构一定要位于整定挡位置上。校验过程中，分接开关的和电动机构的位置指示器一定要相同。

（9）电动操作前必须先进行手摇操作一个循环，检查开关切换灵活无卡涩后方可进行。

12.3　有载分接开关投运验收

新安装或大修后的变压器投运前，应结合变压器的验收，由安装人员会同运行、检修人员等共同对有载分接开关进行检查验收，查看分接开关的安装（检修）资料及调试报告、记录等，并应有合格可以投运的结论。

（1）投运前安装（检修）单位应按电力系统有关规范及厂家规定进行交接验收，同时将分接开关的产品安装使用说明书、合格证、控制器说明书与整定值、过压力的保护装置说明书与整定值、安装（检修）记录、调试记录、油化报告等技术资料移交运行单位。

（2）采用自动调压控制器时，投运前应按制造厂使用说明书和调度定值通知单，对自动控制器进行必要的检查和调试，自动控制器的电压互感器断线闭锁应正确可靠。

（3）分接开关控制回路宜设有过电流闭锁装置，其整定值取配置的变压器额定电流的1.2倍，电流继电器返回系数应大于或等于0.9，其过电流闭锁动作应正确可靠。

（4）分接开关油室内绝缘油应符合电力系统有关规范及厂家规定的要求。

（5）有载调压变压器所有分接位置的电压比与直流电阻值应符合《电器装置安装工程电气设备交接试验标准》（GB 50150—2006）中的有关规定。

（6）外观检查。分接开关储油柜的阀门应在开启位置，油位指示正常，吸湿器良好，外部密封无渗漏油，电动机构箱应清洁、防尘、防雨、防小动物、密封措施完好，接地线正确牢固，进出油管标志明显，过压力的保护装置完好无损，电动机构箱与分接开关的分接位置指示正确一致。

（7）传动机构应固定牢固，连接位置正确，且操作灵活、无卡涩现象。传动机构的摩擦部位涂有适合当地气候条件的润滑脂。

（8）电气控制回路检查。电动机构三相电源相位是否正确，电气控制回路接线正确，接触良好，接触器动作灵活，不应发生误动、拒动和连动。驱动电机的熔断器应与其容量相匹配（按制造厂规定配置），一般选用电机额定电流的2～2.5倍。控制回路的绝缘性能应良好。

（9）检查分接开关的电动机构箱安装是否水平，垂直转轴是否垂直、动作是否灵活，加热器是否良好。

（10）分接开关的油流控制继电器或瓦斯继电器是否水平安装，箭头流向是否指向开关储油柜方向，连接管有否向上倾斜2%的坡度，对油流控制继电器或瓦斯继电器进行整组动作试验。

（11）分接开关的防爆盖完好无损，装有压力释放阀的应符合产品技术要求，开启压力一般不低于130kPa，运行中接信号回路。

（12）注入开关油室内的变压器油，电气强度和含水量是否符合IEC标准，开关油室内必须排尽气体，检查有载开关油枕油位符合标准。

（13）分别进行手摇操作一个循环和电动操作两个循环，检查在每个操作位置上电动机构和分接开关本体、远方位置指示器是否显示相同位置。检查在两终端位置上电气和机械的极限位置功能、开关的级进功能、断电自启动功能、急停功能、手动电动闭锁功能等合格。

（14）干式有载分接开关触头应涂有导电膏。根据有载分接开关出现的缺陷和发生的事故分析，加强分接开关的巡视检查和运行状态监控，许多事故是可以直接防止和避免的。因此，加强这些方面的技术管理工作，是确保有载分接开关安全可靠运行的行之有效的措施。

12.4 有载分接日常开关巡视检查项目及要求

（1）电压指示应在规定电压偏差范围内。

（2）开关操作时各部件无异常响声（开关本体、电动机构箱、传动杆及变速齿轮箱）。

（3）分接位置指示器应指示正确。

（4）开关油枕油位正常，应略低于变压器油枕油位；呼吸器内干燥剂未变色，呼吸器小油杯油位正常，随着油温的变换应能观察到油杯的呼吸气泡，无溢油现象。

（5）分接开关及其附件各部位应无渗漏油。

（6）计数器动作正常，及时记录分接变换次数。

（7）电动机构箱内部应清洁，无锈蚀或发热现象，润滑油位正常，机构箱门关闭严密，防潮、防尘、防小动物，密封良好。

（8）分接开关加热器应完好，并按要求及时投切。

12.5 有载分接开关运行操作规程

（1）运行现场应具备下列技术资料：产品安装使用说明书、技术图纸、自动控制装置整定书、绝缘油试验记录、检修记录、缺陷记录、分接变换记录及分接变换次数运行记录等。

（2）有载调压装置及其自动控制装置应经常保持在良好运行状态。故障停用，应立即汇报，同时通知检修单位检修。

（3）有载调压装置的分接变换操作，由运行人员按调度部门确定的电压曲线或调度命令，在电压允许偏差范围内进行。为保证用户受电端的电压质量和降低线损，220kV 及以下电网电压的调整宜采用逆调压方式。

（4）电力系统各级变压器运行分接位置应按保证发电厂和变电所及各用户受电端的电压偏差不超过允许值，并在充分发挥无功补偿设备的经济效益和降低线损的原则下，优化确定。

（5）正常情况下，一般使用远方电气控制。当检修、调试、远方电气控制回路故障且必要时，可使用就地电气控制或手摇操作。当分接开关处在极限位置又必须手摇操作时，必须确认操作方向无误后方可进行。

（6）分接变换操作必须在一个分接变换完成后，方可进行第二次分接变换。操作时应同时观察电压表和电流表的指示，若无变化、回零等情况，应严禁下一步操作，并及时将情况汇报有关部门。每次操作都应检查分接位置指示器及动作计数器的指示正确性。

（7）每次分接变换操作都应将操作时间、分接位置、电压变化情况及累计动作次数记录在有载分接开关分接变换记录表上，每次投停、试验、维修、缺陷与故障处理，都应做好记录。

（8）当变动分接开关操作电源后，在未确认电源相序是否正确前，禁止在极限位置下进行电气控制操作。

（9）由3台单相变压器构成的有载调压变压器组，在进行分接变换操作时，应采用三相同步远方或就地电气控制操作，并必须具备失步保护，只有在不带负荷的情况下，充电后的试验操作或在控制室远方控制回路故障而又急需操作时，方可在分相电动机构箱内操作，同时应注意下列事项：

1）只有在三相分接开关依次完成1个分接变换后，方可进行第2次分接变换，不得在一相连续进行2次分接变换。

2）分接变换操作时，应与控制室保持联系，密切注意电压表与电流表的变动情况。

3）操作结束，应检查各相分接开关的分接位置指示是否一致。

（10）两台有载调压变压器并联运行时，允许在85%变压器额定负荷电流及以下的情况下进行分接变换操作，不得在单台变压器上连续进行2个分接变换操作，必须一台变压器的分接变换完成后，再进行另一台变压器的分接变换操作。每次分接变换操作后，都要检查电压和电流的变化情况，以防止误操作和过负荷。升压操作，应先操作负荷电流相对较少的一台，再操作负荷电流相对较大的一台，以防止过大的环流。降压操作时与此相反。操作完毕，应再次检查并联的两台变压器的电流大小与分配情况。

（11）有载调压变压器与无载调压变压器并联运行时，应预先将有载调压变压器分接位置调整到与无载变压器相应的分接位置，然后切断操作电源再并联运行。

（12）在运行中应将有载调压装置的重瓦斯保护接跳闸回路。在动作跳闸后，未查明原因或未处理完毕，不得将变压器和分接开关投入运行。

（13）对装有自动控制器分接开关的要求如下：

1）装有自动控制器的分接开关必须装有计数器，每天定时记录分接变换次数。当计数器失灵时，应暂停使用自动控制器，查明原因，故障消除后，方可恢复自动控制。

2）两台及以上并联运行的有载调压变压器或有载调压单相变压器组，必须具有可靠的失步保护，当分接开关不同步时，应发出信号，闭锁下一分接变换。由于自动控制器不能确保两台同步切换，因此，此类变压器不能投入自动控制器。

3）当系统中因倒闸操作或其他原因，可能造成电压大幅度波动时，调度应预先下令将有关变压器分接开关的自动控制器暂停使用，待操作完毕恢复正常后，再下令恢复自动控制。

（14）对装有电容补偿装置的变电所，应优先投入电容器，在不向系统倒送无功的前提下，若仍需调整电压，应先调整主变压器有载调压装置，保证电压在合格范围内。在母线电压超过规定值，同时分接开关调压挡已达极限位置时，再停用电容器，若主变压器调压分接变换和电容器投切均采用自动控制，应使按电压整定的自动投切电容器组的上下限整定值略高于有载调压装置的整定值。

（15）分接开关每天分接变换的次数可参考下列范围：35kV电压等级为30次，60～110kV电压等级为20次，220kV电压等级为10次，330kV及以上电压等级不做规定。

（16）分接变换操作中发生下列异常情况时应作如下处理，并及时汇报安排检修。

1）操作中发生连动时，应在指示盘上出现第二个分接位置时立即切断操作电源，如有手摇机构，则手摇操作到适当分接位置。

2）远方电气控制操作时，计数器及分接位置指示正常，而电压表和电流表又无相应变化，应立即切断操作电源，中止操作。

3）分接开关发生拒动、误动，电压表和电流表变化异常，电动机构或传动机械故障，分接位置指示不一致，内部切换异声，过压力的保护装置动作，看不见油位或大量喷漏油及危及分接开关和变压器安全运行的其他异常情况时，应禁止或中止操作。

（17）有载调压变压器可按各单位批准的现场运行规程的规定过载运行。但过载1.2倍（或1.5倍）以上时，禁止分接变换操作。

（18）运行中分接开关带油流控制继电器或气体继电器应有校验合格有效的测试报告。若使用气体继电器替代油流控制继电器，运行中多次分接变换后动作发信，应及时放气。若分接变换不频繁而发信频繁，应做好记录，及时汇报并暂停分接变换，查明原因。若油流控制继电器或气体继电器动作跳闸，必须查明原因。按《变压器分接开关运行维修导则》（DL/T 574—2010）的有关规定办理。在未查明原因消除故障前，不得将变压器及其分接开关投入运行。

（19）当有载调压变压器本体绝缘油的色谱分析数据出现异常（主要是乙炔和氢的含量超标）或分接开关油位异常升高，直至接近变压器储油柜油位时，应及时汇报，暂停分接变换操作，进行追踪分析，查明原因，消除故障。

（20）运行中分接开关油室内绝缘油的击穿电压低于30kV，含水量大于40ppm，应停止操作，及时对绝缘油进行处理。

（21）运行中分接变换操作频繁的分接开关，宜采用带电滤油或装设“在线”滤油器，同时应加强带电或“在线”滤油器的运行管理与维护并正确使用。

（22）分接开关检修超周期或累计分接变换次数达到所规定的限值时，由主管运行单位通知检修单位，按《变压器分接开关运行维修导则》（DL/T 574—2010）标准的有关条文进行检修。

12.6 有载分接开关反事故措施要求

为贯彻“安全第一、预防为主、综合治理”的方针，贯彻落实国家安全生产有关法规，防止发生重大电网事故、重大设备损坏事故和人身伤亡事故，总结多年来电网安全生产工作中暴露出的安全隐患，国家电网公司针对电网安全生产中的突出问题，及时修订完善反事故措施，有效指导电网规划设计、设备选型、安装调试、设备运维及技改检修等工作。在此将国家电网公司反事故措施中有关有载分接开关的内容列写如下，供相关作业人员在有载开关安装、调试、验收、检修中参照。

（1）新购有载分接开关的选择开关应有机械限位功能，束缚电阻应采用常接方式。

（2）有载分接开关在安装时应按出厂说明书进行调试检查。要特别注意分接引线距离和固定状况、动静触头间的接触情况和操作机构指示位置的正确性。新安装的有载分接开关，应对切换程序与时间进行测试。

（3）变压器带电前应进行有载调压切换装置切换过程试验，检查切换开关切换触头的全部动作顺序，测量过渡电阻阻值和切换时间。测得的过渡电阻阻值、三相同步偏差、切换时间的数值、正反向切换时间偏差均符合制造厂技术要求。由于变压器结构及接线原因无法测量的，不进行该项试验。

（4）新安装和大修后的变压器应严格按照有关标准或厂家规定真空注油和热油循环，真空度、抽真空时间、注油速度及热油循环时间、温度均应达到要求。对采用有载分接开关的变压器油箱应同时按照要求抽真空，但应注意抽真空前应用连通管接通本体与开关油室。

（5）对新的变压器油要加强质量控制，用户可根据运行经验选用合适的油种。油运抵现场后，在取样试验合格后，方能注入设备。加强油质管理，对运行中油应严格执行有关标准，对不同油种的混油应按照《运行中变压器油质量》（GB/T 7595—2000）的规定执行。

（6）加强有载分接开关的运行维护管理。当开关动作次数达到制造厂规定值时，应进行检修，并对开关的切换时间进行测试。

（7）有载分接开关的重瓦斯保护应投跳闸。若需退出重瓦斯保护，应预先制定安全措施，并经总工程师批准，限期恢复。

（8）新安装的瓦斯继电器必须经校验合格后方可使用。瓦斯保护投运前必须对信号跳闸回路进行保护试验。

（9）瓦斯继电器应定期校验。当瓦斯继电器发出轻瓦斯动作信号时，应立即检查瓦斯继电器，及时取气样检验，以判明气体成分，同时取油样进行色谱分析，查明原因及时排除。

（10）压力释放阀在交接和变压器大修时应进行校验。

（11）有载分接开关防爆膜处应有明确提示标识，并采取防止踩踏措施。

（12）有载分接开关远方人工调整分接挡位时，应采取步进式，每调一个分接应间隔1～2min。

（13）定期对有载分接开关绝缘油取油样进行微水和耐压试验。对于油浸式真空有载分接开关，应进行油中溶解气体色谱分析。

第13章　有载分接开关检修

一台变压器的使用寿命长达三四十年，对于所配的有载分接开关来讲，在这么长的时间内要保证运行的可靠性，不仅要取决于它本身的品质，还取决于合理的选型、正确的安装、在允许条件下运行，以及良好的维护、检修。有载分接开关的维护、检修应按照DL/T 574—2010《变压器分接开关运行维修导则》、安全规程及制造厂产品使用说明书规定的内容、项目、标准进行，必须由具有一定的专业知识、并经培训合格的人员来作业。

根据DL/T 574—2010《变压器分接开关运行维修导则》的规定，有载分接开关的检修应参照变压器状态检修的原则，在分接开关运行年限和操作次数的基础上，全面考虑分接开关的各类运行信息，科学开展设备评价，依据设备评价结果，动态制定检修计划，合理安排检修计划的内容。

本章以广泛使用的M型、V型有载分接开关为例，介绍其标准大修流程项目。

13.1　有载分接开关维修周期

（1）有载调压变压器停电检修时，可相应进行有载分接开关的大小修。

（2）经检查和试验并结合运行情况，判断有载分接开关存在内部故障或严重渗漏油时，应进行及时检修。

（3）运行中有载分接开关油室内绝缘油每6～12个月或分接变换2000～4000次至少采样1次，进行微水和击穿电压试验。油浸式真空有载分接开关油室内的绝缘油还可增加色谱分析。

（4）运行中的有载分接开关累计分接变换次数或运行年限达到制造厂所规定的检修周期时，应进行大修。

（5）运行中的有载分接开关油击穿电压低于25kV和含水量低于40μL/L时应开盖清洗换油或滤油1次。

（6）除新投运的2类有载分接开关按制造厂要求的年限吊芯检查外，新投运的有载分接开关一般不需要随变压器第1年首检进行吊芯检查。

13.2　有载分接开关大修项目

有载分接开关的厂家、型号众多，不同型号的产品在结构和要求上有所不同，因而具体的检修项目和标准也不一致，必须遵循相应的使用说明书规定执行，共性的大修项目如下：

（1）分接开关芯体吊芯检查、维修、调试。

（2）分接开关油室的清洗、检漏与维修。

（3）驱动机构检查、清扫、加油与维修。

（4）储油柜及其附件的检查与维修。

（5）油流控制继电器（或气体继电器）、过压力继电器、压力释放装置的检查、维修与校验。

（6）自动控制装置的检查。

（7）储油柜及油室中绝缘油的处理。

（8）电动机构及其他器件的检查、维修与调试。

（9）各部位密封检查，渗漏油处理。

（10）电气控制回路的检查、维修与调试。

（11）分接开关与电动机构的连接校验与调试。

13.3 M型有载分接开关大修

13.3.1 修前准备工作

（1）查阅缺陷记录，与运行人员核对现存缺陷，了解有载分接开关的运行状况，进行缺陷汇总分析。

（2）查阅上次检修报告、历次检修工作记录及相关技术档案，与主管部门确认检修及消缺方法。

（3）编写检修及消缺方案，组织相关工作人员学习，要求所有工作人员都明确本次作业的作业内容、进度要求、作业标准及安全注意事项。

（4）准备施工所需（合格）仪器仪表、工器具、相关材料、相关图纸及相关技术资料，根据有载开关原变压器油牌号备齐适量变压器油。

（5）针对有载开关检修过程中可能产生的危险点进行分析，需采取如下防范措施：

1）高压触电伤害。

a. 确认安全措施到位，所有检修人员必须在明确的工作范围内进行工作。

b. 检修人员在工作开始、间断后工作前必须确认被修设备各侧接地线已正确装设。

c. 起重设备吊臂回转时保证与带电设备的安全距离。

d. 高压试验前，非试验人员必须撤离至试验围栏以外。试验后被试设备须短接对地放电。

e. 严禁使用金属爬梯，梯子必须放倒水平搬运。

2）感应电伤害。

a. 升高车、吊车等必须可靠接地。

b. 拆接引线时，套管侧引线必须有可靠接地措施。

3）低压触电伤害。

a. 电动工器具使用前外壳必须可靠接地。

b. 检修电源必须装有触电保安器，设备（触电保安器、电源盘、电缆等）合格、无破损。

c. 拆接检修电源时必须有专人监护，试送电时受电侧有人监护。

d. 检查操作机构时必须切断操作电源，防止人员触电。

4）梯子上跌落。

a. 使用合适且合格的梯子（牢固无破损、防滑等）。

b. 梯子必须架设在牢固基础上，与地面夹角60°为宜；顶部必须绑扎固定，无绑扎条件时必须有专人扶持。

c. 禁止两人及以上在同一梯子上工作。

d. 人字梯应有坚固的铰链和限制开度的拉链。

5）升高设备上跌落。

a. 作业前确认升高设备正常、支腿放置牢固。

b. 工作人员必须使用安全带。

c. 工作时人员重心不得偏出斗外。

6）设备上跌落。

a. 设备上工作人员必须穿着合格劳保用品。

b. 及时清除设备上的油污。

c. 高处作业必须使用安全带。

7）机械伤害。

a. 有载开关电动操作时应确认传动轴旁边无人，防止传动轴转动伤人。

b. 严禁上下抛接工器具等物品。

8）设备损坏。

a. 吊车、升高车作业时有防碰撞措施：吊斗或套管用厚海棉包扎，吊臂、吊钩与套管保持一定距离，使用完毕及时移开；吊运物品有牵引绳导向。

b. 压力释放阀等附件检修，严格按工艺标准检修。

c. 禁止脚踩到有载开关的防爆膜和其他重物或工具撞击防爆膜。

d. 有载开关吊芯时应绑扎牢固，防止碰坏切换开关。

e. 禁止爬梯靠在电缆上，工作人员严禁踩踏电缆及集气管。

f. 严格变压器油、油泵的管理，本体油与分接开关油应严格分离。

g. 严防开关绝缘受潮，做好防雨措施，湿度小于75%，切换开关在空气中不超过10h。

13.3.2 切换开关吊芯

（1）将开关调整至整定工作位置，核对开关顶部挡位指示与操作机构挡位指示应一致。切断电源，确认操作、控制、信号电源已在断开位置。

（2）打开储油柜顶部放气螺栓，通过排油管（可用油泵）排尽有载开关油室绝缘油。

（3）从传动水平轴联轴卡头上卸除6只M6螺栓（10号扳手），拆去传动方管拆除的螺母和锁片，拆除水平传动方管。

（4）卸除分接开关头盖24只M10螺栓（17号扳手），取下分接开关头盖，如筒体油未放尽，可用油泵吸尽。注意避免碰坏开关头盖上的爆破盖和“O”型密封圈。

（5）拆下位置指示盘及支撑板上的M8紧固螺母，注意零件妥善有序保管。

（6）在起吊孔系上吊带，用起吊设备将切换开关缓慢吊出，起吊过程应缓慢垂直，不得碰坏开关抽油管和位置转动轴。

（7）将开关芯体上的油滴尽后，将芯体放在干净的支架上（油盘内），准备进行检查与调试。

（8）盖好分接开关头盖，防止作业过程中水分与杂物进入绝缘筒内。

13.3.3 切换开关油室及储油柜检修

（1）排尽油室内残油，检查油室内部静触头等无松动，无放电痕迹。

（2）用合格的变压器油冲洗油室，同时用白布擦净油室内壁，清除游离碳等积污，使油室清洁、无积污。检查切换油室底部放油螺栓是否紧固。

（3）检查进出油管、储油柜、阀门、排气孔等应无渗漏现象。

（4）检查油位计应转动灵活，报警接点动作可靠，油位指示清晰。

（5）检查有载开关瓦斯继电器接线端子及盖板上箭头标示清晰，各部件无渗漏油，防雨措施完好且安装牢固。联动模拟试验接点动作可靠。

（6）检查有载开关吸湿器玻璃完好，变色硅胶完好，并在顶盖下面留出（1/6～1/5）高度的空间，油封罩内变压器油清洁，油封在正常油位线，呼吸通畅。

（7）清扫外部锈蚀及油垢，必要时重新刷漆。

（8）在检修切换开关的同时，利用变压器本体及其储油柜绝缘油的静压力，检查油室密封情况。

13.3.4 切换开关本体解体检修

（1）记录切换开关本体实际工作位置以便拆开重新装配后恢复到原来工作位置。释放储能机构爪卡，将储能机构移至切换开关过渡触头呈桥接位置。

（2）打开锁紧片，松开绝缘弧形板上的8个固定螺栓，先卸边缘两侧上4个螺栓再卸里面的4个螺栓，然后取下绝缘弧形板，拆下绝缘弧形板。注意应拆开一相清洗一相，装配一相，三相不得同时拆开，零件保管好，防止损坏设备。

（3）用合格的变压器油彻底清洗被拆开扇形部件的触头系统和隔弧片。

（4）测量触头的磨损量，当某一触头磨损量超过4mm时应更换全部弧触头。如果触头预计在下次检修之前将会超过允许磨损差值，必须更换相关触头或者互换或者磨铣，使其与另一个触头匹配。

（5）检查主弧触头和过渡触头的引出编织软线，分接开关经10万次分接变换后或其中有一编织线出现短股现象应更换所有编织软线。

（6）检查动触头滑槽应光滑无毛刺、无损伤。

（7）检查全部动、静触头的紧固情况及止退片是否松动，检查与弧触头连接的沉头螺钉有无松动。

（8）检查保护间隙，记录烧损情况，最小间隙为5mm，必要时更换。

（9）卸除尼龙罩，用合格的变压器油清洗过渡电阻。

（10）清洗绝缘驱动轴，检查转动无卡涩。

（11）复装绝缘弧形板，要按拆卸的反顺序进行，使用新的自锁螺丝和锁垫。

（12）转动绝缘驱动轴，使储能机构复位。反复操动切换开关，以检查它的机械功能转动灵活、无卡涩。

（13）测量过渡电阻阻值，过渡电阻值与铭牌值比较偏差不大于±10%。

（14）测量每相单、双数与中性点引出点间的回路阻值，每对触头接触电阻不大于500μΩ。

（15）测量切换动、静触头的切换时间及三相同期值。切换开关变换时间为35～50ms，过渡触头的桥接时间为2～7ms，同期误差不得大于4ms。

（16）用干净同号油冲洗开关，最后将开关切换到吊出前起始工作位置。

13.3.5 切换开关回装

（1）移开开关头盖，检查油室密封良好无渗漏油。

（2）慢慢将开关芯体吊入油室内，轻轻转动切换开关使主轴底部的轴承座与油室底部的嵌件正确衔接并贴紧，位置应和拆装前一致。

（3）借助安装法兰面上定位销将在整定工作位置的切换开关芯体安装正确到位，机构底板紧贴法兰面，用M8螺栓紧固底板。安装好位置指示盘。

（4）清洁“O”型密封圈和密封槽，安放好“O”型密封圈，盖好分接开关头盖。

（5）通过注油管对有载开关注油，打开储油柜顶部的放气塞，用螺丝刀旋起开关头盖上和抽油弯管上的溢油排气螺栓，排出开关头部气体，直至溢油后拧紧。继续注油至规定油位，油位调整根据油位曲线来调整。

13.3.6 分接选择器和转换选择器的检修

分接选择器和转换选择器仅在变压器大修或必要时（如测回路电阻不合格、触头接触不良）做，一般无须进行单独检修。

（1）检查触头闭合位置，分接选择器和转换选择器触头的位置应与电动机构工作位置一致。

（2）检查分接开关连接导线正确，绝缘拉杆有无损伤及变形，紧固件是否紧固，连接导线的松紧程度是否使分接选择器受力变形。

（3）对带正反调的分接选择器，检查连接“K”端分接引线在“＋”“－”位置上与转换选择器的动触头支架（绝缘杆）的间隙：间隙不应小于10mm，检查其他紧固件和分接选择器与切换开关的6根连接导线及绝缘距离与紧固情况。

（4）手摇操作分接选择器$1 \to N$和$N \to 1$方向分接变换，逐挡检查分接选择器触头分、合动作和吻合情况，触头接触符合要求，接触电阻不大于500μΩ，分合慢动作应平滑渐进，触头用0.02mm塞尺测量。

（5）检查传动机构动作是否正常。

（6）检查分接选择器和转换选择器动、静触头应无烧伤痕迹与变形。

13.3.7 有载分接开关与电动机构连接校验

（1）检查分接开关与电动机构必须均在整定工作位置，然后连接传动轴，水平传动轴连接处应留 2mm 间隙。

（2）用手柄向 1→N 方向转动，待切换开关动作时（听到切换响声开始）继续转动手柄并记录旋转圈数，直至电动机构分接变换操作指示轮上的绿色带域内的红色中心标志出现在观察窗中内时停止摇动，记下旋转圈数 N_1；反方 N→1 转动手柄回原整定位置，同样按上述方法记下旋转圈数 N_2。$|N_1-N_2|\leqslant 1$ 为合格，如不合格，则解开分接开关与电动机构间的垂直连杆，手摇向圈数多的方向转动 $|N_1-N_2|/2$ 圈，恢复连接垂直连杆，重复上述操作直至合格为止。

13.3.8 电动操作机构检修

（1）切断电动机构操作电源，对电动机构进行清扫及密封性能检查，电缆穿口封堵良好。

（2）检查电气回路连线各接头牢固，接触良好，元器件完好无损。

（3）检查电气回路的绝缘性能，用 500～1000V 兆欧表测绝缘电阻应不小于 1MΩ。

（4）对电动机构、传动部位、油杯（润滑油）及齿轮箱添加二硫化钼，检查动作是否正确灵活无卡滞，刹车可靠。

（5）检查加热器完好。

（6）检查相序正确。

（7）检查电动机构逐级控制性能，逐级分接变换，不连动。

（8）检查电动机构的电气闭锁、联锁与机械限位装置是否正确，在极限位置继续向超越极限方向手动与电动操作是否限位止动，闭锁正确，限位止动可靠。

（9）检查电动机构与顶盖的视察窗分接位置指示应一致。

（10）检查紧急停止装置可靠。

（11）拉、合空气开关，检查操作过程中电源中断后自动再启动性能，电源恢复后能重新启动切换到位。

（12）检查电动机构操作方向指示、分接变换在运行中的指示，紧急断开电源指示、完成分接变换次数指示及就地和遥控工作位置指示对应均应正确一致。

（13）手动、电动操作机构各一个循环，动作灵活、正确。

13.3.9 检修后清场工作

有载分接开关检修后应及时清理现场，整理记录、资料、图纸、清退材料、提交有关报告，按验收要求填写有关记录。并按照验收规定组织现场验收。

13.4 V 型有载分接开关大修

修前准备工作及危险点分析及防范措施同 M 型有载分接开关。

13.4.1 选择开关吊芯

（1）将有载开关调整至整定工作位置，核对开关顶部挡位指示与操作机构挡位指示应一致。切断电源，确认操作、控制、信号电源已在断开位置。

（2）打开储油柜顶部放气螺栓，通过排油管（可用油泵）排尽有载开关油室绝缘油。

（3）从传动水平轴联轴卡头上卸除 6 只 M6 螺栓（10 号扳手），拆去传动方管拆除的螺母和锁片，拆除水平传动方管。

（4）卸除分接开关头盖 24 只 M10 螺栓（17 号扳手），取下分接开关头盖，如筒体油未放尽，可用油泵吸尽。注意避免碰坏开关头盖上的爆破盖和“O”型密封圈。

（5）拆卸快速机构。

1）拆卸快速机构之前先记录机构的位置标（应在整定工作位置），以使于复装。

2）松开抽油管头的活节螺母，并将油管转向中间，留心密封垫滑落。

3）用 M5 螺钉拔出两只弹簧固定销，松开两根拉簧。

4）拆下固定快速机构的螺栓，拔出快速机构，并妥善保存。

（6）选择开关芯体吊出。

1）使用专用工具拨出抽油管。

2）用专用吊具连接主轴的轴承座，并按顺时针方向转动，使转换选择器动触头和三相动触头脱离静触头，动触头组应转到中间的空挡位置。

3）用专用吊具起吊芯体，起吊时不得碰伤动、静触头与均压环。

4）将芯体上的油滴尽后，将芯体放在干净的支架上（油盘内），准备进行检查与调试。

13.4.2 选择开关油室及储油柜检修

（1）排尽油室内残油，检查油室内部静触头、接触铜环等无松动，无放电痕迹。

（2）用合格的变压器油冲洗油室，同时用白布擦净油室内壁，清除游离碳等积污，使油室清洁、无积污。

（3）检查进出油管、储油柜、阀门、排气孔等应无渗漏现象。

（4）检查油位计应转动灵活，报警接点动作可靠，油位指示清晰。

（5）检查有载开关瓦斯继电器接线端子及盖板上箭头标示清晰，各部件无渗漏油，防雨措施完好且安装牢固。联动模拟试验接点动作可靠。

（6）检查有载开关吸湿器玻璃完好，变色硅胶完好，并在顶盖下面留出（1/5～1/6）高度的空间，油封罩内变压器油清洁，油封在正常油位线，呼吸通畅。

（7）清扫外部锈蚀及油垢，必要时重新刷漆。

（8）在检修选择开关芯体的同时，利用变压器本体及其储油柜绝缘油的静压力，检查油室密封情况。

（9）盖好分接开关头盖，防止作业过程中水分与杂物进入绝缘筒内。

13.4.3 选择开关芯体检修

（1）检查每相动触头组支架与主轴连接牢固。检查滚动触头滚动灵活，没有卡死现象，触头的补偿弹簧正常。检查触头的烧伤程度，其中工作触头不应有烧伤痕迹，弧触头的烧伤程度三相均匀，不允许有严重的烧损和镀层剥落。用游标卡尺测量滚柱触头的实际直径，主弧触头不应达到其最小直径（额定电流 200 型大于 16mm，350 型、500 型大于 17mm）。如果有一个弧触头直径已经达到或者预计下次检查之前将会达到触头的最小直径，则必须更换全部弧触头，更换弧触头时，相应的支撑弹簧同时更换。

（2）检查主轴无弯曲变形及爬电痕迹，各紧固件连接可靠无松动。

（3）检查转换选择器的动触头无弯曲变形，转动灵活。

（4）检查过渡电阻有无过热及断裂现象。测量过渡电阻阻值，过渡电阻值与铭牌值比较偏差绝对值不大于 10%。

（5）检查并复紧全部紧固件。

（6）用合格的变压器油将芯体冲洗干净。

13.4.4 快速机构检修

（1）清洗快速机构。

（2）紧固各紧固件，检查各机械传动的动作是否灵活无卡滞。

（3）检查拉伸弹簧无变形及拉力正常。

（4）调整快速机构至整定工作位置，标记“▲”应对齐。

13.4.5 选择开关本体复装

（1）移开开关头盖，检查油室密封良好无渗漏油。

（2）用专用吊具慢慢将开关芯体吊入油室内，使主轴底部的轴承座与油室底部的嵌件正确衔接并贴紧。

（3）插入抽油管，并用手将抽油管插入筒底嵌件内。

（4）用专用工具将动触头转动至“*K*”位置（整定工作位置）。对带转换选择器的分接开关，将其动触头同时置于“一”位置。

（5）借助安装法兰面上定位销将在整定工作位置的快速机构安装到位，机构底板紧贴法兰面，用螺栓紧固底板。机构上的传动拐臂插入主轴的轴承座传动槽内（无转换选择器的分接开关除外），机构上槽轮正确同轴承座三凸台连接，轴承座凸台上的弹性定位销插入槽轮的孔上。

（6）连接抽油弯管，安装好拉伸弹簧。

（7）清洁“O”型密封圈和密封槽，安放好“O”型密封圈，盖好分接开关头盖。

（8）通过注油管对有载开关注油，打开储油柜顶部的放气塞，用螺丝刀旋起开关头盖上和抽油弯管上的溢油排气螺栓，排出开关头部气体，直至溢油后拧紧。继续注油至规定油位，油位调整根据油位曲线来调整。

13.4.6 有载分接开关与电动机构连接校验

（1）检查分接开关与电动机构必须均在整定工作位置，然后连接传动轴，水平传动轴连接处应留 2mm 间隙。

（2）在整定位置手摇操作向一个方向转动，从分接开关切换（以切换响声为据）时算起到完成一个分接变换（指示盘中红线出现在视察孔中间）时的转动圈数 n_1，再向另一个方向操作其转动圈数 n_2，$n_1-n_2\leqslant 3.75$ 时为合格，若 $n_1-n_2>4$ 时应松开垂直传动轴，使电动机构输出轴脱离，然后手摇操作手柄，朝圈数大的方向转动，使输出轴转动 90°（约 3.75 圈），恢复连接垂直传动轴，再进行连接校验，直至合格为止。

13.4.7 电动操作机构检修

V 型有载开关电动操作机构检修同 M 型有载分接开关（见 13.3.8 节）。

13.5 有载分接开关小修项目

（1）机械传动部位与传动齿轮盒的检查与加油。

（2）电动机构箱的检查与清扫。

（3）各部位的密封检查。

（4）油流控制继电器（或气体继电器）、过压力继电器、压力释放装置的检查。

（5）电气控制回路的检查。

（6）储油柜及其附件的检查与维修。

13.6 有载分接开关维修注意事项

（1）分接开关每次检查、检修、调试或故障处理，均应填写报告或记录。

（2）从分接开关油室中取油样时，必须先放去排油管中的污油，然后再取油样。当其击穿电压不符合标准要求时，应及时安排处理。

（3）换油时先排尽油室及排油管中污油，然后再用合格绝缘油进行清洗，注油后应静止一段时间，直至油中气泡全部逸出为止。如带电滤油应中止分接变换，其油流控制继电器或气体继电器应暂停接跳闸，同时应遵守带电作业有关规定，采取措施确保油流闭路循环，控制适当的油流速度，防止空气进入或产生危及安全运行的静电。

（4）当怀疑分接开关的油室因密封缺陷而渗漏，致使分接开关油位异常升高、降低或变压器本体绝缘油色谱气体含量异常超标时，可停止分接开关的分接变换，调正油位，进行跟踪分析。

（5）用于绕组中性点调压的组合式分接开关，其切换开关中性线裸铜软线应加包绝缘。

（6）切换开关芯体吊出，一般宜在整定工作位置进行。复装后加油前，应手摇操作，观察其动作切换情况是否正确，并测量变压器绕组直流电阻。变压器绕组的直流电阻一般应在所有分接位置测量，但在转换选择器工作位置不变的情况下，至少测量 3 个连续分接位置。当发现相邻分接位置的直流电阻值相同或相差 2 个分接级电阻阻值时，应及时查明原因，消除故障。

（7）分接开关操作机构垂直转轴拆动前，要求预先设置在整定工作位置，复装连接仍应在整定工作位置进行。凡是电动机构和分接开关分离复装后，均应做连接校验。连接校验前必须先切断电动机构操作电源，手摇操作做连接校验，正确后固定转轴，方可投入使用。同时应测量变压器各分接位置的电压比及连同绕组的直流电阻。

（8）有载分接开关检修时如条件许可，尽量在检修室内进行。如需在现场进行，应选在无尘土飞扬及其他污染的晴天进行，施工环境整洁，雨雪天及雾天不应在室外进行。一般不宜在空气相对湿度超过75%的环境天气下进行。

（9）周围空气温度一般不宜低于0℃，分接开关器身温度不宜低于周边温度。

（10）有载分接开关器身在空气中暴露的时间，不应超过下列规定：空气相对湿度<65%时不得超过24h；空气相对湿度在65%～75%时为16h，空气相对湿度在75%～85%时为10h。时间计算：由开始放油时算起，未注油的油室由封盖打开算起，到开始注油为止。

13.7 有载分接开关检修试验方法

有载分接开关检修后的验收检查与试验的目的在于考核检修的正确性。验证检修后分接开关的性能是否达到原出厂的技术要求，从而确保检修后分接开关的安全可靠运行。

有载分接开关检修后的验收检查与试验的项目主要有外观检查、导电回路直流电阻测量、分接开关触头动作顺序和变换程序的测量、机械运转试验和绝缘强度试验等项目。

13.7.1 外观检查

外观检查采用目视检查，它主要包括下列项目：

（1）表面被覆质量的检查。为了防止金属的腐蚀，分接开关的各种金属零件的表面常用有电镀、发黑等表面处理方法。此外，为提高电气性能，有电场性能要求的零件表面采用环氧涂敷。因而目视检查方式也相应不同。

金属镀层着重检查触头镀银层有无变色（过热痕迹为暗红色），特别是分接选择器导电件的“硬银”镀层有无剥落，发黑处理的黑色金属是否锈蚀，环氧涂敷是否附着牢固坚实，有无剥落现象。

（2）绝缘件外观检查。无论模塑成型或层压材料加工成型的绝缘件，着重检查是否有开裂、分层等缺陷。

（3）紧固件紧固的检查。对于电阻过渡高速转换的分接开关，紧固件紧固与否直接影响工作可靠性。因此，着重检查紧固件紧固的防松措施是否落实，有无松退现象。尤其要注意检修后紧固件紧固可靠性。

（4）分接开关清洁性的检查。着重检查沉积在绝缘件表面的碳粉和杂质是否清洗干净。

13.7.2 导电回路直流电阻的测量

有载分接开关导电回路电阻的测量包括触头接触电阻、分接开关及其主要部件（切换开关、分接选择器、转换选择器）等导电回路直流电阻和过渡电阻器电阻的测量。

（1）触头接触电阻的测量。触头电阻测量可以作为诊断性检查使用或作为检修制度的一部分，以识别或防止因触头弹簧老化和触头过热引起的问题。

触头电阻的允许值取决于分接开关的设计和电流额定值。若触头电阻明显增高，可能引发过热。作为指导性判断，如果触头功耗（触头电阻与电流平方的乘积）大于100W（在电流额定值很高时可能小些），则可能出现过热。因此，触头接触电阻值应符合表13-1的技术要求。

表13-1　　　　触头接触电阻值的推荐要求

通过电流/A	≤350	400	500	600	800	1000	1200	1500
接触电阻/μΩ	500	400	250	180	100	60	40	25

注　1. 表中的触头接触电阻值按 $R_0=100/(1.2In)^2$ 计算并整化后而得。

2. 对于大电流多路并联触头，每一（支路）触头接触电阻 $R=kn^2R_0$，式中：k 为均流系数，强制分流 $k=1$，不分流 $k=0.8$；n 为并联支路数。R 计算值大于500μΩ时整化为500μΩ。

从表13-1可以看出，当电流 $I>400$A，触头接触电阻值要求应小于400μΩ，且随电流的增大，要求触头接触电阻值与电流的平方成反比下降。因此，过去标准中对触头接触电阻要求小于500μΩ的提法是不确切的。

触头接触电阻通常采用双臂电桥法测量。

触头接触电阻一般应直接在被试触头上进行测量。测试前被试触头至少应动作5次以上，以保证触头表面的清洁。

对于分接开关的主要部件（切换开关、选择开关、分接选择器、转换选择器或无励磁分接开关）应分别测量其触头接触电阻值。

（2）导电回路直流电阻的测量。当其导电主回路由若干串、并联触头组成，在分接开关装配后又不便于直接测量各触头的接触电阻时，允许测量串、并联触头的导电回路电阻值，并根据回路中的串、并联触头数目进行折算，或直接规定其导电回路电阻值，这时应注意回路中其他导电部件（导电环、导电杆、软连接线等）对导电回路电阻的影响。

分接开关随同变压器绕组测量导电回路直流电阻，不仅可以发现变压器绕组的缺陷，还可以发现分接开关的缺陷。因为分接开关的分接变换情况可以通过对各分接的直流电阻值进行比较来判断是否良好或存在缺陷，例如若两个相邻分接的直流电阻值相等，则可能是分接开关的切换开关卡死未进行切换；或者选择开关虽进行预选，但仍在原挡位接通。此时，应及时进行处理，防止事故的发生。若在某一分接位置的直流电阻值相比于上次测量的直流电阻值误差较大（每相不平衡率大于2%），则可能是分接开关某一部位接触不良或分接引线连接不良，应认真检查处理。

（3）过渡电阻的测量。过渡电阻器阻值一般为欧姆级，可采用单臂电桥或欧姆表进行测量。采用电阻分流的并联双断口过渡电路应分别测量每一分支电路的过渡电阻器电阻。过渡电阻的实测值与匹配值（铭牌上数值）之间的误差允许在±10%之内。

13.7.3　触头动作顺序的测量

触头动作顺序是分接开关的重要技术参数之一。对于每一特定分接开关，触头动作顺序必定有一定的技术要求。人们可以通过对各对触头动作顺序的检验来判断分接开关内部运动零部件有无变形、卡涩、螺栓松动和过量磨损现象，确定分接开关各部件所处的位置是否正确。并在与技术要求不符时进行调整。

组合式分接开关的触头动作顺序包括分接选择器、转换选择器和切换开关三者触头配合动作顺序以及切换开关触头变换程序。

复合式分接开关的触头动作顺序包括转换选择器和选择开关两者触头配合动作顺序以及选择开关触头变换程序。

（1）触头动作顺序。分接开关触头动作顺序通常以程序表或程序图表示。采用程序表的表示法时，以开关中某一特定零部件（例如级进槽轮机构中的拨槽件）的转角（或电动机构手柄转数）来表示各项触头动作顺序，见表 13-2。采用程序图表示法时，必须绘出各触头动作循环图（简称动作圆图），这时可以用一特定零部件转角（或分接变换指示盘的转数）表示。

表 13-2　　触头动作顺序的程序表

动　作　部　位		某部件的转角或转数
分接选择器	动触头离开定触头	
	动触头接触相邻触头	
	动触头合上	
转换选择器	动触头离开定触头	
	动触头接触相邻触头	
	动触头合上	
切换开关动作		

触头动作顺序的确定通常可以采用目测法、响声法进行。手摇电动机构进行分接变换操作，根据触头动作响声记录相应的操作圈数。

对于 M 型有载分接开关，采用“三声”法记录触头动作顺序。分接选择器动触头离开定触头约 12 圈，动触头合上相邻定触头不大于 25.5 圈，切换开关触头动作为 27.5～28.5 圈。对于 CV 型有载分接开关，也可采用响声法记录触头动作顺序。由于 CV 型有载分接开关是一个复合式选择开关，要求触头能动作就行了，不需要对触头动作顺序的要求十分严格，允许正反两个方向动作可以相差 4 圈。

（2）触头变换程序的测量。切换机构触头同时接触的重合间隔和相邻触头的开断间隔（即触头变换程序）都必须有一定的要求。即使触头在使用寿命即将结束时，也要保证其变换程序不变或变化不大，决不允许变换程序的错乱。

有载分接开关的切换机构触头动作速度较快，只能采用示波图法测量其变换程序，在检修验收的试验中通常以复合示波图表示（每一相使用一个通道）。

测量仪器通常采用光线示波器或数字记录仪，推荐采用具有波形放大与存储功能的数字记录仪，其采样频率不低于 5000Hz。

示波图法按其在触头上施加的电源电压又可分为直流和交流两种。交流检示电路的电源电压可以高一点，它可以消除触头闭合时而产生的微弱颤波。但交流示波的波形没有如直流示波的波形直观，所以，国内分接开关生产厂家往往采用直流检示电路。

采用直流法时仅需在触头上施加 3～6V 的信号电压，且不需改变过渡电阻值，试验接线简单易行。但有时会因触头表面过于光滑造成油膜隔绝而出现示波图中断（“复零”）的现象，这是一种虚假现象。一般示波图中断（“复零”）在 2～3ms 内不予考核。示波图中断（“复零”）不小于 4ms 时，应认真分析和查找原因。采用交流法时所加信号电压通常为 220V，这有利于击穿油膜，排除示波图中断（“复零”）的现象。交流法实质上是一种分波形表示法，试验接线较复杂，一般在产品例行试验时较少采用。

M 型分接开关典型的直流及交流波形示意图见图 13-1 和图 13-2。V 型分接开关典型的直流波形示意图见图 13-3～图 13-5。

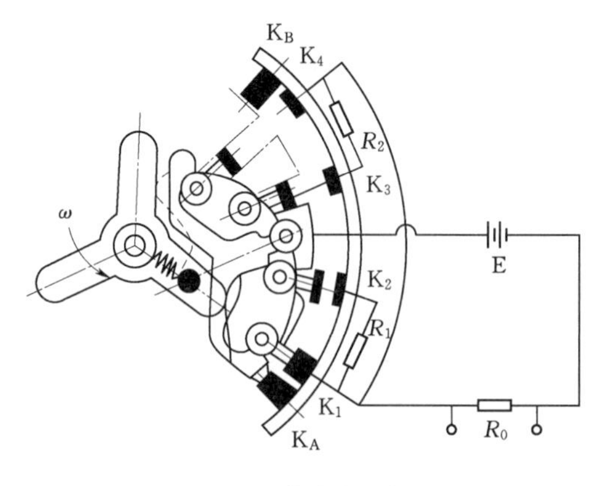

(a) 复合波形检示电路

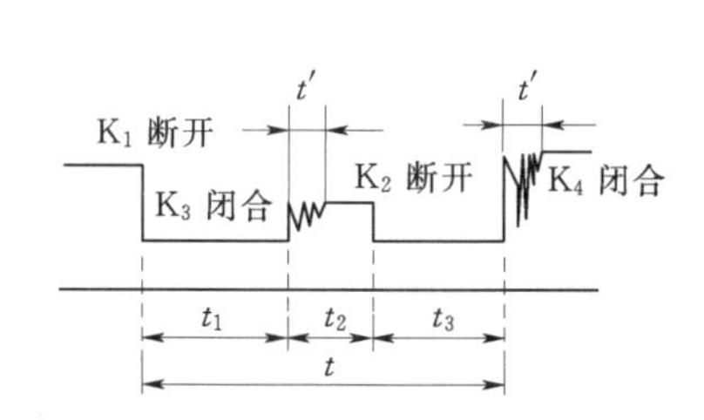

(b) 复合波形示意图

图 13-1　触头变换程序直流检示电路及示波图

K_A，K_B—主触头；K_2，K_3—过渡触头；R_0—示波图取样电阻；t_1—单电阻时间（前半桥时间）；t_2—双电阻时间（桥接时间）；t_3—单电阻时间（后半桥时间）；t—总切换时间；t'—触头闭合弹跳时间

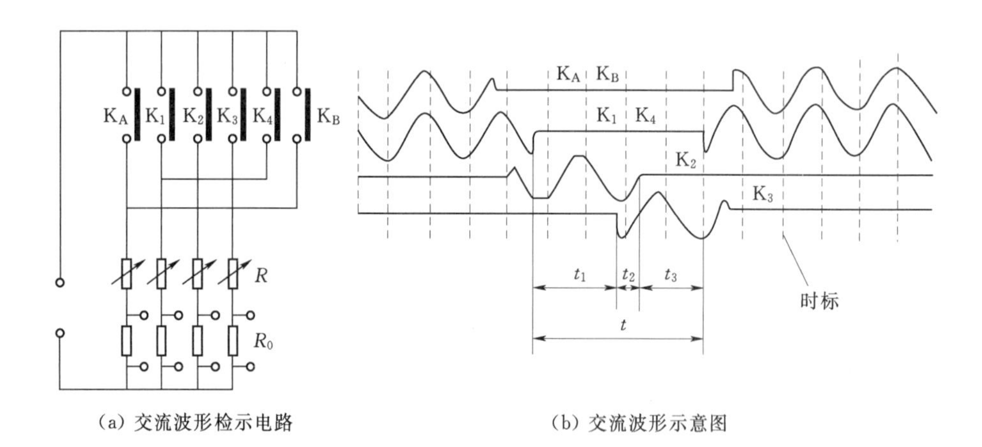

(a) 交流波形检示电路　　(b) 交流波形示意图

图 13-2　触头变换程序交流检示电路及示波图

K_A，K_B—主触头；K_1，K_4—主通断触头；K_2、K_3—过渡触头；R—调节电阻；R_0—示波图采样电阻；t_1—单电阻时间（前半桥时间）；t_2—双电阻时间（桥接时间）；t_3—单电阻时间（后半桥时间）；t—总切换时间

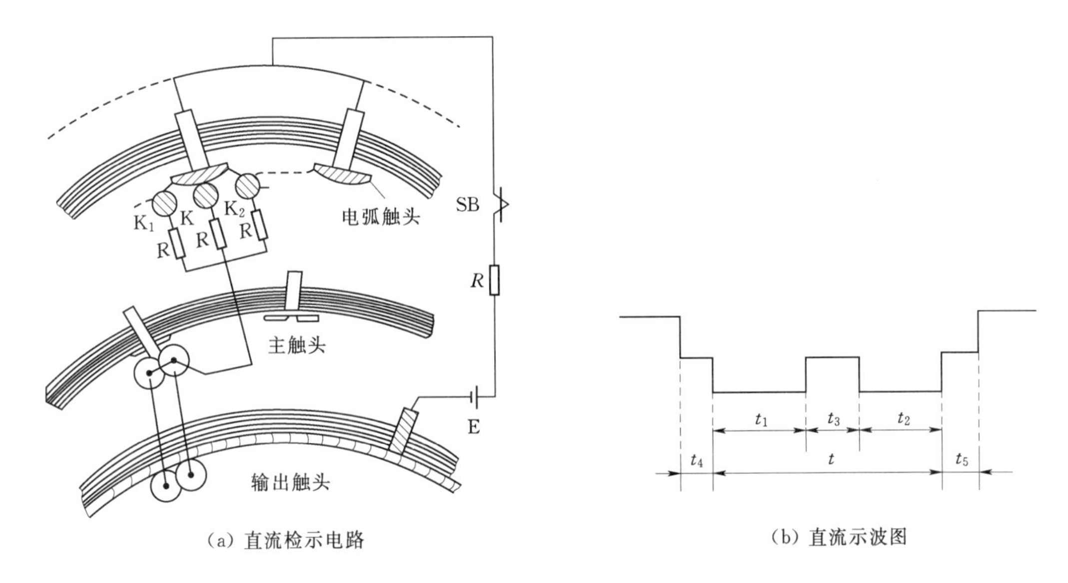

(a) 直流检示电路

(b) 直流示波图

图 13-3 双电阻过渡旗循环分开型选择开关直流检示电路及典型波形示意图

K—主通断触头；K_1、K_2—过渡触头；R—外接电阻；t_1—主通断触头切换时程；t_2—过渡触头切换时程；t_3—过渡触头桥接时程；t_4—主通断触头与过渡触头重叠时程；t_5—主通断触头与另一过渡触头重叠时程；t—总的切换时程；SB—示波器振子

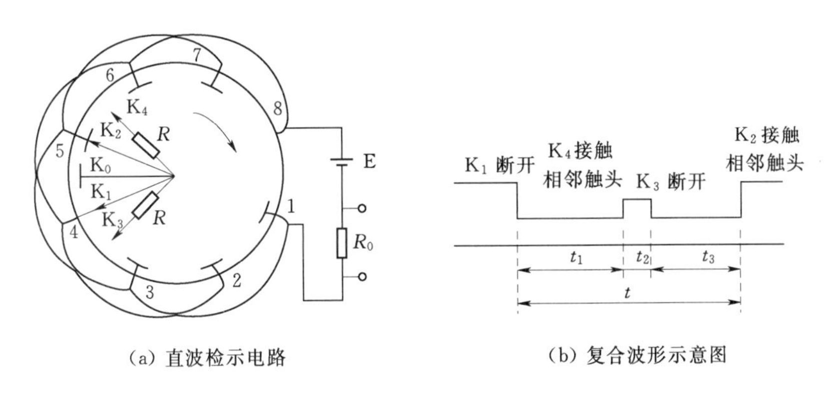

(a) 直波检示电路

(b) 复合波形示意图

图 13-4 双电阻过渡旗循环简易选择开关直流检示电路及典型示波图

K_0—主触头；K_1、K_2—主通断触头；K_3、K_4—过渡触头；R—过渡电阻；R_0—取样电阻；E—直流电源；t_1—前半桥时间；t_2—桥接时间；t_3—后半桥时间；t—总切换时间

触头的机械振动往往只发生在触头闭合瞬间。所以，在示波图中，触头闭合处弹跳振动的波形相应检示出来，见图 13-1。触头振动允许时间通常不大于 4ms。

对于三相 Y 接分接开关，各相触头开断不同步时间一般不作考核。但是，当三相分接开关触头直接并联作为单相分接开关使用或三相 D 接分接开关时，三相触头开断最大不同步时间 $\Delta t \leqslant 2 \sim 3$ms，典型波形示意图见图 13-6。

值得注意的是切换时程与介质、介质温度的关系。同一切换机构处于不同介质之中的切换时程也是不同的。空气介质切换时程要比油介质切换时程短 3～5ms（20℃时），但因缓冲装置无油阻尼，触头振动造成波形抖动比较严重。

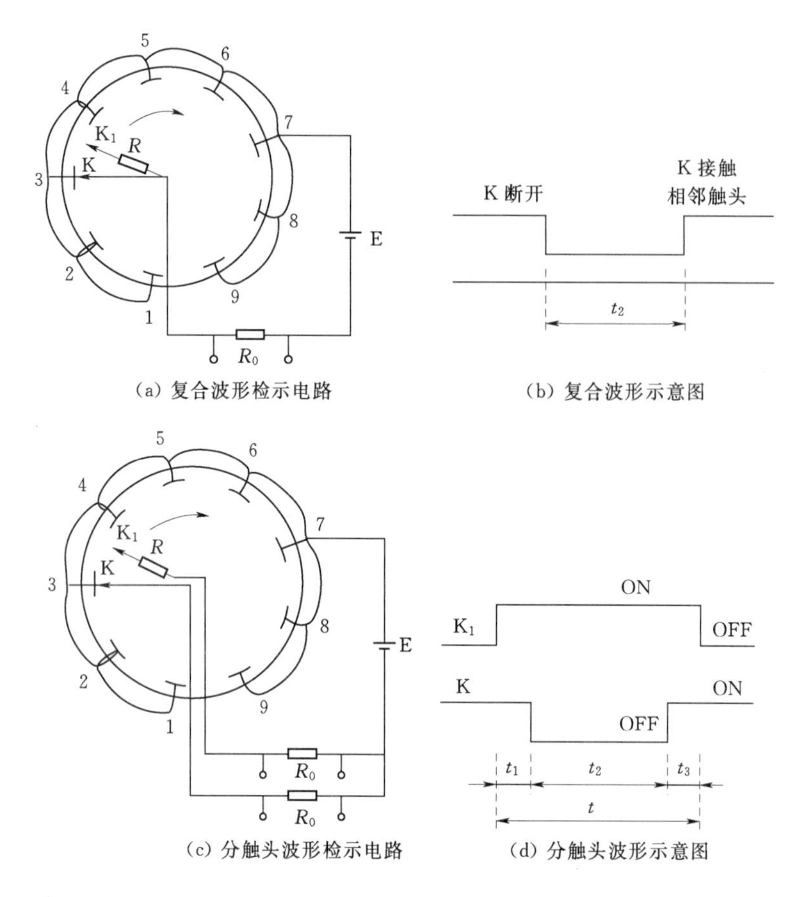

图 13-5 单电阻过渡非对称尖旗循环选择开关直流检示电路及典型示波图

K—主触头；K_1—过渡触头；R—过渡电阻；R_0—取样电阻；E—直流电源；t_1—过渡触头对主触头提前接通时间；t_2—主触头断开时间；t_3—过渡触头对主触头推迟断开时间；t—总切换时间

即使在相同的油介质中，随着油温和黏度的不同，切换时程也发生相应变化。尤其在低温的油介质中，切换时程变化相当悬殊，见图 13-7。

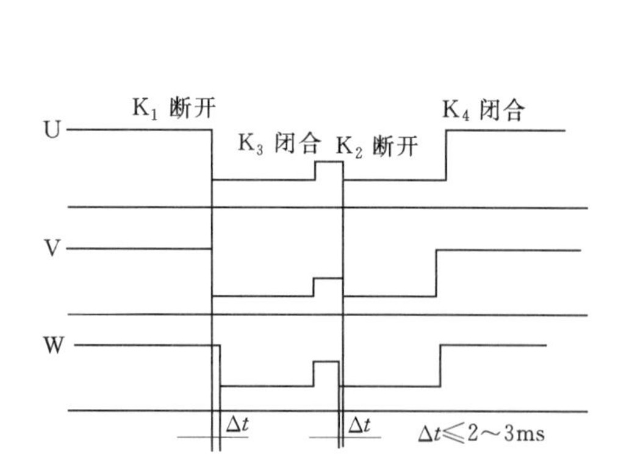

图 13-6 三相角接触头开断不同步

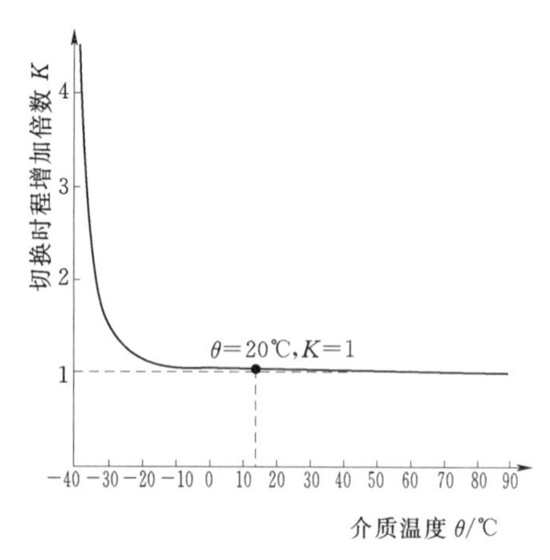

图 13-7 切换时程增加倍数与介质温度关系

在图 13-7 中，以介质温度 $\theta=20℃$ 时的切换时程为基准，则随着油温的升高，切换时程基本上没有多大变化。在 $\theta=-25℃$ 时，切换时程仅为基准的 1.1 倍。但在 $\theta<-25℃$ 时，切换时程的倍数急骤地增加。这是油的黏度变大的缘故。尤其是变压器油中含有石蜡的成分，在低温下石蜡结晶，增加切换机构的运动阻力。

对于组合式有载分接开关，切换开关本体检修后可直接进行触头变换程序检示；但某些复合式选择开关本体检修后不能单独进行触头变换程序的检示，只有选择开关本体复装在油室后，与变压器绕组连接在一起方可进行触头变换程序的检示。在检示中，注意绕组的电抗（感抗与容抗）对检示结果的影响。

13.7.4 机械运转试验

机械运转试验是分接开关检修后的验收试验重要项目之一。它是验证分接开关检修后是否还存在影响运行的缺陷，同时也对长期运行中未使用过的分接选择器、转换选择器的触头进行擦洗，以清洁触头表面，提高运行的安全可靠性。

检修后分接开关一般在无载下运转两个操作循环。运转中验证分接开关与电动机构的分接位置指示一致性、电动机构逐级操作可靠性、安全保护可靠性和电气回路绝缘性能可靠性。

13.7.5 绝缘强度试验

检修后的分接开关与变压器连接一起进行绝缘强度试验。试验电压为 85% 的额定试验电压。

第14章　有载分接开关状态检修导则

设备检修就是指为保持或恢复设备的期望功能所进行的技术作业行为，通常包括检查、维护、修理、更新四项任务，就电力系统多年以来实施的检修策略而言，主要分为定期检修和状态检修两种。

定期检修是一种以时间为基础的预防性检修方式，也称计划检修。它是根据设备磨损的统计规律或经验，事先确定检修类别、检修周期、检修工作内容、检修备件及材料等的检修方式，可分为设备大修、小修两种方式，设备大修一般为5～10年，小修则每年进行一次。

定期检修为“一刀切”式的检修模式，没有考虑设备的实际状况，存在“小病大治，无病也治”的盲目现象。甚至于有的设备修了反而不好，造成人力、物力浪费，供电可靠性低等问题。

随着电网规模迅速发展，供电可靠性要求提高，电网设备数量急剧增加，检修工作量剧增，检修人员紧缺问题日益突出。电网设备制造质量提升，集成式、少维护设备大量采用，早期制定的设备检修、试验周期已不能适应设备诊断和管理水平的进步。传统的基于周期的设备检修模式已经不能适应电网发展的要求，迫切需要在充分考虑电网安全、环境、效益等多方面因素情况下，研究、探索提高设备运行可靠性和检修针对性的新的检修管理方式。

状态检修是解决当前检修工作面临问题的重要手段。状态检修是以设备当前的实际工作状态为依据，通过高科技状态检测手段，识别故障的早期征兆，对故障部位、故障严重程度及发展趋势作出判断，从而确定各设备的最佳维修时机。是从预防性检修发展而来的更高层次的检修体制，是一种以设备状态为基础、以预测设备状态发展趋势为依据的检修方式。它根据对设备的日常检查、定期重点检查、在线状态监测和故障诊断所提供的信息，经过分析处理，判断设备的健康和性能劣化状况及其发展趋势，并在设备故障发生前及性能降低到不允许极限前有计划地安排检修。

状态检修方式能及时地、有针对性地对设备进行检修，不仅可以提高设备的可用率，还能有效降低检修费用，因而十余年来在电力系统获得广泛采用。目前推荐采用的是定期检修与状态检修相结合的检修策略，检修项目根据设备运行情况和状态评价的结果动态调整。前面介绍了有载分接开关的定期检修标准，本章主要介绍有载分接开关状态检修实施规范。

14.1　状态检修实施原则

状态检修应遵循“应修必修，修必修好”的原则，依据设备状态评价的结果，考虑设备风险因素，动态制定设备的检修计划，合理安排状态检修的计划和内容。

有载分接开关状态检修工作内容包括停电、不停电测试和试验以及停电、不停电检修维护工作，可结合变压器本体状态检修同时进行。

14.1.1 状态评价工作的要求

状态评价应实行动态化管理。每次检修或试验后应进行一次状态评价。

14.1.2 新投运设备状态检修

新投运设备投运初期按国家电网公司《输变电设备状态检修试验规程》规定，110kV的新设备投运后1～2年、220kV及以上的新设备投运后1年，应安排例行试验，同时还应对设备及其附件（包括电气回路及机械部分）进行全面检查，收集各种状态量，并进行一次状态评价。

14.1.3 老旧设备的状态检修

对于运行20年以上的设备，宜根据设备运行及评价结果，对检修计划及内容进行调整。

14.2 检 修 分 类

按工作性质内容及工作涉及范围，有载分接开关检修工作分为四类：A类检修、B类检修、C类检修、D类检修。其中A类、B类、C类是停电检修，D类是不停电检修。

（1）A类检修。A类检修是指有载分接开关本体的整体性检查、维修、更换和试验。

（2）B类检修。B类检修是指有载分接开关局部性的检修，部件的解体检查、维修、更换和试验。

（3）C类检修。C类检修是对常规性检查、维修和试验。该类检修要求与小修要求基本一致。

（4）D类检修。D类检修是对有载分接开关在不停电状态下进行的带电测试、外观检查和维修。

（5）检修项目。有载分接开关的检修分类及检修项目如下：

1）A类检修。

a. 吊芯检查。

b. 本体油箱及内部部件的检查、改造、更换、维修。

c. 返厂检修。

d. 相关试验。

2）B类检修。

a. 油箱外部主要部件更换：①油枕；②电动机构；③非电量保护装置；④绝缘油；⑤其他。

b. 主要部件处理：①油枕；②电动机构；③绝缘油；④非电量保护装置；⑤其他。

c. 现场干燥处理。

d. 停电时的其他部件或局部缺陷检查、处理、更换工作。

e. 相关试验。

3）C 类检修。

a. 按 Q/GDW《输变电设备状态检修试验规程》规定进行试验。

b. 清扫、检查、维修。

4）D 类检修。

a. 带电测试（在线和离线）。

b. 维修、保养。

c. 带电水冲洗。

d. 检修人员专业检查巡视。

e. 其他不停电的部件更换处理工作。

14.3 有载分接开关的状态检修策略

有载分接开关状态检修策略既包括年度检修计划的制定，也包括缺陷处理、试验、不停电的维修和检查等。检修策略应根据设备状态评价的结果动态调整。

年度检修计划每年至少修订一次。根据最近一次设备状态评价结果，考虑设备风险评估因素，并参考厂家的要求确定下一次停电检修时间和检修类别。在安排检修计划时，应协调相关设备检修周期，尽量统一安排，避免重复停电。

对于设备缺陷，根据缺陷性质，按照缺陷管理有关规定处理。同一设备存在多种缺陷，也应尽量安排在一次检修中处理，必要时，可调整检修类别。

C 类检修正常周期宜与试验周期一致。

不停电维护和试验根据实际情况安排。

根据设备评价结果，制定相应的检修策略，有载分接开关检修策略见表 14－1。

表 14－1　　有载分接开关检修策略表

设备状态	正常状态	注意状态	异常状态	严重状态
检修策略	C 类检修	C 类检修	D 类检修	D 类检修
推荐周期	正常周期或延长 1 年	不大于正常周期	适时安排	尽快安排

（1）“正常状态”检修策略。被评价为“正常状态”的有载分接开关，执行 C 类检修。根据设备实际状况，C 类检修可按照正常周期或延长 1 年执行。在 C 类检修之前，可以根据实际需要适当安排 D 类检修。

（2）“注意状态”检修策略。被评价为“注意状态”的有载分接开关，执行 C 类检修。如果单项状态量扣分导致评价结果为“注意状态”时，应根据实际情况提前安排 C 类检修。如果仅由多项状态量合计扣分导致评价结果为“注意状态”时，可按正常周期执行，并根据设备的实际状况，增加必要的检修或试验内容。

注意状态的设备应适当加强 D 类检修。

(3)“异常状态”检修策略。被评价为“异常状态”的有载分接开关，根据评价结果确定检修类型，并适时安排检修。实施停电检修前应加强D类检修。

(4)“严重状态”的检修策略。被评价为“严重状态”的有载分接开关，根据评价结果确定检修类型，并尽快安排检修。实施停电检修前应加强D类检修。

14.4　有载分接开关状态量评价标准

有载分接开关状态量评价标准见表14-2。

表14-2　有载分接开关状态量评价标准

状态量		劣化程度	基本扣分	判断依据	权重系数	扣分值（应扣分值×权重）	备注
分类	状态量名称						
巡视	油位	Ⅱ	4	油位异常	3		
	呼吸器	Ⅱ	4	吸湿器油封异常，或呼吸器呼吸不畅通，或硅胶潮解变色部分超过总量的2/3或硅胶自上而下变色	2		
		Ⅳ	10	呼吸器无呼吸			
	分接位置	Ⅳ	10	有载分接开关的分接位置异常	4		
	渗漏	Ⅰ	2	有轻微渗漏	3		
		Ⅳ	10	渗漏严重			
运行	切换次数	Ⅳ	10	分接开关切换次数超过厂家规定检修次数未检修	3		制造厂检修周期规定：次数、时间
	与前次检修间隔			超出制造厂规定检修时间间隔			
	在线滤油装置	Ⅱ	4	在线滤油装置压力异常	3		
		Ⅳ	10	未按制造厂规定维护			
	传动机构	Ⅳ	10	电机运行异常或传动机构传动卡涩	4		
	限位装置失灵	Ⅳ	10	装置失灵	4		
	滑挡	Ⅳ	10	滑挡	3		
	控制回路	Ⅳ	10	控制回路失灵，过流闭锁异常	3		
试验	动作特性	Ⅳ	10	动作特性试验不合格	4		
	油耐压	Ⅳ	10	不合格	3		

14.4.1　状态量权重

视状态量对有载分接开关安全运行的影响程度，从轻到重分为四个等级，对应的权重分别为权重1、权重2、权重3、权重4，其系数为1、2、3、4。权重1、权重2与一般状态量对应，权重 3、权重 4 与重要状态量对应。

14.4.2 状态量劣化程度

视状态量的劣化程度从轻到重分为四级，分别为Ⅰ、Ⅱ、Ⅲ和Ⅳ级。其对应的基本扣分值为 2、4、8、10 分。

14.4.3 状态量扣分值

状态量应扣分值由状态量劣化程度和权重共同决定，即状态量应扣分值等于该状态量的基本扣分值乘以权重系数，见表 14-3。状态量正常时不扣分。

表 14-3　状态量扣分值

状态量劣化程度	基本扣分值	权重系数			
		1	2	3	4
Ⅰ	2	2	4	6	8
Ⅱ	4	4	8	12	16
Ⅲ	8	8	16	24	32
Ⅳ	10	10	20	30	40

第15章 有载分接开关常见故障原因分析、判断及处理

有载分接开关在长期运行中由于各种原因，可能会产生各种故障，由于有载分接开关的故障往往导致所配的变压器不能正常运行，甚至被迫停运。因而一旦有载分接开关出了问题，如何正确判断故障原因，采取正确处理措施尽快消除缺陷，这是极为迫切的要求。有载分接开关运行故障原因多种多样，对其进行故障处理时，需要进行针对性分析判断处理，并采取相应措施预防类似故障再次发生。以下介绍一些常见故障分析及处理。

15.1 有载分接开关渗漏油

有载分接开关油室中的油是与变压器本体油隔绝的，有载分接开关在运行中切换电压时，在触头上会有电弧产生，在油中产生乙炔等特征气体，如果有载分接开关与变压器本体之间密封不严，就会使这些特征气体进入变压器本体油中，污染变压器油，给变压器本体油的色谱分析带来影响。有载开关油室有多处密封点，存在渗漏油问题，尤其天气冷热交替的时候更容易引起密封的老化，导致缺陷的发生。有载分接开关常渗油的部位有：油室的上、下法兰连接处，油室绝缘筒上的头盖密封处，油室内壁及底部的结合处，选择器传动转轴轴封等。有载开关油室油渗漏出变压器外部、渗入变压器油箱内的情况均很常见，造成有载分接开关渗漏油的原因是多方面的：既有开关本身产品制造质量和出厂装配等造成的因素，也有安装、维护、检修不到位的原因，主要原因则是橡皮密封老化、装配过程中密封圈损伤、压缩量不足、紧固螺丝松动等因素。

有载开关油渗出变压器外部时，一般经过观察找到渗漏点，通过更换密封圈和密封垫即可解决，处理起来相对容易。渗入变压器油箱内的情况要复杂一些，因渗漏油可能影响变压器油色谱分析，影响事故判断的准确性，需进行有载开关吊芯检查，检查分接开关的绝缘筒内壁、分接引线连接处、放油螺栓、转轴油封等部位密封状况，甚至进行变压器本体排油处理。

安装、检修部门关键是把握好安装和大修时的检查环节，重点从以下几个方面采取预防措施：

（1）有载分接开关安装或大修时，吊出切换开关芯子后，排尽有载开关油室中的变压器油，擦干开关油室绝缘筒内表面，检查各密封胶垫的位置是否适中，校紧油箱各紧固件。最后利用变压器本体油静压力，检查绝缘筒内是否有油渗出，来判别是否存在渗漏。

（2）变压器吊罩后，要仔细观察切换开关油箱外（特别是油箱底部放油螺丝处，及分接选择器引出线与切换开关油箱连接端子处）是否有污油渗出的痕迹。

（3）变压器和有载分接开关在注油或补油时，一般应使变压器本体油的油位高于有载

分接开关储油柜的油位，以便使有载开关油室承受由外至内的正压力，使有载开关油室中的变压器油即使是在油室密封破坏时，也很难渗入到变压器本体中。

（4）结合大修定期更换有载开关相应位置密封胶垫。

（5）运行中应密切注视分接开关储油柜油位，当异常升高或降低直至变压器储油柜油位时，则应检查切换开关油室是否渗漏油。

（6）对变压器定期取油样，若发现变压器的色谱分析氢、乙炔和总氢含量异常超标，也应检查切换开关油室是否渗漏油，以便及时处理。

【故障案例 1】

2008 年 6 月，某变电站一台 110kV 变压器（配 M 型有载开关）运行时发现有载开关储油柜油位指示高于正常范围，在带电排低油位后，1 个月之后发现油位又高于正常范围，现场检查变压器运行正常，变压器本体油位在正常范围内，外观无渗漏油痕迹。分析判断原因可能为有载开关油室与变压器本体之间密封受损，由于变压器本体油位高于有载开关油位，因而变压器本体油向有载开关油室内渗。后安排将该变压器停电检查，吊出有载开关切换芯体，抽尽油室中绝缘油，在变压器本体静油压下，检查发现绝缘筒底切换开关与选择器连接转轴密封处渗油，见图 15－1，在该处增加一轴封密封，将有载开关切换芯体复装注油后，重新投运变压器，运行一段时间跟踪发现有载开关油位在正常范围内无异常变化。

图 15－1　切换开关与选择器连接转轴渗油

【故障案例 2】

某变压器（SFSZ7－40000/110），所用有载开关为 ZYI 系列国产开关，投运后当月对变压器本体进行油色谱分析，结果见表 15－1，油中微水含量为 11.5μL/L，特征气体组分中乙炔占主要成分，且超出注意值，通过色谱分析三比值法判断，初步怀疑变压器内部存在高能量的放电故障。

表 15－1　　变压器油色谱检测值　　单位：μL/L

分析日期	成分							
	H_2	CO	CO_2	CH_4	C_2H_6	C_2H_4	C_1H_2	总烃
2002.5.18	12	365	3756	0.67	1.08	0	0	1.75
2002.5.20	67	587	4388	8.76	5.79	6.27	6.87	27.69
2002.5.23	76	635	4276	12.6	6.1	6.34	8.93	32.63

停电后对变压器进行全面电气检查试验，结果变压器绕组直流电阻、空载损耗、绕组及铁芯绝缘、电压比、绕组泄漏电流等试验项目均无异常，故怀疑可燃性气体来源于有载

分接开关油箱的渗漏。

在现场吊出有载开关的切换开关芯子，放油进行密封检查。擦干油室后发现油箱绝缘筒上法兰与变压器本体连接处胶圈渗漏，重新紧固螺栓无效，分析系“O”型密封圈密封不良引起。后联系制造厂更换了该密封胶垫，并对切换开关油箱注入合格的变压器油，对变压器本体油作真空脱气处理后，恢复变压器运行，运行后色谱跟踪分析正常，故障消除。

15.2 有载开关瓦斯故障

目前国产有载开关普遍使用气体继电器保护，气体继电器有轻、重瓦斯保护。合资公司或进口公司有载开关一般配用油流控制继电器或压力继电器，只有油流冲动故障跳闸功能，没有气体积累而发信的功能，理由是切换开关带负荷切换动作，因电弧使油分解产生气体是正常现象。根据运行部门的使用经验，正常运行轻瓦斯没有频繁发信，而长时间不正常频繁发信，多次查得为过渡电阻丝受伤断裂，将断未断而放电产生气体，并且对过量采油样或严重渗漏油导致油枕油位不正常降低也会发信报警，此外油浸真空式有载分接开关切换过程中不产生气体，装设轻瓦斯报警可监测真空泡灭弧室是否正常、油室内部有无异常放电现象等故障，因此采用气体继电器有其必要性。但在有载开关运行时，引起轻瓦斯报警的原因多种多样，往往会导致误判，需要进行针对性分析。轻瓦斯报警的主要原因有以下几种：

（1）有载开关气路不通。产生的气体不能从有载开关储油柜排出。

（2）有载开关产气量比较大。与开关切换时负载电流的大小、切换频率、变压器容量等都有关系，油室内存在局部放电源，如悬浮电位放电、连线或限流电阻断裂、接触不良造成局部放电。

（3）变压器油的耐压及含水量有关，变压器油容易分解产气。

（4）有载开关气体累积与管道安装结构有关，有载开关本体和储油柜的连管要求有一个向上倾角，有利于气体排出。

（5）瓦斯继电器本身存在故障。

若是瓦斯继电器运行中有载开关多次分接变换后轻瓦斯动作发信，应及时放气，若分接变换不频繁而发信频繁应作好记录，及时汇报并暂停分接变换，查明原因，可进行如下检查：①将有载开关吊芯检查所有触头，各连接部分是否牢固可靠。②测量过渡电阻值是否正常。③是否有悬浮电位产生的放电。检查办法：将有载开关暂停操作的情况下，变压器照常运行，取两次有载开关油（时间间隔3～7天），分析变压器油的成分如乙炔等含量是否有增量。

有载开关重瓦斯动作除了瓦斯二次误发信外，是非常严重的事故，在未查明原因前不得将有载开关重新投运。有载开关重瓦斯动作主要原因有：①导电触头接触不好引起的故障，由于导电触头接触恶化，使触头温升超出一个正常范围，一旦系统出现过载或短路时，触头接触进一步恶化，触头接触处发生熔焊现象，产生重瓦斯动作；②开关油室内变压器油受污染或受潮，使油绝缘下降，有载开关对地或相间发生贯穿性击穿；③有载开关绝缘材料有问题，发生绝缘击穿情况；④切换开关或开关动触头转轴操作失败，重瓦斯故障发生。此类事故一般发生在有载开关操作中或动作结束的瞬间。所以检修时要注意：有载开关干燥后未经润滑有载开关禁止操作，有载开关芯体吊装时防止机械损坏，严禁异物落入开关油室内，有载开关各紧固件必须完好，各软连线完好。

若油流控制继电器或瓦斯继电器动作跳闸，必须查明原因，在未查明原因消除故障前，不得将变压器及其分接开关投入运行。为查明原因应重点考虑以下因素，作出综合判断：①是否呼吸不畅或排气未尽；②保护及直流等二次回路是否正常；③有载开关外观有无明显反映故障性质的异常现象；④瓦斯继电器中积集气体量，是否可燃；⑤瓦斯继电器中的气体和油中溶解气体的色谱分析结果；⑥必要的电气试验结果；⑦变压器其他继电保护装置动作情况。

【故障案例 3】

2005 年 6 月，某变电站 1 号主变实施大修改造，将变压器及有载开关储油柜进行更换，变压器本体储油柜由隔膜式改为金属膨胀式，有载开关储油柜仍改为独立通气式。投运后有载开关轻瓦斯频繁发信，检修单位多次进行停电检查，发现有载开关及瓦斯继电器正常完好，找不出轻瓦斯动作具体原因。后经某次检查发现，有载开关储油柜更换后，瓦斯继电器两侧的连接管道粗细不一致，加上管道向上倾斜角度不够，导致有载开关切换产生的气体在瓦斯继电器内部聚集，无法排到储油柜内，见图 15－2，因而轻瓦斯动作发信。重新加工调整连接管道向上角度，确保连接管道通往储油柜方向有上斜 2%坡度，变压器重新投运后该故障现象消除。

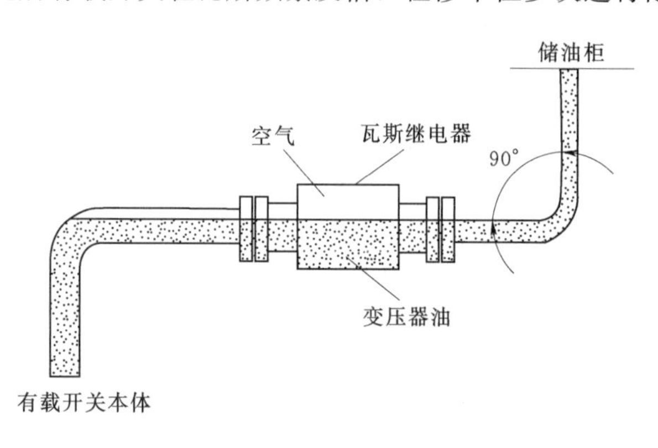

图 15－2　有载开关瓦斯连管图

15.3　有载分接开关电动机构故障

有载分接开关电动机构的常见故障有开关拒动、开关连动、分接过程停止、分接指示与实际接触位置不一致等，造成故障的原因主要有电气回路和机械部件失灵。

15.3.1　开关拒动

（1）两个方向均拒动，造成升降两个方向均不能调压的原因是公共回路部分出现故障，常见的原因有以下几种：

1）电动机主回路方面。无三相电源、空气开关跳闸或远方/就地转换开关未切换到位，三相电源缺相不能启动电动机或主回路开关不能正常闭合，主回路某些部位接线松动或断线，电动机构卡死或电动机绕组断线。如检查以上各项均正常但仍不能运转，可认为是控制回路的问题。

2）控制回路方面。无操作电源，或联锁开关因弹簧未复位造成闭锁开关接点未能接通，或构不成回路，一般情况下是零线开路。此时应查找端子排接线至主控制回路是否有熔丝熔断、导线断头、元件损坏等情况，并加以处理。

（2）一个方向可以运转、另一个方向拒动。可以排除电机主回路及控制回路公共部分故障，应在拒动操作方向的控制回路上检查。

（3）手摇操作正常，而就地不能电动操作。可能是没有投入操作电源或手动联锁接点未复归。应将操作电源投入，手按联锁接点使其复位，必要时更换复位弹簧。

（4）就地操作正常，远方操作拒动。主要原因是远方控制回路故障，应检查远方控制回路的正确性。

【故障案例4】

2014年6月，某变电站1号主变有载开关不能调挡（该有载开关配置MA9机构）。现场观察机构调挡过程的动作，发现K_1、K_2继电器能吸合，但是其他继电器均不能动作，检修人员通过查询1号主变有载操作机构电气原理图，确认是由于K_{21}不能动作，K_{21}的常开接点1、2和3、4不能闭合，导致电机主回路不能接通。操作机构元件布置图见图15-3，电气原理图见图15-4。

图15-3　操作机构元件布置图

检修人员根据1号主变有载操作机构电气原理图，合上1号主变有载调压电源开关，用万用表测量得到K_{29}常开接点的上端头25接点有电压，下端头26、28无电压，经过询问有载分接开关厂家服务人员，被告知当K_{29}时间继电器两个灯同时亮时，继电器才能正常工作。而当时K_{29}时间继电器上面线圈的灯亮，下面的常开触点闭合灯不亮。因而判断K_{29}时间继电器已经损坏，更换新时间继电器后有载开关能正常调挡。

15.3.2　开关连动（滑挡）

有载分接开关调压时，发出一个指令只进行一级分接的变换，而开关联动就是发出一个调压指令后，连续转动几个分接，甚至到达极限位置。连动原因有以下几方面：

（1）交流接触器铁芯剩磁的影响，使接触器接点粘连或释放过慢，当断电后接触铁芯

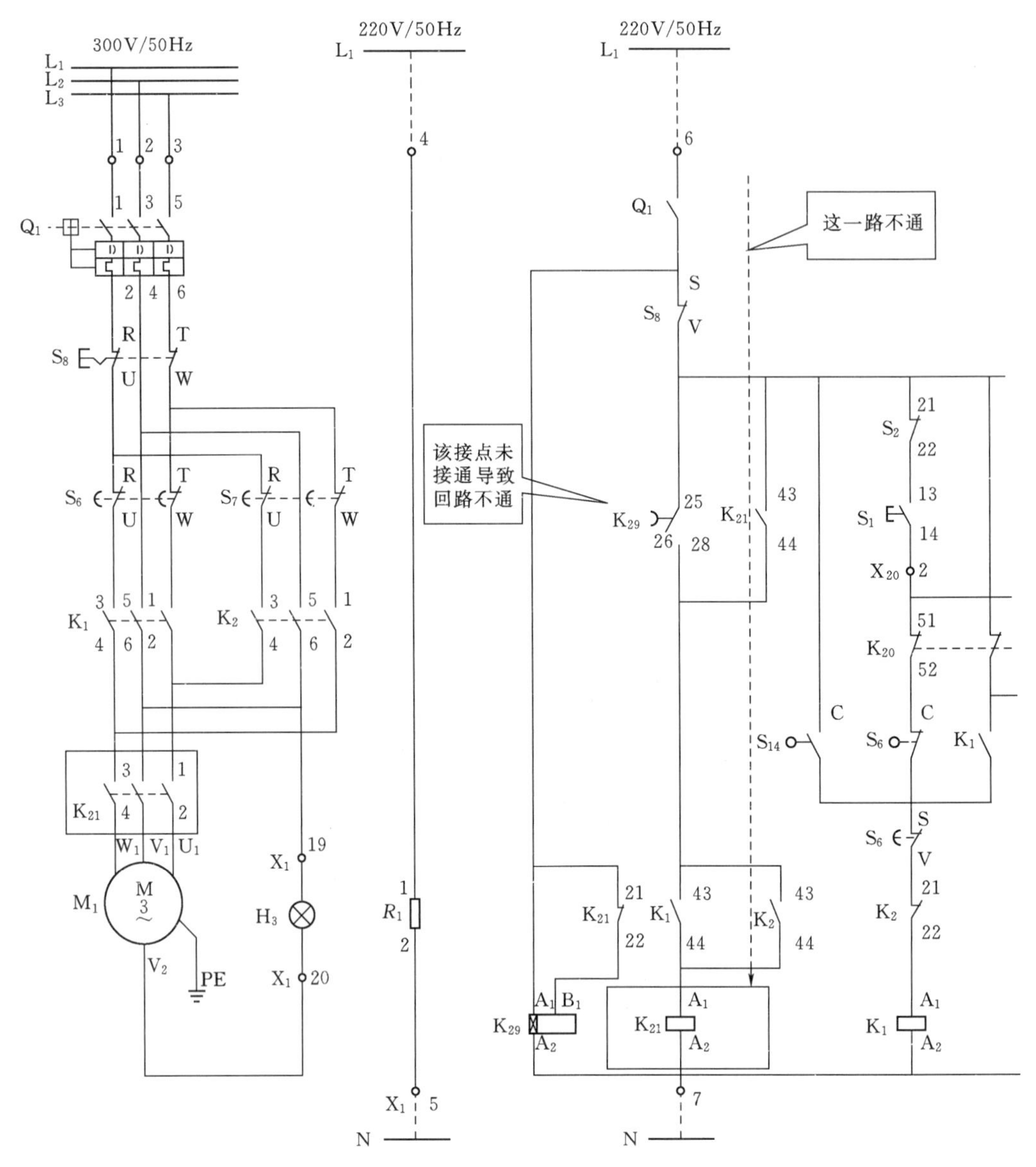

图 15-4　操作机构电气原理图

不能马上分离，造成电动机构在一级分接切换后重新得电动作。处理方法是更换接触器，也可在触头接触面用砂皮打磨和汽油清洗。

（2）限位开关处的上下凸轮调整不当，先后动作顺序错乱，导致绿色带域中的红色标志不在窗口中心。上下凸轮的调整必须以绿色带域中的红色标志停在窗口中央为准，调整时松开凸轮的紧固螺钉，用手转动凸轮，反复试转几次，以各凸轮动作顺序按图纸设定要求为准。

（3）行程开关小轴下面有一个弹簧，它的作用是当凸轮转动后，弹簧绷紧储能。当行程开关上的滚轮快速掉到凹处，切断操作电源。当弹簧疲劳过度失去弹性后，行程开关不能马上切断电源，造成联动。因此弹簧失去弹性，如有轻微变形可互换调整，使其恢复弹性。

（4）电动机所带的变速箱出口处有一牛皮碗，在电动机短路制动后，由于惯性作用，轴会继续旋转，用它来刹车阻尼。当牛皮碗浸泡在油中，摩擦力降低，惯性使行程开关触头接通，也可造成联动。因此需定期用汽油清洗牛皮碗。

15.3.3　分接切换过程中停止

分接过程停止的原因可能有以下几种：

（1）操作电源断电。

（2）电源相序错误。当外接电源相序与电动机内部设定的相序不符时，如进行升降操作，分接变换指示轮驶出绿区 2～3 格将使相序保护动作，使自动空气开关脱扣断开电源，电动机停止运转。上述现象的处理较为简单，只要调整一下电源相序即可正常工作。

（3）凸轮开关问题。

1）凸轮开关位置移动或启动动合接点不能正常闭合。

2）凸轮开关动作顺序不对。应更换、调整凸轮开关，然后进行校验。

（4）极限位置错误。

1）电动机构在极限位置时，极限停止挡块靠前，使限位开关提前断开。

2）电动机构与开关连接不当，造成开关极限位置时机械限位提前起作用。

15.3.4　分接切换停止时红线偏移

（1）若是单方向偏移，是凸轮松动移位，可松动凸轮上面（或下面）一片，调整其缺口开角的大小。

（2）若是双向偏移，可能级进位置显示盘上的红线不能对准基线而略有偏移，但只要仍在绿色区内，就不会影响使用。当偏出绿色区时，可能是接触器铁芯剩磁或电机制动系统故障，可进行相应调整处理。

15.3.5　分接位置指示不一致

（1）远方、就地分接位置指示不一致。这种故障经常由机构远方位置信号发送器动触头接触不良、接触位置发生偏差、插头与电缆焊接不良等几个方面引起，应针对不同情况加以处理。

（2）分接指示与实际开关位置不一致。电动机的分接指示位置与开关内部的实际接触位置不一致时，可能是由于误连接、绝缘主轴断裂、传动轴的连接销在转动过程中脱落或者是传动轴的伞齿结合不好等原因造成的。这种故障必须在电动操作前加以调整，否则将会严重出现严重后果。因此电动操作前，必须先进行连接校验，保证连接正确无误至关重要，要注意检查油箱顶部分接开关的位置和机构箱内的指示位置及远方操动位置一致，确保动作程序正确。

15.3.6　空气开关跳闸

空气开关跳闸的现象有以下几种：

（1）电动操作机构一送电就跳闸，原因可能为控制回路上有电源接地短路或空气开关跳闸线圈回路上有电源寄生回路，查找短路点进行处理。

（2）分接开关运转时跳闸。当分接变换指示轮驶出绿区 2～3 格时空气开关跳开，原因可能为相序错误，相序保护动作，或是凸轮开关组安装位移，导致动作顺序错误，可用灯光法检查凸轮开关的分合程序，调整安装位置。此外还有可能是电机绝缘、传动卡涩等故障。

（3）分接开关切换完成后跳闸。原因可能为凸轮开关变形，动作后反弹，接通空气开关跳闸回路。

15.3.7 机构箱进水受潮

机构箱如密封不良，导致运行中进水受潮，将可能造成箱内电气回路短接、二次元件故障，电动机构不能正常工作。机构箱进水的主要原因有以下几种：

（1）箱门密封条老化破损，箱门铰链过松导致关闭后间隙较大，或运行中箱门没有关闭。

（2）机构箱安装方式不正确，导致箱体变形。

（3）机构箱顶部传动轴位置密封不良。

15.4 有载开关本体故障

有载开关本体结构复杂，部件繁多，切换过程要求高。因此它的故障的形式多种多样，如：内部的触头系统接触不良、快速机构卡涩、储能弹簧疲劳断裂、过渡电阻烧损、断轴、切换开关不切换或者中途失败等。

15.4.1 有载调压开关触头接触不良

（1）有载调压开关触头接触不良可能引起分接开关卡涩拒动，或接触不良引起有载开关内部拉弧放电。主要原因有以下几种：

1）动、静触头松动，引起位置偏移，造成接触不良。造成触头松动的原因，一是有载开关频繁调压振动影响，引起触头松动，导致位置偏移；二是安装时没有正确紧固导致触头松动偏移。

2）分接选择器静触头支架弯曲变形或切换开关（选择开关）筒壁变形造成触头接触不良，见图15-5。其故障原因是由于有载分接开关绝缘支架、筒体材质不良、自身机械强度不够，安装或检修后分接引线受力过大所造成。

3）触头接触压力不足，造成接触不良。在大负荷情况下，触头易过热而造成烧损，引起事故。主要原因是有载开关频繁调压动作后静触头变形、触头磨损过大、触头弹簧压力下降等。

此类故障具体表现为，有载开关动作后，测量变压器连同分接开关的绕组直流电阻，出现不平衡现象（排除测量等其他影响因素）。变压器运行中如有载开关触头接触不良引起拉弧放电，有载开关瓦斯报警动作。

（2）直流电阻不合格故障分析。

1）直流电阻值超出规定值不大，并且三相都如此。此情况可能是由油膜或氧化膜造成的。因此试验前，有载开关应先操作10个循环，以解决有载开关氧化膜问题。如试验

图 15-5　分接选择器动、静触头接触不到位

数据仍偏大，可对有载开关吊芯，打磨主动触头。

2）直流电阻一相不合格，或组合式有载开关某一相双数或单数挡全不合格。要具体分析该相导电回路上的公共连接点，找到故障点加以排除。如先检查引线在变压器引出套管接头处有无松动或异常，再检查有载开关本身接触情况，如主动触头本身阻值大，输出触头未固定好，动、静触头接触不良等。

3）变压器个别挡位直流电阻不合格。因故障点没有公共位置，一般可以判断开关的个别静触头部位或选择器个别动、静触头有问题。如变压器线圈导线与开关静触头未连好，开关个别静触头不好，动、静触头接触有问题等。

(3) 直流电阻异常在做交接和预防性试验时多有发生，建议可视情况做如下检查处理：

1）各连接部分有无存在接触不可靠或氧化现象。

2）连接线接头有无压接或焊接不到位。

3）有载开关引线及高、中、低各线圈的引线有无断股损伤状况。

测试时尽量排除变压器引线和接头等外部的影响，确认变压器内部（绕组、开关等）是否有异常。处理该类故障需进行有载开关吊芯检查，涉及分接选择器或静触头及连接引线的故障还需将变压器排油，进入变压器内部处理。

【故障案例 5】

2012 年 8 月某变压器（型号为 SZ9-50000/110，配 M 型有载分接开关）在有载开关由分接 4 向分接 3 调压的过程中，变压器瓦斯保护动作，变压器三侧开关跳闸。现场检查变压器外观正常，经进行电气试验发现，110kV 高压绕组 A 相各分接的直流电阻异常，其中分接 3 时绕组断线开路，直流电阻为∞；而 A 相绕组其他分接和 B、C 相绕组所有分接的直流电阻合格，均按分接顺序递增或递减，绝缘电阻、介质损失角等电气绝缘和特性试验项目均正常。取变压器本体油色谱分析试验数据异常，其中特征气体含量乙炔占重要成分，约为35%，同时 $C_2H_2/C_2H_4 \approx 1$，$CH_4/H_2 = 0.17$，$C_2H_4/C_2H_6 = 5.5$，三比值编码为1，0，2。

根据变压器油色谱试验数据，判定变压器内部存在高能量放电，结合绕组直流电阻测量结果，A相分接3开路，其他分接直流电阻正常，可判明变压器的主线圈绕组正常，除A相分接3调压线圈外，B相、C相和A相的其他调压线圈也正常，因而判断事故是有载分接开关的选择器分接3触头接触不良，当调压切换到该分接时，通过运行电流时发热燃弧，导致触头烧坏并开路。

变压器排油后，进入变压器内检查发现有载分接开关的选择器A相分接3触头有放电烧伤痕迹，触头表面烧损，动、静触头之间约有2～3mm的间隙，其他各触头无燃弧放电痕迹，变压器各绕组及连接线正常，随后对分接3的触头进行更换。经对变压器本体油脱气处理、变压器投入运行后，色谱跟踪分析正常。

15.4.2 储能弹簧故障

储能弹簧随运行年限增长会产生疲劳现象，油室进水造成弹簧锈蚀受损，影响它的机械强度以及使用寿命，导致弹力减弱、断裂或机械卡死等故障，故障现象表现为有载开关不切换或切换开关切换时间延长，M型有载开关快速机构采用压簧结构，弹簧断裂后切换开关切换时间可能反而减少。

15.4.3 过渡电阻断开或松动

过渡电阻断开或松动，可能会造成整台变压器烧毁。如果过渡电阻在已烧断的情况下带负荷切换，不但会使负载电流间断，而且会在过渡电阻的断口上以及动、静触头断开口间出现全部相电压。该电压不仅会击穿电阻的断口，也会在动静、触头断开时产生强大的电弧，从而导致变换的两分接头间短路，造成高压绕组分接线段短路烧毁。同时，电弧将开关油室的油迅速分解，产生了大量气体。如果安全保护装置不能立即排出这些气体，就会使开关破损。电弧的能量也可使开关绝缘筒烧坏，致使开关无法修复。

防范措施为加强过渡电阻的检查，如：

(1) 在变压器出厂以及运行前和大修后，必须对过渡电阻进行全面细致的检查，查看电阻丝有无机械的破损、是否存在松动的情况，从而避免因为切换时局部产生过大的热量而使其烧断。

(2) 当有载开关的运行年龄在2年以上或是有着20000次以上的切换，就需要对过渡电阻的材质进行细致的检查，查看电阻是否变形或是材质变脆，是否会松动。进行过渡电阻试验（必须测量弧触头与主触头之间的值），误差不允许大于±10%。

(3) 运行中如有在变压器超过额定电流的大电流情况下切换，应检查过渡电阻是否烧毁。

(4) 发生过有载开关不切换的情况，即快速机构主弹簧疲劳或断裂不工作、传动系统损坏、紧固件松动、机械卡死、限位失灵等，使开关不能切换和切换中途失败以及切换程序时间延长超过规定值时，必须检查过渡电阻是否烧毁。

15.4.4 分接开关与电动机构连接脱落

分接开关与电动机构采用齿轮盒变向、连杆连接，运行中可能发生连杆脱落故障，故障现象同样是运行中分接变换操作后，电压表、电流表无相应变动，分接挡位指示无变化，主要原因是连杆偏短、固定连杆锁块松动、连接销滑动间隙较大、齿轮盒松动偏转等因素。重新连接时注意电动操动机构指示的位置必须与分接开关头部观察窗指示的位置一致，并重新进行连接检查以及位置正确性检查。

15.4.5 传动轴扭断故障

组合式的分接开关传动轴包括在切换芯子支撑板上部伸出的与头部齿轮啮合的连接轴、中间的绝缘转轴、穿过触头系统的传动轴以及油室底部的输出轴。其中只要有一根轴断裂，分接开关就不能正常工作，因此在分接开关设计时，必须考虑这些轴之间的力矩配合，考虑更换轴的工作量。由于筒底输出轴更换最困难（涉及变压器吊罩或吊芯），工作量非常大，因而整个传动输出系统须设置一个薄弱环节，在正常的最大扭矩下，保证分接开关的操作；在异常情况下所需的扭矩增大到轴切断的整定值时，薄弱环节处断裂，以起到保护其他轴的作用，减少更换轴的工作量。这个薄弱环节通常设置在顶部的连接轴上，在连接轴上有一比较细的部分，更换时只需吊出切换芯子就可以。

有载开关若在卡涩、过挡等状态下调压操作，传动轴将被扭断，防止切换、选择配合不当而损坏切换开关和变压器本体内的选择器，造成更大的事故，见图 15-6。发生分接开关传动轴弯曲扭断故障的主要原因有以下几种：

图 15-6 传动轴断裂

（1）电气限位装置和机械装置失灵，开关滑挡调压至极限位置时扭断主轴。

（2）分接开关与电动机构连接错位。即电动操动机构与分接开关不在同一位置上连接，这样就造成了在一个动作方向电动操动机构已经走到了端点位置，分接开关还没到达端点位置；而在另一个动作方向电动机构还没到端点位置，分接开关已经到达了端点位置。这时电动操动机构可以继续向这个方向动作，而分接开关本身的限位装置阻挡分接开关继续向前动作，以保护分接开关避免做整个分接绕组电压下的分接变换操作，这时就会造成断轴。虽然电动操作机构具有两极限位置保护的功能，但是这个保护功能只有在电动机构与分接开关正确连接的情况下，才能真正地对分接开关起到保护作用。这种连接错误通常发生在安装调试过程中、重新连接水平或垂直传动轴后。为了避免出现连接错误，只要强调分接开关与电动机构脱开连接后重新连接，就必须重新进行连接校验，并且作连接正确性的检查，只有在手动检查正确的前提下，才能做电动操作。

（3）分接选择器或触指严重变形。在这种情况下，选择器的动触头与静触头顶死，不能闭合到正常位置，或动作力矩增大，也会造成断轴事故。要处理这种情况下的断轴事故，不仅要更换轴，还需变压器排油吊罩解决选择器变形的问题，否则的话将无法彻底解决问题。造成选择器变形的主要原因是分接线圈接至选择器的引线过短，安装分接开关的工艺不能满足分接开关的安装要求，实践证明与选择器本身的绝缘支撑杆的机械强度无关。选择器的变形处理，涉及的工作量大、时间长、所需费用大。因此对分接开关的安装，必须加以足够的重视，用严格的安装工艺来保证，避免在运行中出现了问题后再重新解决引线的长度问题。

如果断轴发生在两极限挡位附近的位置，通常是由于错位引起的，而发生在其他位置上时，可能是选择器变形造成的。一旦发生分接开关传动轴断裂故障，运行中分接变换操作后，电压表、电流表无相应变动，分接挡位指示无变化。为避免传动轴扭断故障发生，在安装或检修时应先手动调试，确认有载开关连接校验合格，并在极限挡位电气、机械闭锁动作正常后再进行电动操作。

另外对于复合式的分接开关，也存在连接错位的问题，但事故的现象可能表现为电动操动机构上的电动机烧坏。

【故障案例6】

2006年5月，某变压器（SZ9-40000/110，配M型有载分接开关）在由分接2向分接1调压的过程中，有载分接开关瓦斯继电器动作，三侧开关跳闸。现场检查发现：分接开关油箱顶部的防爆膜炸裂，分接开关四周喷出大量变压器油，分接指示有载开关本体为1，机构指示为2，变压器外部其他部件未见异常。对变压器进行电气检查试验和对本体油取样进行色谱分析，色谱分析数据正常，各类绝缘项目及电压比、直流电阻等特性项目均正常。

通过外观检查和试验情况判断，故障点应在切换开关。通过吊芯检查发现，切换开关过渡电阻烧断，部分单数侧触头放电严重并烧蚀，油箱底部有烧熔的铜屑和过渡电阻丝，转轴从底部扭断。判断故障是由于安装错位，调压至极限位置时过挡和燃弧而引起。

由于当时该变电站只有两台变压器运行，且负荷较重。考虑单台变压器运行容量不足、可靠性差，新的分接开关又不能短期到货更换，故障变压器不允许长期退出运行。根据变压器本体试验和综合分析情况，将该变压器改为无载变压器临时投入运行。具体做法是：现场将切换开关手动切换到正常的双数触头侧，测量各触点接触电阻正常，回装至油箱内，注入合格的变压器油，拆开切换开关和机构连接的传动轴，测量该位置的变压器绕组直流电阻三相平衡，且与上次试验数据比较，判定合格，并确认实际位置在分接2，校核分接开关瓦斯和变压器本体瓦斯继电器能够可靠动作，同时将另一台变压器调压机构也固定在分接2运行并闭锁调压操作，变压器送电后每周取油样色谱跟踪分析正常。

15.5 有载开关切换波形问题

由切换开关的动作原理可知，切换开关在切换过程中，随着过渡电阻的接入与拆除，整个回路中电流值随时间有规律地改变，使用光线示波器测量切换过程中的直流电流，将这一变化以图形方式记录下来，就是有载开关的切换波形。一般将开关浸在油中测量，应在每相单、双数位置上测量正反方向的切换程序与时间。切换波形能反映开关切换程序及触头开合顺序是否正常、触头接触情况与烧损程度、断弧是否可靠、三相是否同步等。通过测量有载分接开关的过渡波形并与标准波形进行比较，可以看出切换开关能否正确动作，根据波形进行综合分析，可较为准确、有效、快捷地将开关故障诊断出来，所以在有载分接开关检修中被广泛应用。

现场不正确的操作可能会使波形产生误差，导致错误判断，因此需要采取正确规范的操作，影响有载开关切换波形的因素有以下几种：

（1）测试仪器电压和电流都较低，易受干扰。

（2）测试时有载开关触指有油膜。

（3）有载开关机械振动较大。

（4）有载开关油室内变压器油中杂质较多。

（5）有载开关过渡电阻值的大小。

（6）连同变压器一起测量，变压器线圈有电感，致使波形过零。

（7）示波器的因素。有载开关波形是示波器采集电信号，再转化为数字信号，即模拟转数字，最后合成示波图。示波器影响有载开关波形的因素如下：

1）示波器应有预触发功能，可避免有载开关波形记录提前或滞后，影响波形形状。

2）有一些单片机控制的示波器，处理能力差，设备先天不足。

3）采样频率，有的示波器采用固定频率且频率低。常规示波器采样频率是6000Hz，理想的示波器采样频率应可以在1～400000之间设定。

4）有的示波器有载开关波形成型时，数据经过集中处理，可能影响有载开关波形。理想的示波器，数据应该随时采样，随时处理成形，才可以反映有载开关真实情况。

有载分接开关波形测试原理虽然简单，但由于多种原因，所得的波形很难与标准波形相吻合，这就要求检修人员进行综合分析。

（1）直流电源电压测量有载分接开关波形时，由于直流电压较低，分接触头表面过于光滑，会因为油膜隔绝而出现波形中断，这是一种假象，一般中断在2～3ms之间可以不考虑，当中断大于4ms时，应查明原因。

（2）波形出现抖动现象，主要是由于触头闭合时机械冲力所致。当带绕组进行试验时，由于电感的变化，抖动会更大，分析问题时可以忽略，触头振动时间通常不大于4ms。

（3）在波形测量时，一般要测量从单到双和从双到单两次波形，这是分接开关动作的两个方向。对两次波形进行对比分析，一般有故障的分接开关在两次波形相同的部位都会出现异常。

(4) 要特别注意断波、半波以及转换程序无规律的波形，此类波形一般反映分接开关触头烧伤、过渡电阻断裂以及其他机械上的故障。

(5) 在波形分析时还要结合变压器直流电阻、电压比的试验数据进行分析。直流电阻和电压比反映的是分接开关的静态状况，但当分接开关触头烧伤、接触不良以及分接开关位置不对时，三相直流电阻不平衡以及电压比误差会超过规程要求。

总之，在分析波形时，主要看总的切换时间和各个动作过程次序是否正确，而不一定要得到各段时间和过渡电阻值的确切值，也不能仅仅因为测试波形与标准波形不完全一样就盲目得出有载分接开关存在问题的结论。

【故障案例 7】

某变电站 1 号变压器（型号为 SFSZ7－31500/110，配 M 型有载开关，过渡电阻值 9.62Ω）于 2001 年 10 月停电检修，测试分接开关发现波形不正常，开关动作同期性较差，见图 15－7，特别是 B 相，在切换过程中有多处抖动且有重合处。

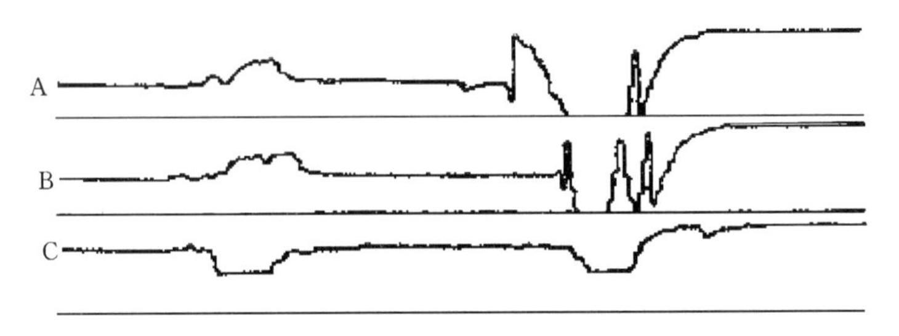

图 15－7 开关动作同期性较差

改用换相供电的方法测试，依然是 B 相不好，见图 15－8。

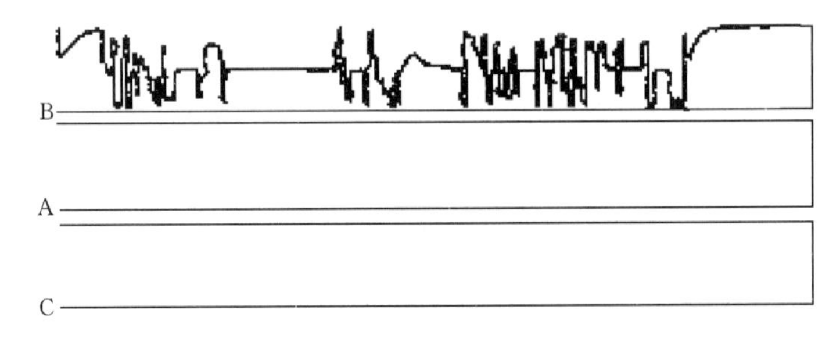

图 15－8 B 相波形抖动

经过故障分析，测试发现波形不正常可能性有：①过渡电阻断裂；②切换开关动静触头烧蚀严重，接触面严重磨损；③过渡电阻连接不良。进行停电吊芯检查发现，切换开关动、静触头烧蚀严重，特别是 B 相接触面已经全部严重磨损，有载开关油室内的油已经严重碳化，呈黑黄色。将切换开关动、静触头烧蚀严重的触头，特别是 B 相部分进行更换，触头烧蚀较轻的进行简单的打磨处理，紧固其压力弹簧，增加触头的压力使其达到接触良好的目的。

经部分触头处理后，更换变压器油，回装分接开关测试波形良好，见图 15－9。

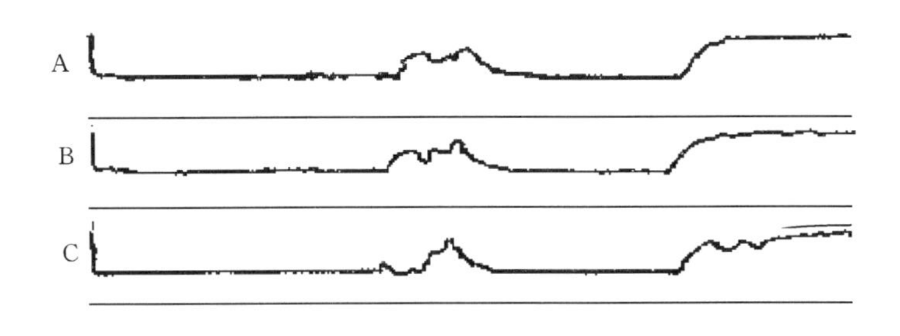

图 15-9　波形恢复正常

【故障案例 8】

某变电站一台变压器检修预试时（型号为 SZ9-40000/110，配 M 型有载开关），在分接开关调试中发现有断电现象，怀疑分接开关内部有故障，在对分接开关试验检查中发现测试波形不正常，见图 15-10。

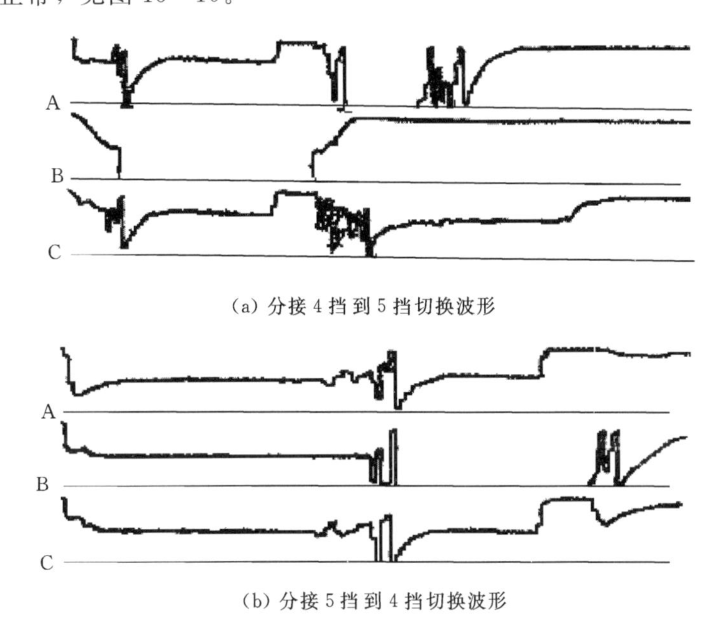

(a) 分接 4 挡到 5 挡切换波形

(b) 分接 5 挡到 4 挡切换波形

图 15-10　测试波形不正常

这种开关切换过程及对应的波形示意见图 15-11。

当开关由单到双切换时，动触头与静触头接通分析的顺序是：曲线①是正常情况。如过渡电阻 $R2$ 与静触头 3 的连接线断开时，当动触头仅仅和静触头 3 接通时，回路呈现开路状态，过渡电阻无限大，波形曲线变为零，如曲线②所示；由双到单时情况相同，只是反方向，先出现开路状态。

图 15-11（a）中，4 到 5 切换时应先接通双数侧的过渡电阻，但是波形曲线已经和零电流线重合，桥接（单数侧电阻和双数侧电阻并联时）后接通单数侧正常；图 15-11（b）中，5 到 4 切换先接通单数侧为正常，桥接后波形曲线已经和零电流线重合。对照两张波形图可以确定 B 相双数侧过渡电阻开路，可能性一是双数侧过渡电阻断裂；二是过渡电阻连接不良。

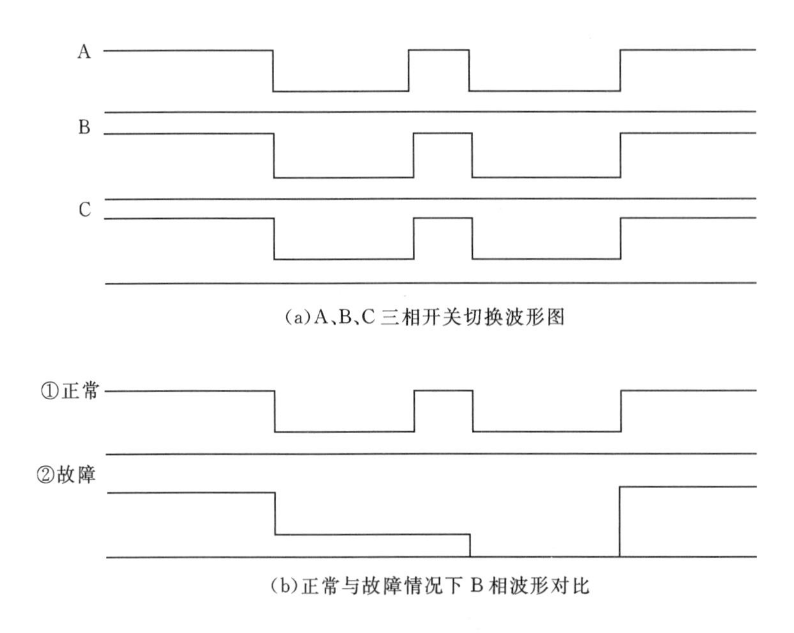

图 15-11　开关切换过程及对应的波形示意

根据测试波形图分析后，进行有载开关吊芯检查和测试，发现绝缘筒内侧B相双数位置静触头与切换开关B相双数位置过渡电阻连接导线的固定螺栓（M6×16）断开，剩余螺栓（约12mm，带弹簧垫圈）连接在导线上倾斜至旁边，致使B相双数过渡电阻处于开路状态。经过测量A、B、C三相过渡电阻值，均符合技术要求，过渡电阻正常。原因为B相双数位置静触头连接过渡电阻导线的内螺纹损坏，无法固定导线螺栓，将静触头更换后，测试波形正常。

【故障案例9】

110kV变压器组合型有载分接开关，型号为CM－Ⅲ600Y/60C－10193W，2008年4月投入运行。2009年4月16日对其进行变压器预防性试验，变压器直流电阻三相误差在

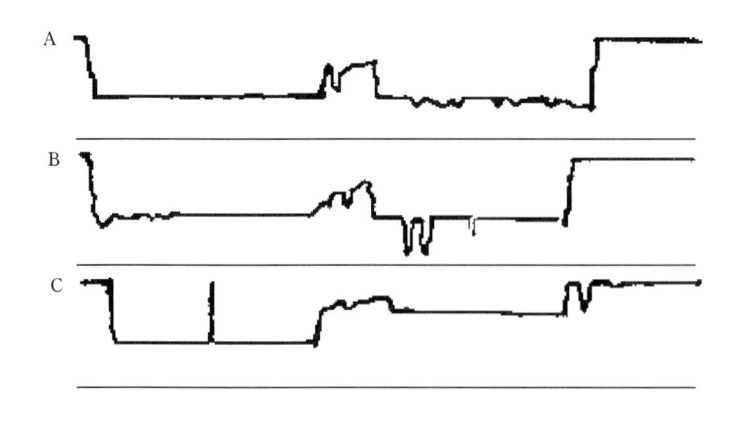

图 15-12　分接6挡到7挡过渡波形

规程规定的范围之内，分接开关过渡波形见图15－12和图15－13，与标准波形相比较，此分接开关变换程序正确，有规律性，但波形在C相出现半波现象。吊芯检查时，对相应的动静触头进行检查、紧固，测量过渡波形与带绕组时一致，未发现故障部位。再测量过渡电阻，发现有一过渡电阻在焊接处开断，重新焊接过渡电阻并测试波形正常，见图15－14。由此说明C相出现半波的原因是过渡电阻焊接处开断。

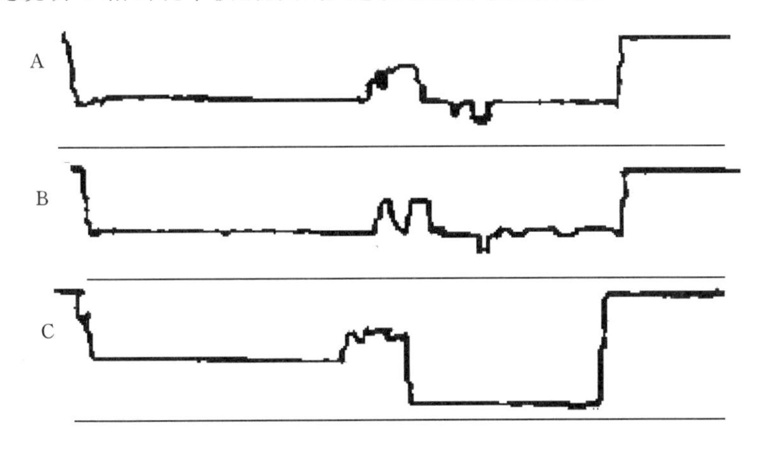

图15－13　分接7挡到6挡过渡波形

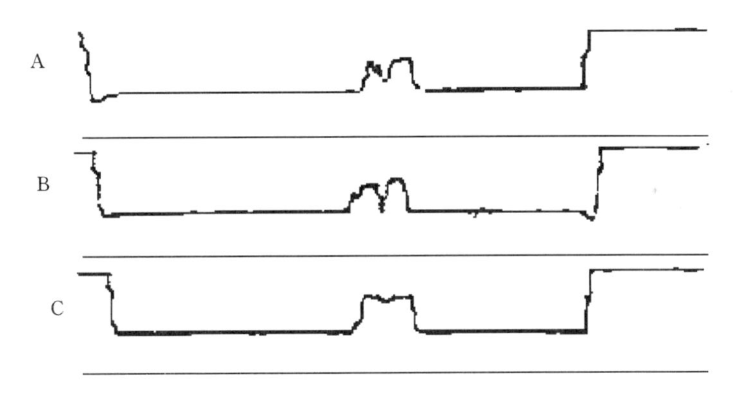

图15－14　重焊过渡电阻后分接6挡到7挡过渡波形

15.6　有载开关切换动作顺序错误

组合式分接开关切换顺序为分接选择器先离开原静触头，再接触要选择的静触头，过中间挡位时要待极性选择器动作完成后，最后切换开关才能动作切换到已选好的分接位置上，这个顺序必须得到保证，复合式分接开关带极性选择器的同样让极性选择器先动作。一旦开关切换顺序错误，将损坏有载开关，造成短路、放电等恶性事故，所以在有载开关安装或大修后应检查分接选择器、极性选择器、切换开关或选择开关触头的全部动作顺序是否符合产品技术要求。通过动作顺序测量还可发现零件变形机械卡死、螺栓松动、过量磨损等缺陷。

检查动作顺序的测量方法一般用指示灯（或万用表）法，在与垂直转轴相垂直的平面周围装一个与轴同心的360°分度圆盘，轴上固定一指针，开始指针指零，手摇操作，观察切换开关动作及分接选择器单、双回路的指示灯（或万用表）的亮与灭时所对应的垂直轴的转角（或转数）。切换开关的切换可用耳听切换响声来判断，同时做好以下记录：①分接选择器或转换选择器动触头开关离开静触头的值；②分接选择器或极性选择器动触头与相邻静触头开关接通的值；③切换开关完成变换动作时的值。

动作顺序试验应在整个操作循环内进行，逐相试验，测量每个分接变换动作顺序。为了避免齿轮间隙所造成的误差，要超越预测的分接位置一个分接，再返回来进行动作顺序试验。

在进行1→N试验时，如3→4→5分接变换试验，应先将分接位置摇到分接1位置，再返回到分接3。慢摇手柄进行3→4分接变换，观察双数侧位置万用表，开始在“通”状态，记下刚离开零位的角度或圈数，继续摇手柄，记下刚返回零位的角度或圈数。再继续摇手柄记录切换动作声响时的角度或圈数，此时分接位置指示分接4位置，继续慢摇手柄，观察单数侧位置万用表，同样记下离开零位和返回零位及切换开关动作声响的角度或圈数，然后再进行N→1的动作顺序试验。

测量结果分析判断：动作顺序及其分离与接触及切换角（或圈数）应符合要求，与出厂值比较无明显差别，三相切换应同步动作，转角容许偏差10°，对每33圈变换一个分接位置的开关，容许偏差半圈。

15.7　有载开关绝缘油故障

变压器油是分接开关最基本的绝缘材料，它作为绝缘和灭弧介质，还具有冷却、润滑、防腐蚀作用。由于有载开关在正常运行中切换电压时会产生电弧，在电弧的作用下，开关油室中的绝缘油被分解，并析出游离碳、氢和乙炔等气体及油垢，气体一般会从绝缘油中排出，但游离碳微粒和油垢的一部分混在绝缘油中，一部分积在开关的绝缘件表面。此外，还有少量触头材料融化后溅射出来的金属微粒也留在了绝缘件表面。这些沉积物的增多，会增加泄漏电流，降低绝缘电阻，最终导致油沿绝缘表面放电，使开关损坏。如果油中的所含的水分较低，在正常的检修周期内还可以满足对绝缘的要求，一旦由于某种原因，如有载分接开关的密封不严，雨水侵入，使油或有载开关中的固体绝缘物受潮时，油中的杂质与水分结合使开关各部件的绝缘性能急剧下降，在电压的作用下会发生放电性故障，使有载开关严重损坏。因此，防止有载开关受潮和油耐压降低，定期检查和定期更换合格的变压器油，并对绝缘件表面做清洁处理，是检修工作的重要内容，在检修与换油时更要严格把关，预防事故发生。

此外也可安装在线滤油装置，用于有载分接开关绝缘油的循环过滤、净化和干燥。该装置与分接开关配套使用，能够在变压器运行下有效去除分接开关油中的游离碳及金属微粒，并可降低油中微量水分，确保油的绝缘强度，有效提高有载分接开关的工作安全性和可靠性，从而减少停电检修次数，延长检修周期。

【故障案例 10】

一台 110kV/50MVA 主变压器进行有载开关检修，检修中更换了开关中的油。检修后运行 1h 内有载开关的轻瓦斯保护频繁动作，1h 后有载开关和本体的重瓦斯动作跳闸，有载开关上盖崩开并严重变形，油枕中的油漏掉。事故后吊罩检查发现：油室内固定过渡电阻的绝缘板上有多处放电痕迹，有载开关触头位置正常，排除有机械故障的可能，通过仔细的检查，在油室底部发现了两滴水，又对检修用的油和油桶进行检查，发现检修用的油桶底部剩油中含有水分。事故的原因是检修用的油桶由于保管不严进了雨水，在注入新油之前没有仔细检查，使有载开关中进入水分，造成过渡电阻连接片之间以及过渡电阻连接片与中心吊环之间爬电击穿，由于多点放电的能量很大，油的急剧膨胀使有载开关油室炸开。

参 考 文 献

[1] 陈敢峰，姚集新．变压器分接开关实用技术［M］．北京：中国水利水电出版社，2002.

[2] 张德明．变压器分接开关选型与使用［M］．北京：中国电力出版社，2006.

[3] 电力行业电力变压器标准化技术委员会．DL/T 574—2010 变压器分接开关运行维修导则［S］．北京：中国电力出版社，2010.

[4] 国家电网公司．国家电网公司十八项电网重大反事故措施［M］．北京：中国电力出版社，2007.

[5] 张海军．变压器有载分接开关过渡波形分析［J］．变压器，2010，47（2）：37-40.